卓越工程师教育培养计划用书

矿物加工工程实习与实践教程

主　编　张汉泉
副主编　夏剑雄　陈永彬

北　京

冶 金 工 业 出 版 社

2013

内 容 提 要

本书是以武钢大冶铁矿实践教育与创新基地为背景，为配合"卓越工程师教育培养计划"的实施，由武汉工程大学和大冶铁矿专业技术人员共同组织编写而成。

本书第一部分介绍了武钢大冶铁矿的企业概况和发展历程，第二部分全面概括了矿物加工的基本知识以及大冶铁矿的选矿工艺、竖炉球团、生产操作规程与规范、尾矿库管理、安全生产与环境保护，最后附有实习思考题以及矿物加工工程专业认识实习、生产实习、毕业实习指导书，旨在提高矿物加工工程专业的教学质量与培养工程实践应用型复合人才。

本书可作为矿物加工工程专业实习与实践教材，也可供在大冶铁矿进行实践教育、职业培训的学生和职工参考。

图书在版编目（CIP）数据

矿物加工工程实习与实践教程/张汉泉主编. —北京：
冶金工业出版社，2013.6
卓越工程师教育培养计划用书
ISBN 978-7-5024-6169-0

Ⅰ.①矿… Ⅱ.①张… Ⅲ.①选矿—教材 Ⅳ.①TD9

中国版本图书馆 CIP 数据核字（2013）第 120890 号

出 版 人　谭学余
地　　址　北京北河沿大街嵩祝院北巷 39 号，邮编 100009
电　　话　(010)64027926　电子信箱　yjcbs@cnmip.com.cn
责任编辑　曾　媛　美术编辑　彭子赫　版式设计　孙跃红
责任校对　石　静　责任印制　张祺鑫
ISBN 978-7-5024-6169-0

冶金工业出版社出版发行；各地新华书店经销；三河市双峰印刷装订有限公司印刷
2013 年 6 月第 1 版，2013 年 6 月第 1 次印刷
787mm×1092mm　1/16；16 印张；383 千字；242 页
45.00 元

冶金工业出版社投稿电话：(010)64027932　投稿信箱：tougao@cnmip.com.cn
冶金工业出版社发行部　电话：(010)64044283　传真：(010)64027893
冶金书店　地址：北京东四西大街 46 号(100010)　电话：(010)65289081(兼传真)
（本书如有印装质量问题，本社发行部负责退换）

前　　言

如何提高高等学校的教育教学质量是世界各国所普遍关心的问题。早在 1988 年，美国国家科学基金会就曾发出关于"本科生课程改革和发展建议"的号召，响应异常强烈，在短短的一个多月的时间内申请的研究资金就高达七千万美元，其改革内容就涉及"开始重视高校与工业企业界的紧密结合"、"师资队伍由原来的注重学术研究型开始转向注重工程应用型"、"改革与修订教学大纲"等，其主要改革目的包括"发展与改革高等工程教育"、"加强学生工程实践能力培养"、"建设具有工程实践素养的师资队伍"等。我国教育管理部门及许多高校也十分注重学生工程实践能力的培养，如中国地质大学先后投入了巨额资金分别在北京周口店及三峡库区（秭归）建立以学生野外地质实习为主的校外实践教学基地。为注重学生工程实践能力和创新能力的培养，武汉工程大学提出了"三实一创"的实践教学模式（实验＋实习＋实训＋创新）。

在部分高校的人才培养方案与专业课教学中较为普遍地存在如下问题：(1) 人才培养方案与课程体系设置未能很好地满足工程应用型人才培养的要求；(2) 专业课课堂理论教学不能紧密结合工程实际，不利于对学有余力的学生自主创新能力的培养；(3) 由于实践教学经费不足或指导教师现场工程经验欠缺等原因，当前的实习教学没有达到应有的教学效果；(4) 被动式课程考核的方式，不利于学生综合运用专业知识的能力的提高。

"卓越工程师教育培养计划"（以下简称"卓越计划"）是"十二五"期间继续实施我国"高等学校本科教学质量与教学改革工程"的重要组成内容，是专业综合改革建设内容中五大"卓越计划"率先启动的项目，教育部于 2010 年 6 月批准了第一批"卓越计划"61 所高校。2011 年 7 月，教育部批准中国石油大学（北京）等 133 所高校为第二批"卓越计划"高校，武汉工程大学化学工程与工艺、制药工程、矿物加工工程被批准为"卓越计划"试点专业，为培养"基础扎实、知识面宽，实践创新能力强，德、智、体、美全面发展的高级工程技术人才"奠定了坚实的基础。目前武汉工程大学矿物加工工程专业建设已经取得较明显的成效，立足培养实践能力强、专业视野开阔的优秀应用型工程人才，坚持"把工厂搬上课堂，把课堂搬到工厂"的工程实践教学理念，结合武钢大冶铁矿丰富的教学资源，通过改革现有的"矿类专业"人才培养模式，以解决在"矿类专业"人才培养中所存在的不足，并辐射其他相关院校和相关专业，达到提高专业教学质量与工程应用型人才培养的目的。

武钢大冶铁矿是一座闻名中外的矿山，是张之洞组建汉冶萍公司的基础，是毛泽东主席视察过的唯一铁矿山，数代勤劳的冶矿人在这里倾注了毕生的心血。这是一座多金属伴生的矿山，主要产品有铁精矿、铜精矿、硫钴精矿及球团；这里有亚洲最壮观的露天采坑、亚洲最大的硬岩复垦基地；这里有美丽的国家矿山公园，集光辉的历史、伟大的历程和世人瞩目的科技成果于怀中。大冶铁矿地理交通位置优越，距离武汉市区仅60公里，拥有采矿、选矿、球团等生产单位，工艺设备先进，人文历史悠久，是一本鲜活的教科书，其工艺流程20世纪80年代就被编入了《选矿设计手册》。大冶铁矿与武汉工程大学具有良好的科研、培训等校企合作关系，从2008年开始，校企双方先后投入大量资金用于基地建设；努力探索高校与相关行业企业联合培养人才的新机制，企业由单纯的用人单位变为联合培养单位，高校和企业共同设计理论教学和实践教学培养目标，制订培养方案，共同编写教材，共同实施培养过程。

本书结合武钢大冶铁矿实践教育与创新基地为背景，由武汉工程大学和大冶铁矿专业技术人员共同编写，教材主要内容包括矿物加工基本工艺与理论、大冶铁矿概况、大冶铁矿选矿工艺与设备、大冶铁矿球团生产流程及设备介绍、安全生产与岗位技术操作、环境保护及资源综合利用等内容，书后附有实习思考题及不同阶段的实习指导书，可直接应用于矿物加工工程、采矿工程、安全工程等相关"矿类专业"的实践教学和其他高校相关"矿类专业"的各类现场实习参考，也可作为高职生实习实践教育、钢铁企业矿山工人技能培训、职工继续教育的教材。

在本书编写过程中，得到了武钢大冶铁矿和武钢矿业公司的帮助与配合，得到了武汉工程大学教务处和环境与城市建设学院的鼎力支持，矿物加工优秀教师团队的老师们也为本书的编写提供了帮助，同时对参考的有关文献资料的作者和单位以及同行的科研成果，在此一并表示诚挚的谢意。

由于水平所限，书中疏漏之处，请各位批评指正。

编　者

2012 年 12 月

目　　录

走进百年矿山

一、企业概况

武汉钢铁集团公司（以下简称武钢）是新中国成立后兴建的第一个特大型钢铁联合企业，1958年9月13日建成投产，本部厂区坐落在湖北省武汉市东郊、长江南岸。联合重组鄂钢、柳钢、昆钢后，已成为生产规模近4000万吨的大型企业集团。武钢现有三大主业：钢铁制造业、高新技术产业和国际贸易。冷轧硅钢片和船板钢获"中国名牌产品"称号、全国驰名商标。武钢先后获得国家技术创新奖、质量管理奖、质量效益型先进企业、全国企业管理杰出贡献奖等荣誉称号。

大冶铁矿是武钢重要的原料基地，坐落于湖北省黄石市铁山区，东邻三楚第一山——东方山，西界大冶古八景之一"雉山烟雨"——白雉山。大冶铁矿地处黄石长江南岸，沪蓉高速公路、铁路、黄金水道穿城而过，106国道、武九铁路横贯矿区，交通极为便利，现隶属于武钢集团矿业有限责任公司。

大冶铁矿是中国近代钢铁工业曲折发展的缩影，文化底蕴深厚。自三国·吴·黄武五年（公元226年）开采迄今，已有1700多年的历史。吴大帝孙权在这里造过刀剑，隋炀帝杨广在这里铸过钱。1890年（光绪十六年）湖广总督张之洞兴办钢铁，引进西方先进设备、技术和人才，建成中国第一家用机器开采的大型露天铁矿——大冶铁矿，成为汉阳铁厂的原料基地、汉冶萍公司的一个主要组成部分，世界瞩目。

大冶铁矿坐落在湖北省黄石市铁山区，地理坐标为东经114°54′43、北纬30°13′10，位于黄石市西北25公里，距武汉—黄石铁路线3公里。矿区属丘陵地区，一般海拔高为100～487m，地形起伏不大，属构造侵蚀的地貌类型，年平均气温17℃，最高月平均气温28.9℃，最低月平均气温4.1℃，无霜期256天，年日照总时数1888h，平均蒸发量1415mm，常年主导风向为东南风，平均风速2.8m/s，年静风率25%。

新中国成立后，中央决定重建大冶铁矿，作为中国第二钢都的原料基地。1952年在这里组建中国第一支大型地质勘探队429队，并在此诞生了中国第一批女地质队员。1955年开工重建，改小机械作业为大型机械化开采，1958年7月1日投产，设计年产铁矿石290万吨，1960年达产，成为中国十大铁矿生产基地之一，武钢的主要铁矿石供给地。

大冶铁矿是毛泽东主席生平视察过的唯一一座铁矿山。1958年9月15日，毛泽东主席视察大冶铁矿。遵照领袖的指示，大冶铁矿引进新设备、新材料、新工艺、新技术，不断对采场、选厂进行扩建改造。到20世纪70年代初，采场形成年产原矿440万吨、选厂形成年处理原矿430万吨的综合生产能力，最高年采原产达505.1万吨，可生产7种矿石产品，可直接和间接回收铁、铜、硫、钴、金、银等金属和非金属元素，并先后攻克了混合矿选别难关，治理好了东露天采场世界第一高陡边坡。

大冶铁矿主要产品有球团矿、铜精矿、铁精矿、硫钴精矿，从1958～2003年，露天累计采出原矿 11261.23 万吨，生产铁精矿 7220.64 万吨，矿山铜 338927 吨，硫钴精矿 200.88 万吨，球团矿 228.05 万吨，附产黄金 13874.435 千克，白银 195.374 千克。1990 年前，为武钢提供的铁金属量占武钢生产全部生铁产量的 70%；有色金属产品行销国内 15 个省市自治区的 60 多家冶炼、化工、建材行业。

铁精矿　特级 TFe=(68±0.5)%
　　　　一级 TFe≥66%

球团矿　品位：TFe≥65%；抗压强度≥2500N/球

铜精矿　品位：Cu≥18%

硫精矿　品位：S≥38%

大冶铁矿主要成品矿

大冶铁矿属大型矽卡岩型矿床，主要有用组分为铁、铜、硫，伴生金、银、钴等多金属，矿藏储量大，品位高，可供综合回收元素多。大冶铁矿经过不断完善与改扩建，处理能力一度达到 430 万吨/年，经过四十年生产，露天矿闭坑，转入地下开采，供矿能力目前选矿维持在 260 万吨/年（含外购部分矿石）。

到 20 世纪 90 年代，大冶铁矿矿石储量逐减，产量下降，老矿山的资源匮乏问题日益突出，被列为全国九个危机矿山之一。矿山及时掀起"第二次创业"高潮，全矿上下团结一心，奋发图强，依次开工建设接续矿山生产的地下采场，使矿山仍保持一定的生产规模；兴建年产 80 万吨氧化球团矿的球团厂，对矿石产品进行深加工，以提高经济效益；用现代科技对选厂进行改造，提高生产自动化水平，降低产品成本；顺应形势，大力发展多种经营，创办非矿产业。

大冶铁矿建成了亚洲第一的硬岩复垦基地，昔日的废石场已绿树成荫。矿区环境优美，多次被评为湖北省花园式工厂、清洁无害工厂、安全生产文明单位。拥有文化活动中心、室内体育馆、大型健身房、电视台、图书馆，组建有足球队、文艺演出队、时装表演队，职工体育文化生活多姿多彩，多次获湖北省文明单位及全国模范职工之家称号。

大冶铁矿是一座具有百年大型机械化开采历史的老矿山，驰名中外。大冶铁矿现有职工 3100 余人，其中中级以上工程技术人员 785 人，固定资产 8 亿多元。

今日的大冶铁矿，基础设施成龙配套，管理方式先进，矿区局域网络全线贯通，办公实现自动化。大冶铁矿正在以新的姿态迎接新的挑战，古矿将再展新颜。

精矿仓库外景

电机车满载矿石开往选矿厂

建设在武黄公路上的立交桥

二、辉煌历史

1958年9月15日,毛泽东主席来到大冶铁矿视察。陪同毛泽东主席视察的有国防委员会副主席张治中,中共湖北省委第一书记王任重、书记张平化,黄石市委书记杨锐等。

毛泽东主席在东露天采场180米水平处下车,与迎接他的矿山负责人亲切握手,举目环视采场,指划着尖山和狮子山问:"这两个山头在搞什么?""在进行剥离工程。"站在毛泽东主席身边的大冶铁矿矿长陈明江说。"矿石在哪里?"毛泽东主席又问。"压在下面。"陈明江回答。"有多少矿石?""一亿零三百万吨。"陈明江说。毛泽东主席望着陈明江,风趣地说:"就是这么多,不能再多一点?""工业储量报告是这么写的。"陈明江解释说。

毛泽东主席笑了，又问矿石情况。陈明江指着一片露头矿说："那里有200多公尺厚。""哪是矿石？"毛泽东主席又问。陈明江说："前面就是的，那里一炮放了40多吨炸药。"

这时，王任重捡起一块矿石，递给毛泽东主席。毛泽东主席接过矿石，在手上掂了掂说："品位多少？"

张平化说："60%左右。"

毛泽东主席十分高兴，把矿石递给张治中，并向他介绍矿石的含铁量、什么是富矿、什么是贫矿、铁矿石中一般都含有哪些矿物。张治中听着连连点头。

"矿石里再有什么东西？"毛泽东主席又问。"有铁、铜等五种。"陈明江回答说。

毛泽东主席听了，不无担心地说："光有铁，其他不要了？""不，其他矿物也准备选。"陈明江说。

毛泽东主席听后，似乎松了一口气。忽然问："这里有没有铜草花？"

采矿车间主任张松益一边回答说"有"，一边跑去摘下铜草花，递给王任重。王任重把铜草花递给毛泽东主席。

毛泽东主席观赏紫色的铜草花说："矿石里有铜，开一个矿等于开几个矿，综合利用好。"

接着，大家请毛泽东主席到工棚里休息。工棚里放了一张藤椅和几条板凳。毛泽东主席不坐藤椅，和大家一起坐在板凳上。当王任重、张平化、杨锐等向他汇报大冶铁矿的建设情况及工人们解放思想、创造一个又一个新纪录时，毛泽东主席不断点头微笑。

当陈明江谈到矿山实行建设资金大包干节省3000多万元时，毛泽东主席赞许说："还是包干好。"在工棚休息20多分钟，毛泽东主席站起来，大家陪同他到掌子面看电铲装汽车、电机车，他一面走一面询问作业情况。工人们高呼"毛主席万岁"，有的还跑来和他握手。他一边走，一边挥手向欢呼的工人们致意。

11时15分，毛泽东主席及陪同人员乘车离开大冶铁矿，前往黄石视察。

三、举世闻名的国家矿山公园

大冶铁矿自公元226年三国时期就开始采矿，一直到今天，已有1787年的历史。尤其在1890年，湖广总督张之洞开办大冶铁矿作为汉阳铁厂的原料基地，开始了大规模的开采。到1908年，盛宣怀奏请清政府合并汉阳铁厂、大冶铁矿和萍乡煤矿成立汉冶萍钢铁有限公司，故此，大冶铁矿便成为亚洲最大最早的钢铁联合企业——汉冶萍公司一个主要的组成部分。这座百年老矿发展到今天已有110多年的历史，并形成了举世闻名的"十大"看点：

(1) 中国第一家用机器开采的大型露天铁矿；

(2) 亚洲最大最早的钢铁联合企业——汉冶萍公司的一个主要组成部分；

(3) 张之洞创办的洋务企业唯一保留下来的正在运作的一家企业；

(4) 一代伟人毛泽东视察过的唯一一座铁矿；

(5) 有中国第一支大型地质勘探队——429地质勘探队；

(6) 中国第一批女地质队员在这里诞生；

（7）1923年大冶铁矿参与的下陆大罢工是中国第一次胜利结束的大罢工，为京汉铁路"二七"大罢工提供了组织经验；

（8）见证日本帝国主义掠夺中国矿产资源的第一家矿山；

（9）东露天采场经过多年开采，形成了落差444米的世界第一高陡边坡；

（10）亚洲最大的硬岩绿化复垦基地。

根据百年老矿山的这一丰厚的文化资源，大冶铁矿开发工业旅游，建成生态保护园林、采矿工业园和矿史展览馆，使古矿逢春，弘扬古矿山文化，成立了黄石国家矿山公园。

（一）"亚洲第一坑"——建成采矿工业园

大冶铁矿东露天采场于1951年开始地质勘探，1955年7月动工基建，1958年7月1日正式投产，2003年露天开采结束，大冶铁矿转入地下开采。经过40多年大规模的机械开采，东露天采场形成了一个巨大的漏斗形深凹矿坑，开采最高标高276米，最低标高 -168米，最大深度444米，形成了世界第一高陡边坡。"漏斗"上部面积为118万平方米，底部面积为8150平方米。大冶铁矿以"亚洲第一坑"——东露天采矿坑轴心，构成采矿工业园，主要的看点有：

（1）亚洲第一深凹开采矿坑；

（2）毛主席视察手托矿站立处；

（3）落差达444米的世界第一高陡边坡；

（4）前人遗留下来的采矿坑道；

（5）再现当年采矿生产全流程。

亚洲第一深凹开采矿坑

以上五大看点形成一个浓缩的大冶铁矿。2005年8月，天坑大型观看平台建成，游人只要站在平台上，就能一目了然看到一代又一代矿山人艰苦创业、劈山取宝的感人场景。

（二）亚洲最大的硬岩复垦基地——建成旅游生态保护园林

大冶铁矿从1955年至今，共排放废石3.7亿吨，废石厂占地面积300万平方米。

1989年大冶铁矿着手硬岩绿化复垦，在几乎寸草不生的废石厂大面积植树造林，当时国内尚无成功经验。

1990年，一大批技术专家抵达废石场，因地制宜，确立种植以豆科植物为主的抗旱、耐贫、繁殖容易树种，如刺槐、马尾松、侧柏、旱柳、石榴、火棘、紫荆等。经过几代矿山人的不懈努力，昔日寸草不生的废石厂如今变成了绿树成荫的生态园林，复垦面积达到247万平方米，成为亚洲最大的硬岩复垦基地。在这个硬岩绿化生态园，满眼郁郁葱葱，人似乎被染"绿了"。阳光透过刺槐浓密的枝叶投下斑斑点点，鸟儿在枝头鸣唱，山鸡在林间奔跑，野花在竞相怒放，清新的空气迎面扑来，令人心旷神怡。

生态园中将建设文化走廊、观赏林和楼台亭阁，并配合在东方山景区西部开发，成为市民休闲娱乐的场所。

矿山公园一角

（三）矿史展馆——展示百年古文化

"孙权筑炉炼兵器，岳飞锻铁铸刀剑"，正是描述大冶铁矿有着深厚的文化底蕴，为此，要在大冶铁矿修建矿史展馆作为工业旅游开发的一个重要组成部分。目前展馆共5层，占地面积2000多平方米。展馆分为八大部分：

（1）矿物陈列；

（2）党和国家领导视察；

（3）古代开采；

（4）近代开采；

（5）日本掠夺；

（6）古矿逢春；

（7）改革开放中的矿山；

（8）精神文明建设。

大冶铁矿存有珍贵的图片和实物，史馆建成后，成为爱国、爱矿的教育基地。

1 矿物加工基本知识

+--+
【本章提要】 本章主要介绍矿物加工基本概念、术语，原料粉碎筛分、磨矿分级、
重选、磁选、浮选、脱水、烧结球团等工艺过程基本特点等内容。
+--+

1.1 矿物加工

矿物加工是利用矿物的物理化学性质的差异，借助各种分离、加工的手段和方法将矿
石中有用矿物和脉石分离，达到有用矿物相对富集并进行加工和利用的方法。

矿物加工学是专门研究矿物分离与加工、利用的学科。它在内涵和外延上比传统的选
矿学都要宽广。矿物加工学的外延可扩大到一般意义上的分离与加工过程。

1.1.1 矿物加工常用的术语、工艺指标及计算

脉石：矿石中没有使用价值或不能被利用的部分。

围岩：矿体周围的岩石。

夹石：夹在矿体中的岩石。

废石：矿体围岩和夹石。

传统上，把矿石加以破碎，使之彼此分离（解离），然后将有用矿物加以富集提纯，
无用的脉石被抛弃，这样的工艺过程叫选矿。

原矿：所处理的给入的原料矿石。

精矿：经分选后富集了有价成分的最终分选产品。

中矿：分选过程中产出的中间未完成产品，需要返回原分选流程中处理或单独处理。

尾矿：经过分选后残余的可弃去的物料。

品位：给矿或产品中有价成分的质量分数，常以百分数表示（金、银用 g/t）。原矿
的品位常以 α 表示；精矿品位以 β 表示；尾矿品位以 θ 表示。

产率：产物对原矿计的质量分数，常以百分数表示，通常以 γ 表示，设 Q_H、Q_K、Q_X
分别为原矿的质量、精矿的质量、尾矿的质量（单位为吨），对单一有用矿物的精矿产率
γ，有：

$$\gamma = \frac{Q_K}{Q_H} = \frac{\alpha - \theta}{\beta - \theta} \times 100\%$$

回收率：精矿中有价成分质量与原矿中有价成分质量之比，总的回收率通常用 ε 表
示。对单一有用组分矿石，有：

$$\varepsilon = \frac{\beta\gamma}{\alpha} = \frac{\beta(\alpha - \theta)}{\alpha(\beta - \theta)} \times 100\%$$

富集比: 精矿品位 β 对原矿品位 α 的比值, 即选矿过程中有用成分的富集程度。

选别比: 原矿质量与精矿质量的比值, 即选得 1t 精矿所需原矿的吨数, 以 K 表示。

金属平衡: 选矿厂入厂原矿中金属含量和出厂精矿与尾矿中的金属含量之间具有的平衡关系。

1.1.2 矿物加工的依据和方法

选矿工艺与选矿设备的发展是同步的, 设备技术水平不仅是工艺水平的最好体现, 其生产技术状态也直接影响着生产过程、产品的质量和数量以及综合经济效益。

矿物加工主要依据矿物的各种物理化学性质及表面性质所存在的差异, 主要有密度、磁性、导电性、润湿性等。根据不同的矿石类型、不同的特性参数和对产品的要求不同, 在生产实践中, 可采用不同的矿物加工方法。

矿物加工的主要方法和用途见表 1－1。

表 1－1 常用矿物加工方法

矿物加工方法	主 要 用 途
重选法	黑色、有色、稀有金属及煤炭的分选; 固体废弃物处理
浮选法	金属及非金属矿物的分选; 废水处理; 菌种分离
磁选法	黑色金属、稀有金属的分选; 非金属矿物原料中除铁
电选法	有色金属矿石和稀有金属矿石、黑色金属 (铁、锰、铬) 矿石的分选; 非金属矿石 (煤粉、金刚石、石墨、高岭土等) 的分选
化学分选	煤炭等
生物分选	硫化矿物、煤炭等
特殊选矿	金属和非金属矿

1.1.3 矿物加工基本工艺流程

矿物加工, 以选矿过程为典型, 一般都包括以下三个基本工艺过程: (1) 矿物选前的准备作业; (2) 分选作业; (3) 选后产品的处理作业。

矿物经过分选加工后, 所得到的精矿产品, 其有用矿物含量高, 可直接用于冶炼加工、炼焦, 或作为矿物材料进行进一步加工利用。某种矿物是否需要进行分离加工, 或达到什么样的质量标准, 一般要从技术和经济两方面同时考虑。只有当产品的销售价格高于所有生产费用总和时, 对矿物进行分离加工才是合算的。

选矿厂或选煤厂为生产其产品而配置的方式如图 1－1 所示。流程实际上是选矿厂为生产某种质量标准的产品所安排的作业顺序。选矿产品的质量标准主要包括成分和 (或) 粒度等方面。当要求成分达到某种标准时, 一般需深度粉碎以使各种矿物相互解离, 其分选或富集过程才得以进行。

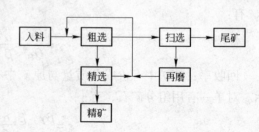

图 1－1 粗选、扫选和精选构成的基本选矿流程

1.2 粉碎工艺与设备

粉碎是大块物料在机械力作用下粒度变小的过程。粉碎是矿物加工过程的重要环节。粉碎可分为四个阶段：破碎、磨矿、超细粉碎、超微粉碎。粉碎过程是高能耗的作业，粉碎过程的基本原则是"多碎少磨"。

1.2.1 破碎流程

破碎流程可分为：

（1）一段破碎流程。一段破碎流程一般用来为自磨机提供合适的给料，常与自磨机构成系统。该工艺流程简单，设备少，厂房占地面积小。

（2）两段破碎流程。该流程多为小型厂采用。

（3）三段破碎流程。该流程的基本形式有三段开路和三段一闭路两种。

（4）带洗矿作业的破碎流程。当给料含泥（-3mm）量超过5%~10%和含水量大于5%~8%时，应在破碎流程中增加洗矿作业。

1.2.2 球磨、棒磨流程

对选矿而言，采用一段或两段磨矿，便可经济地把矿石磨至选矿所需的任何粒度。两段以上的磨矿，通常是由进行阶段选别的要求决定的。

一段和两段流程相比较，一段磨矿流程的主要优点是：设备少，投资低，操作简单，不会因一个磨矿段停机影响到另一磨矿段的工作，停工损失少。但磨机的给矿粒度范围宽，合理装球困难，不易得到较细的最终产物，磨矿效益低。当要求最终产物最大粒度为0.2~0.15mm（即-0.074mm占60%~79%），一般采用一段磨矿流程。小型工厂，为简化流程和设备配置，当磨矿细度要求-0.074mm占80%时，也可用一段磨矿流程。

两段磨矿的突出优点是能够得到较细的产品，能在不同磨矿段进行粗磨和细磨，特别适用于阶段处理。在大、中型工厂，当要求磨矿细度小于0.15mm（即80%-0.074mm），采用两段磨矿较经济，且产品粒度组成均匀，过粉碎现象少。根据第一段磨机与分级设备连接方式不同，两段磨矿流程可分为三种类型：第一段开路；第二段全闭路；第一段局部闭路，第二段总是闭路工作的磨矿流程。

1.2.3 自磨流程

自磨工艺有干磨和湿磨两种。选矿厂多采用湿磨。为了解决自磨中的难磨粒子问题，提高磨矿效率，在自磨机中加入少量钢球，称为半自磨。

自磨常与细碎、球磨、砾磨等破磨设备联合工作，根据其联结方式可组成很多种工艺流程。

现代工业中应用的破碎设备种类繁多，其分类方法也有多种。破碎设备可按工作原理和结构特征划分为颚式破碎机、圆锥破碎机、辊式破碎机、冲击式破碎机和磨碎机等。

1.2.4 筛分

将颗粒大小不同的混合物料，通过单层或多层筛子而分成若干个不同粒度级别的过程称为筛分。筛分设备有固定筛、惯性振动筛、自定中心振动筛、重型振动筛、共振筛、直线振动筛。

1.2.5 磨矿分级设备

选矿厂中广泛使用的磨矿设备是球磨机和棒磨机。在球磨机中，目前只有格子型及溢流型被采用。锥型球磨机因其生产率低，现已不制造，但个别旧选矿厂仍沿用。球磨机和棒磨机的规格以筒体内径 D 和筒体长度 L 表示。

1.3 浮选工艺及设备

浮选（flotation）一词，是漂浮选矿的简称。浮选是根据矿物颗粒表面亲水性的不同，从矿石中分离有用矿物的技术方法，即按矿物可浮性的差异进行分选的方法。浮选法广泛用于细粒嵌布的金属矿物、非金属矿产、化工原料矿物等的分选。我国所称的选矿是源自西文的 oredressing（选矿），原义可近似地译作矿石整理（是冶炼前的准备工作），现今由于技术内容的扩展，西方通常使用矿物加工（mineral processing）一词。目前广为接受的浮选，精确地说，应为矿物泡沫浮选（froth flotation）。

1.3.1 浮选工艺

浮选是利用各种矿物原料颗粒表面对水的润湿性（疏水性或亲水性）的差异进行选别，通常指泡沫浮选。天然疏水性矿物较少，常向矿浆中添加捕收剂，以增强欲浮出矿物的疏水性；加入各种调整剂，以提高选择性；加入起泡剂并充气，产生气泡，使疏水性矿物颗粒附于气泡，上浮分离。浮选通常能处理小于 0.2 ~ 0.3mm 的物料，原则上能选别各种矿物原料，是一种用途最广泛的方法。浮选也可用于选别冶炼中间产品、溶液中的离子和处理废水等。近年来，浮选除采用大型浮选机外，还出现回收微细物料（小于 5 ~ 10μm）的一些新方法。例如选择性絮凝－浮选，用絮凝剂有选择地使某种微细粒物料形成尺寸较大的絮团，然后用浮选（或脱泥）方法分离；剪切絮凝－浮选，是加捕收剂等后高强度搅拌，使微细粒矿物形成絮团再浮选，还有载体浮选、油团聚浮选等（图 1-2）。

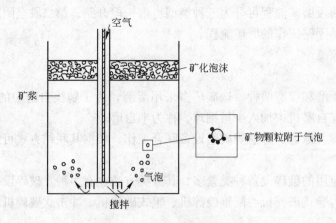

图 1-2 泡沫浮选原理

浮选的另一重要用途是降低细粒煤中的灰分和从煤中脱除细粒硫铁矿。全世界每年经浮选处理的矿石和物料有数十亿吨。大型选矿厂每天处理矿石达十万吨。浮选的生产指标和设备效率均较高，选别硫化矿石回收率在 90% 以上，精矿品位可接近纯矿物的理论品位。用浮选处理多金属共生矿物，如从铜、铅、锌等多金属矿矿石中可分离出铜、铅、锌和硫铁矿等多种精矿，且能得到很高的选别指标。浮选适于处理细粒及微细粒物料，用其他选矿方法难以回收的小于 $10\mu m$ 的微细矿粒，也能用浮选法处理。

浮选按分选的有价组分不同可分为正浮选与反浮选，将无用矿物（即脉石矿物）留在矿浆中作为尾矿排出，浮起矿物是有用矿物的方法叫正浮选，反之叫反浮选（或称逆浮选）。浮选中常用的浮选药剂有捕收剂、起泡剂、抑制剂、活化剂、pH 值调整剂、分散剂、絮凝剂等。常见的浮选机有机械搅拌式、充气式、充气机械搅拌式等。浮选药剂的作用原理如图 1 – 3 所示。

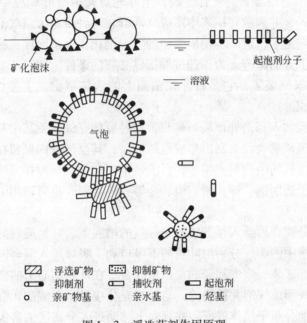

图 1 – 3　浮选药剂作用原理

浮选与其他选矿方法一样，要做好选别前的物料准备工作，即矿石要经过磨矿分级，达到适宜于浮选的浓度细度。此外，浮选还有以下几个基本作业：

（1）矿浆的调整与浮选药剂的加入。其目的是要造成矿物表面性质的差别，即改变矿物表面的润湿性，调节矿物表面的选择性，使有的矿物粒子能附着于气泡，而有的则不能附着于气泡。

（2）搅拌并造成大量气泡。借助于浮选机的充气搅拌作用，导致矿浆中空气弥散而形成大量气泡，或促使溶于矿浆中的空气形成微泡析出。

（3）气泡的矿化。矿粒向气泡选择性地附着，这是浮选过程中最基本的行为。

（4）矿化泡沫层的形成与刮出。矿化气泡由浮选槽下部上升到矿浆面形成矿化泡沫层，有用矿物富集到泡沫中，将其刮出而成为精矿（中矿）产品。而非目的矿物则留在浮选槽内，从而达到分选的目的。

浮选工艺是一个较复杂的矿石处理过程，其影响因素可分为不可调节因素（原矿性质和生产用水的水质等）和可调节因素（浮选流程、磨矿细度、矿浆浓度、矿浆酸碱度、浮选药剂制度等）。

1.3.2　浮选设备

浮选机的结构装置主要由承浆槽、搅拌装置、充气装置、排出矿化泡装置、电动机等组成。具体作用如下：

（1）承浆槽。它有进浆口，以及调节矿浆面的闸门装置，主要由用钢板焊成的槽体和钢板与圆钢焊成的闸门组成。

（2）搅拌装置。它用于搅拌矿浆，防止矿砂在槽体沉淀，主要由皮带轮、叶轮、垂直轴等组成，叶轮是由耐磨橡胶制成的。

（3）充气装置。它由导管进气管组成，当叶轮旋转时，叶轮腔中产生负压，将空气通过中空的泵管吸入，并弥散在矿浆中形成气泡群，这种带有大量气泡的矿浆由叶轮的旋转力而被很快地抛向定子，进一步使矿浆中的气泡细化，及消除浮选槽中矿浆流的旋转运动，造成大量垂直上升的微泡，为浮选过程提供必要的条件。

（4）排除矿化气泡装置。它是将浮在槽面上的泡沫刮出，主要由电机带动减速器，减速器带动刮板组成。

在浮选机中，经加入药剂处理后的矿浆，通过搅拌充气，使其中某些矿粒选择性地固着于气泡之上；浮至矿浆表面被刮出形成泡沫产品，其余部分则保留在矿浆中，以达到分离矿物的目的。浮选机的结构形式很多，目前最常用的是机械搅拌式浮选机。

浮选机主要用于选别铜、锌、铅、镍、金等有色金属，也可以用于黑色金属和非金属的粗选和精选。

矿泥和药剂充分混合后给入浮选机的第一室的槽底下，叶轮旋转后，在轮腔中形成负压，使得槽底下和槽中的矿浆分别由叶轮的下吸口和上吸口进入混合区，也使得空气沿导气套筒进入混合区，矿浆、空气和药剂在这里混合。在叶轮离心力的作用下，混合后的矿浆进入矿化区，空气形成气泡并被粉碎，与矿粒充分接触，形成矿化气泡，在定子和紊流板的作用下，均匀地分布于槽体截面，并且向上移动进入分离区，富集形成泡沫层，由刮泡机构排出，形成精煤泡沫。槽底上面未被矿化的煤粒会通过循环孔和上吸口再一次混合、矿化和分离。槽底下未被叶轮吸入的部分矿浆，通过埋没在矿浆中的中矿箱进入第二室的槽底下，完成第一室的全部过程后，进入第三室，浮选机如此周而复始，矿浆通过最后一室后进入尾矿箱排出最终尾矿。

为了实现矿粒之间的分离，矿物表面必须具有不同的润湿性，要有数量和质量满足需要的泡沫，还应有合适的机械设备，使它们分成性质和质量各不相同的产品，这些设备就是浮选机。浮选机是实现浮选过程的重要设备。浮选效果的好坏，除药剂、工艺流程的影响外，与浮选机性能的优劣有着相当大的关系。为此，各国在改进和发展浮选机方面都做了相当多的工作。

浮选机类型包括机械搅拌式浮选机、混合式浮选机或充气搅拌式浮选机、充气式浮选机、气体析出式浮选机。

1.3.2.1　机械搅拌式浮选机

机械搅拌式浮选机的特点是，矿浆的充气和搅拌都是由机械搅拌器来实现的，属于外气自吸式浮选机。充气搅拌器具有类似泵的抽吸特性，既自吸空气又自吸矿浆。

XJK 浮选机（俗称 A 型）的特点是：

（1）盖板上安装了 18～20 个导向叶片。

（2）叶轮、盖板、垂直轴、进气管、轴承、皮带轮等装配成一个整体部件。

（3）槽子周围装设了一圈直立的翅板，阻止矿浆产生涡流。

1.3.2.2　充气搅拌式浮选机

充气搅拌式浮选机的特点是：（1）充气量易于单独调节；（2）机械搅拌器磨损小；（3）选别指标较好；（4）功率消耗低。

其中，丹佛型浮选机的特点是：（1）有效充气量大；（2）槽内形成一个矿浆上升流。

1.3.2.3　充气式浮选机

充气式浮选机的结构特点是无机械搅拌器无传动部件；其充气特点是充气器充气，气泡大小由充气器结构调整；气泡与矿浆混合特点是逆流混合。充气式浮选机常用于处理组成简单、品位较高、易选矿石的粗、扫选。

其中，浮选柱的特点是结构简单、占地面积小、维修方便、操作容易、节省动力。

1.3.2.4　气体析出式浮选机

气体析出式浮选机主要用于细粒矿物浮选和含油废水的脱油浮选。

1.4　重选

重选即重力选矿，利用被分选矿物颗粒间相对密度、粒度、形状的差异及其在介质（水、空气或其他相对密度较大的液体）中运动速率和方向的不同，使之彼此分离的选矿方法。重选的实质就是松散—分层和搬运—分离的过程。

置于分选设备内的散体物料，在运动介质中，受到流体浮力、动力或其他机械力的推动而松散，被松散的矿粒群，由于沉降时运动状态的差异，不同密度（或粒度）颗粒发生分层转移。

松散和搬运分离几乎是同时发生的，但松散是分层的条件，分层是目的，而分离则是结果。

对一种矿物，能否采用重选方法分离，按下式判断：

$$E = \frac{\delta_2 - \rho}{\delta_1 - \rho}$$

式中　δ_1，δ_2，ρ——轻矿物、重矿物和介质的密度。

E 值越大，重选分离越容易。

根据 E 值，矿石重选难度主要取决于轻重矿物的密度差，但介质的密度越高，分选也越容易进行。按 E 值的不同，将重选难易性划分等级，在同样的 E 值下，矿石粒度越小分选也越困难，见表 1-2。

表 1-2　矿石重选难易等级

E 值	>2.5	2.5～1.75	1.75～1.5	1.5～1.25	<1.25
难易性	较易	容易	中等	困难	极难
可选粒度下限	$d \geq 19\mu m$ 38～19μm 效果差	$d \geq 38\mu m$ 74～38μm 困难	$d \geq 0.5mm$	$d > 2mm$ 且效果差	不宜重选

重选广泛应用于处理煤、有色金属、稀有金属、贵金属矿石，也用于对石棉、金刚石等非金属矿石的加工。

1.4.1　重选过程及特点

重选矿粒间必须存在密度差异，分选过程在运动介质中进行，在重力、流体动力、机械力的综合作用下，矿粒群松散并按密度分层，分层好的物料，在运动介质的作用下分离，获得不同的最终产品。其特点如下：

（1）有用矿物嵌布粒度性质制约分选效果。

（2）分选设备多，流程相对较复杂。

（3）重选处理的矿石粒度范围宽，最大可达几十毫米。

（4）重选设备的结构一般比较简单，不耗贵重材料，作业成本低。

（5）对环境污染较少。

重力选矿的介质包括水、空气、重介质悬浮液（固体微粒与水的混合物）、重液（密度大于水的液体或高密度的盐类的水溶液）、空气重介质（固体微粒与空气的混合物）等。

重力选矿通常有跳汰选矿、溜槽选矿、摇床选矿和重介质选矿等；按使用的介质，又分湿式重选与风力重选（干式），详见表 1-3。为了增强细粒物料的分选效果，在重选中还采用离心力场的螺旋溜槽、离心机、旋流器等重选设备。

表 1-3　重选方法与介质运动形式

名　称	作　用　原　理	用　　途
洗　矿	用机械及水流冲力，分散黏土，矿粒按沉降速度分级	辅助作业，矿石含泥大于 10% 时需洗矿
水力分级	利用匀速水流运动，矿粒按沉降速度分成不同级别	准备作业，控制磨矿产品粒度，脱泥脱水
跳汰选矿	利用垂直脉动介质流，分散粒群，按密度分层，分选	主要重选法之一，处理粒度 $d > 0.5\mathrm{mm}$
摇床选矿	床面往复运动惯性力及斜面流冲力，使不同矿物分离	给矿 3~0.037mm，分选细粒矿石理想方法
溜槽选矿	根据矿粒沿斜面上水流运动特点，达到不同密度矿物分离	大宗低品位重金属的粗选或扫选
水力旋流器选矿	利用回转运动水流，不同密度矿粒受离心力差异而分离	细粒矿石选矿，水力分级，脱泥、脱水
重介质选矿	在密度大于水的介质中，使矿粒按密度分选	一般用于粗选，以提高后续作业处理量

不同粒度的重选方法如下：

　　　　矿　石　粒　度　　　　　　　　重　选　方　法
　　　　100~3mm　　　　　　　　　跳汰选矿

20 ~ 0.5mm	重介质选矿
2 ~ 0.074mm	各类溜槽、摇床
0.074 ~ 0.038mm	摇床、旋转螺旋溜槽
0.038 ~ 0.019mm	皮带溜槽、振动皮带溜槽离心选矿机
干选: 20 ~ 2mm	利用物料形状特点, 逆流筛
10 ~ 0.5mm	空气吸选, −0.5mm 旋风分离

矿石的重选流程是由一系列连续的作业组成。作业的性质可分成准备作业、选别作业、产品处理作业三个部分:

(1) 准备作业包括为使有用矿物单体解离而进行的破碎与磨矿; 多胶性的或含黏土多的矿石进行洗矿和脱泥; 采用筛分或水力分级方法对入选矿石按粒度分级。矿石分级后分别入选, 有利于选择操作条件, 提高分选效率。

(2) 选别作业是矿石的分选的主体环节。选别流程有简有繁, 简单的由单元作业组成, 如重介质分选。

(3) 产品处理作业主要指精矿脱水、尾矿输送和堆存。

1.4.2　重选的应用

重选是当今最通用的选矿方法之一, 广泛用于处理密度较大的物料。重选是选别钨、锡等重矿物的传统方法, 是煤炭分选最主要的方法。重选还普遍应用在稀有金属 (铌、钽、钍、钛、锆等) 矿物的分选。对于非金属矿物 (金刚石、高岭土、蒙托石、云母等) 的分选, 重选也是一种重要方法。

重选方法也常用于分选铁、锰矿石, 对于那些经浮选法处理的有色金属 (铜、铅、锌等) 矿石也可以用重选法预先分选, 除去粗粒脉石, 使其达到初步富集。

1.4.3　重选设备

处理现代矿物, 所需的设备必须要具备以下几个特点: (1) 处理量大, 现代的矿物处理客观上要求以规模效应来创造效益; (2) 对微细粒级效果显著, 特别是对 −0.037mm 粒级要效果明显, 原有设备基本上能保证 +0.037mm 粒级的回收; (3) 富集比较高, 选别指标好; (4) 功耗低; (5) 结构简单, 便于维护。重选设备有水力分级的云锡式分级箱、分泥斗, 重介质分选的圆锥形重介质分选机、重介质振动溜槽、重介质旋流器、斜轮重介质分选机, 跳汰机, 溜槽分选机, 摇床, 涡流分选机等。

1.4.3.1　摇床选矿

摇床选矿是在一个倾斜宽阔的床面上, 借助床面的不对称往复运动和薄层斜面水流的作用, 分选矿石。摇床由床面、机架和传动机构三大部分组成:

床面近似梯形, 沿纵向布置有床条, 床条高度自传动端向对侧逐渐降低, 沿一条或两条斜线尖灭。床面横向呈微倾斜, 其倾角一般 0.5° ~ 5°; 床面为木或铝质材料, 表面涂漆或用橡胶覆盖。给料槽和给水槽布置在倾斜床面坡度高的一侧。

传动装置带动床面做往复差动摇动, 即床面前进运动时速度由慢变快, 以正加速度前进; 床面后退运动时, 速度则由快变慢, 以负加速度后退。

摇床分选过程: 物料由给矿槽呈矿浆进入到床面上, 床面做差动运动的惯性力和水流的冲刷作用，使不同密度和粒度的矿粒具有不同的速度和方向，这是产品分离的原因。轻矿粒受横向水流推动，沿床面倾斜向下运动，重矿粒沿纵向移动，至传递端对侧排出。矿粒群在床面上呈扇形分带，最先排出的是漂浮于水面的矿泥；然后依次为粗粒轻矿粒、细粒轻矿粒、粗粒重矿粒；从床面最左端排出的是床层最底的细粒重矿粒（图1-4）。

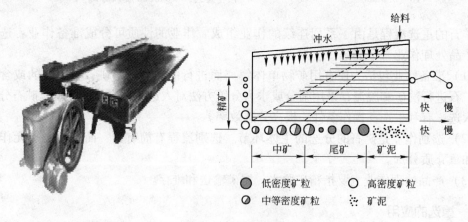

图1-4 摇床分选

摇床分选原理：物料在摇床上分选，主要由床条的形式、床面的不对称运动及床面上横冲水三个因素综合作用的结果。矿粒是在重力、摩擦力、流体动力和矿粒惯性力联合作用下达到分选。其分选过程包括松散分层和运输分带两个方面。床条的作用是：（1）激起水流旋涡，形成紊动水流；（2）使物料松散，在床面上呈多层分布。往复运动使颗粒获得运动惯性力，实现矿粒纵向搬动。横向冲水协作颗粒松散和搬动运输。

由于床条在床面上激烈摇动时，加强了斜面水流扰动作用，增强了旋涡和由此产生的水流垂直分速对物料的悬浮作用，使物料悬浮并按密度和粒度进行分层。同时，床面的激烈摇动还将产生按粒度和密度的析离作用和床条对分层的作用。

1.4.3.2 跳汰选矿

跳汰选矿是指物料主要在垂直上升的变速介质流中，按密度差异进行分选的过程。物料在粒度和形状上的差异，对选矿结果有一定的影响。跳汰选矿的特点是：

（1）水流动力强。

（2）松散主要靠垂直交变介质流的脉动升举作用，松散空间和程度大。

（3）分层发生在介质流方向。

（3）"钻隙"对分层有重要意义。

跳汰过程的设备称为跳汰机（图1-5）。

分选介质为水，称为水力跳汰；若为空气，称为风力跳汰。被选物料给到跳汰机筛板上，形成一个密集的物料层，这个密集的物料层称为床层。

物料在跳汰过程中之所以能分层，起主要作用的内因是矿粒自身的性质，但能让分层得以实现的客观条件，则是垂直升降的交变水流。矿粒在跳汰时的分层过程如图1-6所示，跳汰机分选示意图如图1-7所示。

图1-5 跳汰机与螺旋溜槽

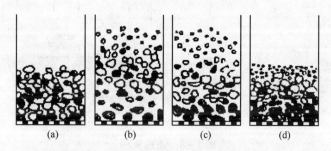

图1-6 矿粒在跳汰时的分层过程

(a) 分层前颗粒混杂堆积；(b) 上升水流将床层托起；(c) 颗粒在水流中
沉降分层；(d) 水流下降，床层密集，重矿物进入底层

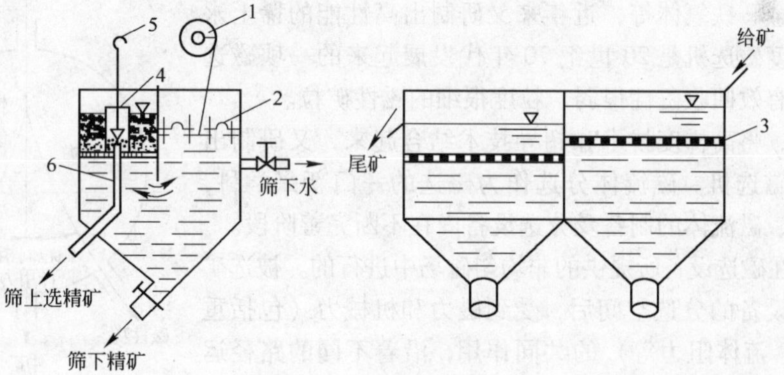

图1-7 跳汰机分选

1—偏心机构；2—隔膜；3—筛板；4—外套筒；5—锥形阀；6—内套筒

1.5 磁选

磁选是根据被分选矿物颗粒间磁性的差异及其在磁场中所受磁力的大小，进行矿物分离的选矿方法。磁选流程如图1-8所示。

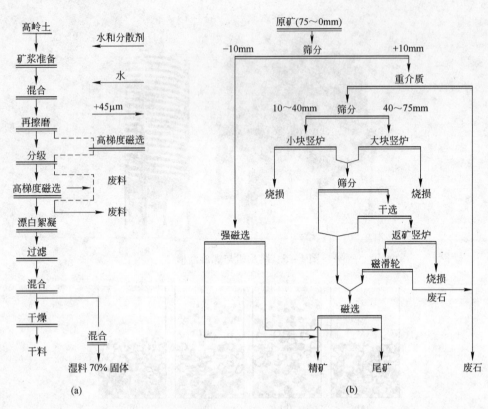

图 1-8 磁选流程

(a) 高岭土高梯度磁选；(b) 酒钢选矿厂生产流程

从 19 世纪末，工业上开始使用磁选法分选矿石，至今已有 100 多年的历史。在 1955 年前，几乎所有磁选机都是电磁的，之后开始有永磁材料，有铝镍钴合金、铁氧体等，近年来又研制出高性能的稀土永磁体。高梯度磁选机是 20 世纪 70 年代发展起来的一项磁选技术，它能有效回收磁性很弱、粒度很细的磁性矿粒。

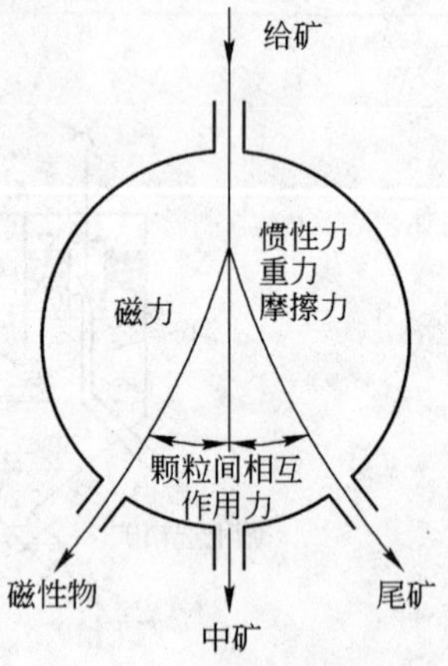

近年来，将高梯度技术和超导技术结合起来，又研制出高梯度超导磁选机。磁流体分选作为磁选的一门新兴学科，其分选理论、磁流体的制备及分选设备尚在不断完善阶段。

磁选是在磁选设备所提供的非均匀磁场中进行的。被选矿石进入磁选设备的分选空间后，受到磁力和机械力（包括重力、离心力、流体阻力等）的共同作用，沿着不同的路径运动，对矿浆分别截取，得到不同的产品，如图 1-9 所示。

磁性颗粒在磁选机中成功分选的必要条件是：

$$F_强 > F_机 > F_弱$$

磁选实质是利用磁力和机械力对不同磁性颗粒的不同作用而实现的。

图 1-9 磁选过程模拟图

1.5.1 磁选中矿物的分类

磁选中矿物磁性的分类不同于物质磁性的物理分类，通常，按比磁化率大小对矿物分类：

强磁性矿物。比磁化率 $\chi > 3.8 \times 10^{-5} \mathrm{m^3/kg}$，在磁场强度达 $80 \sim 136 \mathrm{kA/m}$ 的弱磁场磁选机中可以回收。这类矿物很少，主要有磁铁矿、磁赤铁矿、钛磁铁矿、锌铁晶石等。

磁性矿物。比磁化率 $\chi = 1.26 \times 10^{-7} \sim 7.5 \times 10^{-6} \mathrm{m^3/kg}$，在磁场强度 $480 \sim 1840 \mathrm{kA/m}$ 的磁选机中可以选出。

弱磁性矿物。这类最多，主要有铁锰矿物、赤铁矿、镜铁矿、褐铁矿、菱铁矿、水锰矿、软锰矿、硬锰矿、菱锰矿等，一些含钛、铬、钨矿物；黑云母、角闪石、绿帘石、绿泥石、橄榄石、石榴石、辉石等。

非磁性矿物。比磁化率 $\chi < 1.26 \times 10^{-7} \mathrm{m^3/kg}$，是目前难以用磁选法回收的矿物。这类矿物很多，主要有：

部分金属矿物——辉铜矿、方铅矿、闪锌矿、白钨矿、褐石、金等；

大部分非金属矿物——硫、煤、石墨、金刚石、石膏、高岭土等；

大部分造岩矿物——石笋、长石、方解石等。

按磁选机的磁场强弱，可分强磁选和弱磁选；根据分选时所采用的介质，又分为湿式磁选和干式磁选。只要被分离的矿物或矿物集合体具有适当的磁性差异及适合的粒度，几乎都可用磁选进行选矿。

磁选最常用于磁铁矿和含铁矿物同其他矿物的分离，如稀有金属矿物、各种铁矿物、锰矿物和黑钨矿、石榴子石、黑云母、角闪石等。为增加弱磁性矿物的磁性，有时需将此类矿物磁化焙烧，再进行磁选，以提高分选效果。磁选工艺的应用如图 1-10 所示。

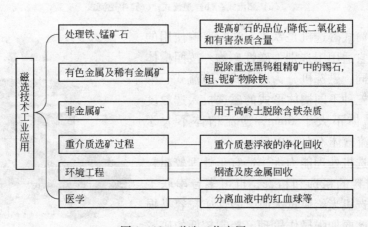

图 1-10 磁选工艺应用

磁选机适用于粒度 3mm 以下的磁铁矿、磁黄铁矿、焙烧矿、钛铁矿等物料的湿式磁选，也用于煤、非金属矿、建材等物料的除铁作业。

磁选机的磁系，采用优质铁氧体材料或与稀土磁钢复合而成，筒表平均磁感应强度为 $100 \sim 600 \mathrm{mT}$。根据用户需要，可提供顺流、半逆流、逆流型等多种不同表强的磁选。本磁选机具有结构简单、处理量大、操作方便、易于维护等优点。

1.5.2 磁选设备

磁选机可以分选的矿物有很多，如磁铁矿、褐铁矿、赤铁矿、锰菱铁矿、钛铁矿、黑钨矿、锰矿、碳酸锰矿、冶金锰矿、氧化锰矿、铁砂矿、高岭土、稀土矿等都可以用磁选机来选别。磁选过程是在磁选机的磁场中，借助磁力与机械力对矿粒的作用而实现分选的。不同磁性的矿粒沿着不同的轨迹运动，从而分选为两种或几种单独的选矿产品。

磁选机按照磁铁的种类可以分为永磁磁选机和电磁除铁机；按照矿的干湿可以分为干式除铁机和湿式除铁机；按照磁系可以分为筒式磁选机、辊式磁选机和筒辊式磁选机；按照磁系数量可以分为单筒磁选机、双筒磁选机和组合式多筒磁选机；按照给矿方式可以分为上部给矿磁选机和下部给矿磁选机；按照磁场强度可以分为弱磁磁选机（图 1 – 11）、中磁磁选机和强磁磁选机（图 1 – 12）；按照磁系可以分为开放式磁路磁选机和闭合式磁路磁选机。

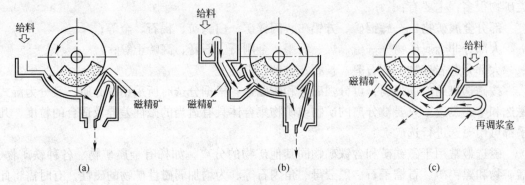

(a)　　　　　　　(b)　　　　　　　(c)

图 1 – 11　弱磁磁选机的三种槽型

(a) 顺流式；(b) 逆流式；(c) 半逆流式

湿式永磁筒式磁选机是铁矿石选厂普遍使用的一种磁选机，它适用于选别强磁性矿物。按照槽体的结构形式不同，磁选机分为顺流式、逆流式、半逆流式三种。三种不同槽体形式的磁选机入选粒度如下：顺流槽体不大于 6mm，逆流槽体不大于 1.5mm，半逆流槽体不大于 0.5mm。

顺流式磁选机处理能力大，适宜于处理较粗粒度的强磁性物料的粗选和精选，也可多台串联工作。顺流式磁选机当给矿量大时，磁性矿粒容易损失于尾矿，因此要加强操作管理，控制较低的矿浆水平。

图 1 – 12　SLon 脉冲强磁选机

逆流式磁选机适宜于细粒强磁性矿物的粗选与扫选作业，回收率较高，但精矿品位较低。因为粗粒物料易沉积堵塞选别空间，所以逆流型磁选机不适于处理粗粒物料。

半逆流磁选机可以获得高质量的铁精矿，同时也能得到较好的回收率，所以半逆流磁选机在生产实践中得到广泛的应用。它适宜于处理 0.5mm 以下的矿粒的粗选和精选，还可以多台串联和并联，实现多次的扫选和精选。

电磁磁滑轮由沿物料运行方向极性交变或极性单一的多极磁系组成。电磁磁滑轮的磁感应强度可达 0.1 ~ 0.15T，给矿粒度 10 ~ 100mm。滑轮的尺寸为 $\phi \times L(600 ~ 1000)$ mm × (1700 ~ 2400) mm。它在选矿厂中的作用和永磁磁滑轮相同。

永磁筒式磁选机的主要部分由滚筒和磁系构成。磁系为锶铁氧体，它应用于细粒强磁性矿物粒的干选、磁性材料的提纯、粉状物料中排除磁性杂质。

周期式的超导高梯度磁选机是一台设超导磁滤器，其主要部分是超导线圈、制冷机构、分选机构、给矿机构等。该超导磁法器可作为磁分离过程基础研究的实验室装置，模拟大型装置操作条件的中间试验之用以及小规模生产用。

1.5.3 磁选机的基本结构

以湿式永磁筒式磁选机为例，磁选机主要由圆筒、辊筒、刷辊、磁系、槽体、传动部分6部分组成。圆筒由 2～3mm 不锈钢板卷焊成筒，端盖为铸铝件或工件，用不锈钢螺钉和筒相连。电机通过减速机或直接用无极调速电机，带动圆筒、磁辊和刷辊做回转运动。磁系为开放式磁系，装在圆筒内和裸露的全磁。磁块用不锈钢螺栓装在磁轭的底板上，磁轭的轴伸出筒外，轴端固定有拐臂。扳动拐臂可以调整磁系偏角，调整合适后可以用拉杆固定。槽体的工作区域用不锈钢板制造，机架和槽体的其他部分用普通钢材焊接。

矿浆经给矿箱流入槽体后，在给矿喷水管的水流作用下，矿粒呈松散状态进入槽体的给矿区。在磁场的作用下，磁性矿粒发生磁聚而形成"磁团"或"磁链"，"磁团"或"磁链"在矿浆中受磁力作用，向磁极运动，而被吸附在圆筒上。由于磁极的极性沿圆筒旋转方向是交替排列的，并且在工作时固定不动，"磁团"或"磁链"在随圆筒旋转时，由于磁极交替而产生磁搅拌现象，被夹杂在"磁团"或"磁链"中的脉石等非磁性矿物在翻动中脱落下来，最终被吸在圆筒表面的"磁团"或"磁链"即为精矿。精矿随圆筒转到磁系边缘磁力最弱处，在卸矿水管喷出的冲洗水流作用下被卸到精矿槽中，如果是全磁磁辊，卸矿是用刷辊进行的。非磁性或弱磁性矿物被留在矿浆中随矿浆排出槽外，即为尾矿。

永磁磁力滚筒（也称磁滑轮），主要适用于以下用途：

（1）贫铁矿经粗碎或中碎后的粗选，排除围岩等废石，提高品位，减轻下一道工序的负荷。

（2）用于赤铁矿还原闭路焙烧作业中将未充分还原的生矿选别，返回再烧。

（3）用于陶瓷行业中将瓷泥中混杂的铁除去，提高陶瓷产品的质量。

（4）燃煤矿、铸造型砂、耐火材料以及其他行业的需用到的除铁作业。

1.6 电选工艺

矿物的电性质是电选的依据。矿物电性质是指矿物的电阻、介电常数、比导电度以及整流性等，它们是判断能否采用电选的依据。

电选是以带不同电荷的矿物和物料在外电场作用下发生分离为理论基础的。电选法应用物料固有的不同摩擦带电性质、电导率和介电性质。因为静电力与颗粒表面电荷大小和电场强度成正比，所以静电力对细的、片状的轻颗粒影响大些。因此，颗粒可以得到有效的分离。

1.6.1 电选流程及应用

电选是利用各种矿物及物料电性质不同而进行分选的一种物理选矿方法，它包括电选、摩擦带电分选、介电分选、高梯度电选、电除尘等方面。电选流程如图 1 – 13 所示。

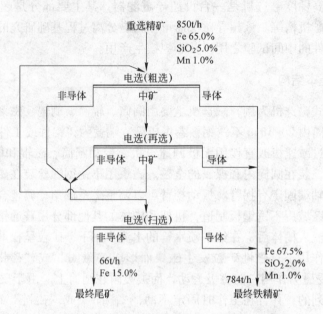

图 1 – 13　加拿大瓦布什选矿厂电选流程

电选主要用于各种矿物及物料的精选。电选前，大多先经重选或其他选矿方法粗选后得出粗精矿，然后采用单一电选或电选与磁选配合，得到最终精矿。

电选的有效处理粒度通常为 0.1 ~ 2mm，但对片状或密度小的物料如云母、石墨、煤等，其最大处理粒度则可达 5mm 左右，而湿式高梯度电选机的处理粒度则可下降到微米级。

在大多数情况下，电选都是在高压电场中进行的，除少数采用高压交流电源外，绝大多数均用高压直流电源，将负电输到电极，个别情况才采用正电。

电选过程的工业应用可细分为几类：

(1) 矿物和煤的分选（选矿和选煤部门）；

(2) 食物提纯（食品业）；

(3) 废料处理（废料管理）；

(4) 静电分级（根据粒度和形状将固体分类）；

(5) 静电沉积（从固体中除去粒状污染物质或从气体中除去液体）。

1.6.2　电选设备

电选设备是以施加到临时带电颗粒上的静电力为基础的，电选机的设计是以矿物带电机理为依据的。根据带电机理，电选机可分为以下三类：

(1) 自由落体静电电选机（接触带电和摩擦带电）；

(2) 高压电选机（电晕带电）；

(3) 接触电选机（感应带电）。

1.6.2.1　接触或摩擦带电电选机（自由落体电选机）

在接触或摩擦带电电选机中，颗粒之间或与第三种材料（如容器、给料器、溜槽或喷嘴的壁）接触或摩擦而获得电荷。然后这些颗粒进入电场中，根据它们的极化和所带电荷多少而发生分离。

1.6.2.2　传导感应带电电选机

当颗粒与传导电极接触时，在电场中可将导体与非导体分离开，这就是传导电选机的依据。当有高压电场存在时，不同颗粒与接地导体接触，可以发生传导感应带电。通常通过传导，导体颗粒迅速带电，而绝缘颗粒带电的速度要慢得多，从而使导体颗粒与绝缘颗粒分开。

1.7　固液分离

固液分离是从水或废水中除去悬浮固体的过程。对选矿产品脱水是为了便于运输，防止冬季冻结及达到烧结造块、冶炼或其他加工过程对产物水分含量的要求。固液分离的作用有：

（1）浮选精矿，泡沫产品水分70%~80%，脱水后8%~12%，冬季不高于8%，夏季不高于12%。

（2）对一些特殊要求或出口产品，脱水后不高于2%。

（3）溢流或滤液一般要回收作为循环水（90%~95%）。

（4）对中间产品由于浓度过低，直接进行下一步作业会恶化选别流程，也需要脱水。

把固体和液体分开的过程都是固液分离，方法非常多，如沉降、过滤、膜过滤、压滤、真空、离心机等。从废水中除去固体一般采用筛或沉淀方法。污泥处理中采用的分离方法有污泥重力浓缩、污泥的浮选或污泥的机械脱水。水处理中有微滤、澄清和深床过滤等方法。

固液分离机是利用离心力分离液体中固体颗粒物和絮状物的机械。

1.7.1　浓缩机

浓缩机适用于选矿厂的精矿和尾矿脱水处理，广泛用于冶金、化工、煤炭、非金属选矿、环保等行业。高效浓缩机实际上并不是单纯的沉降设备，而是结合泥浆层过滤特性的一种新型脱水设备。

浓缩机的特点是：（1）添加絮凝剂增大沉降固体颗粒的粒径，从而加快沉降速度；（2）装设倾斜板，缩短矿粒沉降距离，增加沉降面积；（3）发挥泥浆沉积浓相层的絮凝、过滤、压缩和提高处理量的作用；（4）配备有完整的自控设施。

浓缩机（高效浓缩机）一般主要由浓缩池、耙架、传动装置、耙架提升装置、给料装置、卸料装置和信号安全装置等组成。其工作的主要特点是在待浓缩的矿浆中添加一定量的絮凝剂，使矿浆中的矿粒形成絮团，加快其沉降速度，进而达到提高浓缩效率的目的。它广泛应用于冶金、矿山、煤炭、化工、建材、环保等部门的矿泥、废水、废渣的处理，对提高回水利用率和底流输送浓度以及保护环境具有重要意义。

浓缩机分为中心传动式浓缩机、周边传动式浓缩机（图1-14和表1-4）、高效浓缩机、污泥浓缩机、间歇式浓缩机、竖流式和辐流式连续式浓缩机。

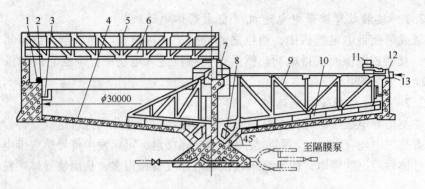

图 1 - 14 周边传动耙式浓缩机结构

1—齿条；2—轨道；3—溢流槽；4—底座；5—托架；6—给料槽；7—集电装置；8—卸料口；
9—耙架；10—刮板；11—传动小车；12—辊轮；13—齿轮

表 1 - 4 NG 型和 NT 型周边传动式浓缩机技术参数

| 型 号 | 浓缩池 | | | 耙架每转时间 /min | 生产能力 /t·d⁻¹ | 辊轮轨道中心圆直径 /m | 齿条轨道中心圆直径 /m | 电 动 机 | | | 总重 /t |
	直径 /m	深度 /m	沉淀面积 /m²					型 号	功率 /kW	转速 /r·min⁻¹	
NG - 15	15	3.5	177	8.4	390	15.36	—	Y132M₂ -6	5.5	960	9.12
NT - 15						—	15.56				11
NG - 18	18	3.5	255	10	560	18.36	—				10
NT - 18						—	18.57				12.1
NG - 24	24	3.4	452	12.7	1000	24.36	—	Y160M -6	7.5	970	23.3
NT - 24						—	24.88				28.3
NG - 30	30	3.6	707	16	1570	30.36	—				26.4
NT - 30						—	30.88				31.3
NT - 38	38	5.06	1134	24.3	1600	—	38.63	Y160L -8	7.5		59.8
NT - 45	45	5.05	1590	19.3	2400	—	45.63	Y160L -6	11		58.6
NT - 53	53	5.07	2202	23.2	3400	—	55.406				69.4
NT - 100	100	5.65	7846	43	3030	—	100.77	Y180L -6	15		199

1.7.2 过滤机

过滤机是利用多孔性过滤介质，截留液体与固体颗粒混合物中的固体颗粒，从而实现固、液分离的设备。过滤机广泛应用于化工、石油、制药、轻工、食品、选矿、煤炭和水处理等行业。

用过滤介质把容器分隔为上、下腔即构成简单的过滤器。悬浮液加入上腔，在压力作用下通过过滤介质进入下腔成为滤液，固体颗粒被截留在过滤介质表面形成滤渣（或称滤饼），如图 1 - 15 所示。

过滤过程中过滤介质表面积存的滤渣层逐渐加厚，液体通过滤渣层的阻力随之增高，过滤速度减小。当滤室充满滤渣或过滤速度太小时，停止过滤，清除滤渣，使过滤介质再生，以完成一次过滤循环。

液体通过滤渣层和过滤介质必须克服阻力，因此在过滤介质的两侧必须有压力差，这是实现过滤的推动力。增大压力差可以加速过滤，但受压后变形的颗粒在大压力差时易堵塞过滤介质孔隙，过滤反而减慢。

悬浮液过滤有滤渣层过滤、深层过滤和筛滤三种方式：

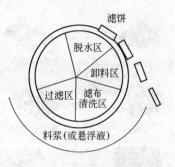

图 1 - 15 过滤机工作原理

(1) 滤渣层过滤。过滤初期过滤介质只能截留大的固体颗粒，小颗粒随滤液穿过过滤介质。在形成初始滤渣层后，滤渣层对过滤起主要作用，这时大、小颗粒均被截留，例如板框压滤机的过滤。(2) 深层过滤。过滤介质较厚，悬浮液中含固体颗粒较少，且颗粒小于过滤介质的孔道。过滤时，颗粒进入后被吸附在孔道内，例如多孔塑料管过滤器、砂滤器的过滤。(3) 筛滤。过滤截留的固体颗粒都大于过滤介质的孔隙，过滤介质内部不吸附固体颗粒，例如转筒式过滤筛滤去污水中的粗粒杂质。在实际的过滤过程中，三种方式常常是同时或相继出现。陶瓷过滤机如图 1 - 16 所示。

图 1 - 16 陶瓷过滤机

1.7.3 干燥机

对水分含量高，无法在下一段工序使用的选矿产品，必须进行干燥脱水，一般采用直接加热的干燥方式，使用较多的是圆筒干燥机，热源有其他工序（如有焙烧工艺的）热，废气或燃烧室热烟气（气体流速 2 ~ 3m/s）。

设计干燥工序，必须进行以下热工计算：

(1) 求出干燥物料的有关参数，以便确定干燥机的形式和台数。

(2) 求出燃料消耗量，确定燃烧炉或沸腾炉参数。

(4) 求出空气消耗量，烟道气消耗量和废气量及阻力，确定鼓风机和抽风机台数。

1.8 烧结球团

高炉炼铁生产是冶金（钢铁）工业最主要的环节，高炉冶炼是把铁矿石还原成生铁的连续生产过程。铁矿石、焦炭和熔剂等固体原料按规定配料比由炉顶装料装置分批送入高炉，并使炉喉料面保持一定的高度。焦炭和矿石在炉内形成交替分层结构。矿石料在下降过程中逐步被还原、熔化成铁和渣，聚集在炉缸中，定期从铁口、渣口放出（图 1 -17）。

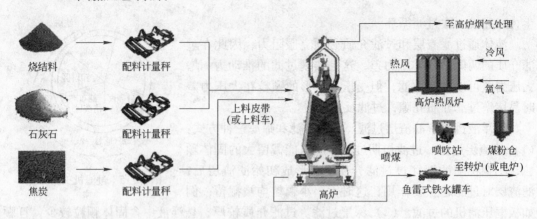

图 1 - 17 炼铁生产工艺流程

粉矿进入高炉冶炼的造块方法包括烧结法和球团法。经过人工造块并可用于冶炼的矿料称为人造块矿，也称为人造富矿或熟料。

高炉生铁成本主要由原材料、燃料、动力、工资福利和制造费用等几个部分组成。铁矿选矿效益分析如图 1 - 18 所示。原材料费用最大为 60% 左右，燃料为 25%，动力为 6% ~ 8%，工资福利占 1% 左右，制造费用为 6% ~ 8%。

高炉精料包括合理的炉料结构，料场平铺混匀，优质烧结矿，严格的槽下过筛，提高入炉品位，降低焦炭和煤粉灰分，提高焦炭强度。

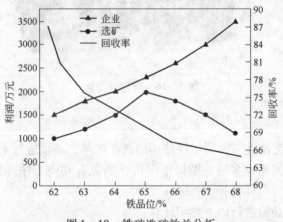

图 1 - 18 铁矿选矿效益分析

通过购买国内高品位精矿粉和增加进口矿的比例，包括进口球团矿来提高入炉矿品位，虽然提高品位会增加矿石的采购成本，但提高入炉矿石品位，有利于提高高炉利用系数、降低焦比、提高喷煤量、降低矿耗和提高风温。经验表明，入炉矿石品位提高 1%，焦比下降 2.5%，产量提高 3%，吨铁渣量减少 30kg，允许多喷煤粉 15kg。

合理的炉料结构是指：

（1）高碱度有利于铁酸钙系黏结相的形成，高碱度烧结矿强度好，而且烧结矿 FeO 含量低，还原性好，从而可降低高炉焦比。

（2）根据生产经验，烧结矿中 FeO 含量每提高 1%，高炉焦比增加 1.5%，生铁产量降低 1.5%。

（3）使用高碱度烧结矿，高炉冶炼时可不加或少加石灰石，不仅节省热量消耗，而且又可以改善煤气热能和化学能的利用，同样有利于降低焦比和提高产量。

（4）球团矿具有强度高、粒度整齐、还原性好的特点，所以配用优质的酸性球团矿不仅能提高入炉品位，而且能改善炉料透气性，为高炉强化冶炼创造条件。

（5）现在常用高碱度烧结矿配用酸性球团矿。

1.8.1　烧结法

烧结法是将矿粉（包括富矿粉、精矿粉以及其他含铁细粒状物料）、熔剂（石灰石、白云石、生石灰等粉料）、燃料（焦粉、煤粉）按一定比例配合后，经混匀、造粒、加温（预热）、布料、点火，借助炉料氧化（主要是燃料燃烧）产生的高温，使烧结料水分蒸发并发生一系列化学反应，产生部分液相黏结，冷却后成块，经合理破碎和筛分后，最终得到的块矿（5～40mm）就是烧结矿（图1-19）。

图1-19　烧结矿

烧结的意义是，富矿粉和贫矿富选后得到的精矿粉都不能直接入炉冶炼，必须将其重新造块，故烧结是最重要最基本的造块方法之一。

1.8.1.1　烧结矿

通过烧结得到的烧结矿具有许多优于天然富矿的冶炼性能，如高温强度高，还原性好，含有一定的CaO、MgO，具有足够的碱度，而且已事先造渣，高炉可不加或少加石灰石。通过烧结可除去矿石中的S、Zn、Pb、As、K、Na等有害杂质，减少其对高炉的危害。高炉使用冶炼性能优越的烧结矿后，基本上解除了天然矿冶炼中常出现的结瘤故障；同时极大地改善了高炉冶炼效果。烧结中可广泛利用各种含铁粉尘和废料，扩大了矿石资源，又改善了环境。因此自20世纪50年代以来，烧结生产获得了迅速发展。

烧结矿质量对高炉冶炼效果具有重大影响。改善其质量是"精料"的主要内容之一。对烧结矿质量的要求是：品位高，强度好，成分稳定，还原性好，粒度均匀，粉末少，碱度适宜，有害杂质少。

烧结矿一般要求与天然矿相同，在此仅讨论几个特殊问题：

（1）强度和粒度。烧结矿强度好，粒度均匀，可减少转运过程中和炉内产生的粉末，改善高炉料柱透气性，保证炉况顺行，从而导致焦比降低，产量提高。烧结矿强度提高意味着烧结机产量（成品率）增加，同时大大减少了粉尘，改善烧结和炼铁厂的环境，改善设备工作条件，延长设备寿命。一个年产500万吨生铁的炼铁厂，若烧结矿强度差，粉末多，使炉尘吹出量增加50kg/t铁，则一年光吹损的烧结矿就达25万吨，相当于浪费了50万吨/年的采选能力，再计上炉况不顺带来的损失，那就更大了，相当于损失一个中型炼铁厂。足见提高烧结矿强度特别是高温还原强度的重要性。

国内外多采用标准转鼓的鉴定方法来确定烧结矿强度。取粒度25～150mm的烧结矿试样20kg，置于直径1.0m、宽0.65m的转鼓中（鼓内焊有高100mm、厚10mm、互成

120°布置的钢板 3 块）。转鼓以 25r/min 的转速旋转 4min。然后用 5mm 的方孔筛往复摆动 10 次进行筛分，取其中大于 5mm 的重量百分比作为烧结矿的转鼓指数。

（2）还原性。烧结矿还原性好，有利于强化冶炼并相应减少还原剂消耗，从而降低焦比。还原性的测定和表示方法未标准化，生产中习惯用烧结矿中的 FeO 含量表示还原性。一般认为 FeO 升高，表明烧结矿中难还原的硅酸铁 $2FeO \cdot SiO_2$（还有钙铁橄榄石）多，烧结矿过熔而使结构致密，气孔率低，故还原性差。反之，若 FeO 降低，则还原性好。一般要求 FeO 应低于 10%，国外有低于 5% 的。鞍钢新烧结厂烧结矿标准规定 FeO 含量 8.5% ±1.5% 为合格品。

（3）碱度。烧结矿碱度一般用 CaO/SiO_2 表示。按照碱度的不同，烧结矿可分为三类：凡烧结碱度低于炉渣碱度的（低于 0.9）称为酸性（或普通）烧结矿，高炉使用这种烧结矿，尚须加入相当数量的石灰石才能达到预定炉渣碱度要求，通常高炉渣的碱度（CaO/SiO_2）在 1.0 左右；凡烧结矿碱度等于或接近炉渣碱度的（1.0 ~ 1.4）称为自熔性烧结矿，高炉使用自熔性烧结矿一般可不加或少加石灰石；烧结矿碱度明显高于炉渣碱度的（>1.4）称为熔剂性烧结矿或高碱度（2.0 ~ 3.0）、超高碱度（3.0 ~ 4.0）烧结矿。高炉使用这种烧结矿无需加石灰石。由于它含 CaO 高，可起到熔剂作用，因此往往要与酸性矿配合冶炼，以达到合适的炉渣碱度。为了改善炉渣的流动性和稳定性，烧结矿中常含有一定量的 MgO（如 2% ~3% 或更高），使渣中 MgO 含量达到 7% ~8% 或更高，促进高炉顺行。在此情况下，烧结矿和炉渣的碱度应按 $(CaO + MgO)/SiO_2$ 来考虑。

1.8.1.2　烧结过程

烧结过程是许多物理和化学变化过程的综合，其中包括：

（1）燃烧和传热；

（2）蒸发和冷凝；

（3）氧化和还原；

（4）分解和吸附；

（5）熔化和结晶；

（6）矿（渣）化和气体动力学等。

A　烧结料中水分的蒸发、分解和凝结

任何粉料在空气中总含有一定水分，烧结料也不例外。除了各种原料本身带来和吸收大气水分外，在混合时为使矿粉成球，提高料层透气性，常外加一定量的水，使混合料中含水量达 7% ~8%。这种水叫游离水或吸附水，100℃即可大量蒸发除去。如用褐铁矿烧结，则还含有较多结晶水（化合水），需要在 200 ~300℃ 才开始分解放出。若含有黏土质高岭土矿物（$Al_2O_3 \cdot 2SiO_2 \cdot H_2O$），则需要在 400 ~600℃ 才能分解，甚至 900 ~1000℃ 才能去尽。

为加速结晶水分解，必须严格控制粉料的粒度。因为结晶水的高温分解要吸收热量，同时消耗碳素，这不论在烧结过程或是高炉冶炼中都要引起燃耗增加，因而不利。其反应为：

500 ~1000℃ 时：

$$2H_2O + C =\!=\!= CO_2 + 2H_2 \quad \Delta H = 99600J/mol$$

1000℃ 以上时：

$$H_2O + C =\!=\!= CO + H_2 \quad \Delta H = 133100J/mol$$

（1）燃烧反应

$$2C + O_2 === 2CO$$
$$C + O_2 === CO_2$$

烧结废气中以 CO_2 为主，存在少量 CO，还有一些自由氧和氮。

烧结料中固体碳的燃烧为形成黏结所必需的液相和进行各种反应提供了必要的条件（温度、气氛）。烧结过程所需要的热量的 80% ~90% 为燃料燃烧供给。然而燃料在烧结混合料中所占比例很小，按重量计仅 3% ~5%，按体积计约 10%。在碳含量少、分布稀疏的条件下，要使燃料迅速而充分地燃烧，必须供给过量的空气，空气过剩系数达 1.4 ~ 1.5 或更高。

（2）分解反应

结晶水的分解：褐铁矿（$mFe_2O_3 \cdot nH_2O$）

高岭土（$Al_2O_3 \cdot 2SiO_2 \cdot 2H_2O$）

熔剂分解： $CaCO_3 === CaO + CO_2$ （750℃以上）

$$MgCO_3 === MgO + CO_2 （720℃）$$

其分解速度同温度、粒度、外界气流速度和气相中 CO_2 浓度等相关，温度升高，粒度减小，气流速度加快，气相中 CO_2 浓度降低，则分解加速。在烧结过程中，上述分解温度是完全可以满足的。石灰石的粒度一般小于 3mm。这一方面有利于其迅速分解，更重要的是有利于矿化作用，即 CaO 同其他氧化物反应形成新的矿物的作用。

（3）还原与再氧化反应（Fe、Mn 等）

靠近燃料颗粒处： $3Fe_2O_3 + CO === 2Fe_3O_4 + CO_2$

$$Fe_3O_4 + CO === 3FeO + CO_2$$

远离燃料颗粒处： $2Fe_3O_4 + 1/2O_2 === 3Fe_2O_3$

$$3FeO + 1/2O_2 === Fe_3O_4$$

（4）气化反应（脱硫 85% ~95%）

$$2FeS_2 + 11/2O_2 === Fe_2O_3 + 4SO_2$$
$$2FeS + 7/2O_2 === Fe_2O_3 + 2SO_2$$

（5）磁铁矿（Fe_3O_4）分解压很小，较难分解。但在有 SiO_2 存在时，Fe_3O_4 的分解压接近 Fe_2O_3 分解压，故在 1300 ~1350℃以上也可进行热分解：

1）$2Fe_3O_4 + 3SiO_2 === 3(2FeO \cdot SiO_2) + O_2$

在 900℃以上，Fe_3O_4 可被 CO 还原。

2）$Fe_3O_4 + CO === 3FeO + CO_2$

SiO_2 存在时，促进了这一还原。

3）$2Fe_3O_4 + 3SiO_2 + 2CO === 3(2FeO \cdot SiO_2) + 2CO_2$

CaO 存在时，不利于 $2FeO \cdot SiO_2$ 的生成，故不利于反应进行。因此，烧结矿碱度提高后，FeO 会有所降低。

MnO_2 和 Mn_2O_3 比 Fe_2O_3 具有更大的分解压力，在较低温度下即可进行分解。

B 烧结矿固结形成机理

烧结矿是一种由多种矿物组成的复合体。由含铁矿物和脉石矿物组成的液相黏结在一起组成。含铁矿物有磁铁矿、方铁矿（或浮氏体）、赤铁矿。黏结相主要有铁橄榄石、钙铁橄榄石、硅灰石、硅酸二钙、硅酸三钙、铁酸钙、钙铁灰石及少量反应不全的游离石英和石灰。

a 固相反应

在未生成液相的低温条件下（500~700℃），烧结料中的一些组分就可能在固态下进行反应，生成新的化合物。固态反应的机理是离子扩散。烧结料中各种矿物颗粒紧密接触，它们都具有离子晶格构造。在晶格中各结点上的离子可以围绕它们的平衡位置振动。温度升高，振动加剧，当温度升高到使质点获得的能量（活化能）足以克服其周围质点对它的作用能时，便失去平衡而产生位移（即扩散）。相邻颗粒表面电荷相反的离子互相吸引，进行扩散，形成新的化合物，使之连接成一整体。开始，这种反应产物具有高度的分散性，其微小晶体具有严重的缺陷和极大的表面自由能，因而处于活化状态，使晶体质点向降低自由能的方向即减少表面积的方向移动，结果晶格缺陷逐渐得到校正，微小的晶体也聚集成了较大的晶体，反应产物也就变得较为稳定。

固相反应开始进行的温度（$T_{固}$）远低于反应物的熔点（$T_{熔}$），其关系为：

（1）对于金属，$T_{固} = (0.3~0.5)T_{熔}$；

（2）对于盐类，$T_{固} = 0.75T_{熔}$；

（3）对于硅酸盐，$T_{固} = (0.8~0.9)T_{熔}$。

最具有意义的固相反应是铁矿粉本身含有的 Fe_3O_4 与 SiO_2 的作用。它们接触良好，反应能有一定程度的发展，其生成物 $2FeO \cdot SiO_2$ 是低熔点物质，可促进烧结反应过程。

固相反应在温度较低的固体颗粒状态下进行，反应速度一般较慢，而烧结过程又进行得很快，所以固相反应不可能得到充分发展。必须进一步提高温度，发展足够数量的液相，才能完成烧结过程。然后固相反应生成的低熔点化合物已为形成液相打下了基础。

固相反应的最初产物，与反应物的混合比无关，两种反应物无论以何种比例混合，反应的最初产物总是一种。例如，以 1:1 的比例混合 CaO 和 SiO_2，最初产物不是 $CaO \cdot SiO_2$，而是 $2CaO \cdot SiO_2$，继续在 $2CaO \cdot SiO_2$ 与 CaO 接触处形成 $3CaO \cdot SiO_2$，与 SiO_2 接触处形成 $3CaO \cdot 2SiO_2$，最后才形成 $CaO \cdot SiO_2$。

b 液相黏结及基本液相体系

烧结矿的固结主要依靠发展液相来完成。

烧结料中许多矿物具有很高的熔点，如磁铁矿（Fe_3O_4）为 1550℃，CaO 为 2570℃，SiO_2 为 1713℃，都在烧结温度之上，怎么能使它们熔化而烧结呢？一方面是上述固相反应形成的低熔点化合物足以在烧结温度下生成液相；同时随着燃料层的移动，温度升高，各种互相接触的矿物又形成一系列的易熔化合物，在燃烧温度下形成新的液相。

液滴浸润并溶解周围的矿物颗粒而将它们黏结在一起；相邻液滴可能聚合，冷却时产生收缩；往下抽入的空气和反应的气体产物可能穿透熔化物而流过，冷却后便形成多孔、坚硬的烧结矿。可见烧结过程中产生的液相及其数量对烧结矿的质量和产量有决定性的影响。

Fe-O 液相体系，$FeO-SiO_2$ 液相体系，$CaO-SiO_2$ 液相体系，$CaO-FeO-SiO_2$ 液相体系，$CaO-Fe_2O_3$ 液相体系，以上五个液相体系均为产生不同类型烧结矿的主要黏结相成分，其中最重要的是 $FeO-SiO_2$、$CaO-FeO-SiO_2$ 和 $CaO-Fe_2O_3$ 三个易熔相。凡高温高碳，低氧势烧结，有利于形成前者；凡低温低碳，高氧势烧结，有利于后者的形成，增

加 Al_2O_3 可以抑制硅酸铁而促进烧结矿质量的提高。

在烧结过程中，若液相太少，则黏结不够，烧结矿强度不好；若液相过多，则产生过熔，使烧结矿致密，气孔率降低，还原性变差。因此无论靠何种液相黏结，数量都应适当。

c　冷却固结

燃烧层移过后，烧结矿的冷却过程随即开始。随着温度的降低，液相黏结着周围的矿物颗粒而凝固。各种低熔点化合物（液相）开始结晶。烧结矿的冷却固结实际上是一个再结晶过程，首先是晶核的形成，凡是未熔化的矿物颗粒和随空气带来的粉尘都可充当晶核。晶粒围绕晶核逐渐长大。冷却快时，结晶发展不完整，多呈玻璃相，裂纹较多，强度较差；冷却慢时，晶粒发展较完整，玻璃质较少，强度较好。上层烧结矿容易受空气急冷，强度较差；下层烧结矿的强度则较好。

还要看到，在液相冷凝结晶时，成千上万的晶粒同时生成，它们互相排挤，各种矿物的膨胀系数又不相同，因而在晶粒之间产生内应力，使烧结矿内部产生许多微细裂纹，导致强度降低。

在烧结矿冷却固结中，$2CaO \cdot SiO_2$ 起到极坏的作用，它虽不能形成液相，但在冷却过程中产生 α、α'、β、γ 四种晶型变化，其密度依次为 $3.07g/cm^3$、$3.31g/cm^3$、$3.28g/cm^3$、$2.97g/cm^3$。当温度下降到 850℃ 时，$\alpha' - 2CaO \cdot SiO_2$ 转变为 $\gamma - 2CaO \cdot SiO_2$，体积增大约12%；当冷却至 675℃ 时，$\beta - 2CaO \cdot SiO_2$ 转变为 $\gamma - 2CaO \cdot SiO_2$，体积又增大10%，而且是不可逆转变。这种相变产生很大的内应力和体积膨胀，使得已固结成型的烧结矿发生粉碎，强度大减，因此烧结过程中要尽量避免正硅酸钙的生成。同时要严格掌握冷却温度，有效控制其晶型转变。

生产高碱度烧结矿，尤其是生产超高碱度烧结矿，使烧结矿的黏结相主要由铁酸钙组成。可使烧结矿的强度和还原性同时得到提高，这是因为：

（1）铁酸钙（CF）自身的强度和还原性都很好。

（2）铁酸钙是固相反应的最初产物，熔点低，生成速度快，超过正硅酸钙的生成速度，能使烧结矿中的游离 CaO 和正硅酸钙减少，提高烧结矿的强度。

（3）由于铁酸钙能在较低温度下通过固相反应生成，减少 Fe_2O_3 和 Fe_3O_4 的分解和还原，从而抑制铁橄榄石的形成，改善烧结矿的还原性。

所以，发展铁酸钙液相，不需要高温和多用燃料，就能获得足够数量的液相，以还原性良好的铁酸钙黏结相代替还原性不好的铁橄榄石和钙铁橄榄石，大大改善烧结矿的强度和还原性，这就是铁酸钙理论。

生成铁酸钙黏结相的条件：

（1）高碱度。虽然固相反应中铁酸钙生成早，生成速度也快，但一旦形成熔体后，熔体中 CaO 与 SiO_2 的亲和力和 SiO_2 与 FeO 的亲和力都比 CaO 与 Fe_2O_3 的亲和力大得多，因此，最初形成的 CF 容易分解形成 $CaO \cdot SiO_2$ 熔体，只有当 CaO 过剩时（即高碱度），才能与 Fe_2O_3 作用形成铁酸钙。

（2）强氧化性气氛。可阻止 Fe_2O_3 的还原，减少 FeO 含量，从而防止生成铁橄榄石体系液相，使铁酸钙液相起主要黏结相作用。

（3）低烧结温度。高温下铁酸钙会发生剧烈分解，因此低温烧结对发展铁酸钙液相有利。

d 强化烧结过程

改善料层透气性,强化烧结过程,归根到底必须提高通过料层的气体量:

(1) 改善料层透气性,提高 φ 值,可以加快气流速度,增加通过料层的空气量。为此,必须改善混合料的粒度组成及其热稳定性。保持烧结料适宜的水分(7% ~8%),保证足够的混料和制粒时间(不少于4~5min),加入某些黏结剂(如生石灰、消石灰、石灰乳、皂土等),添加一定数量的颗粒性物料(如返矿和富矿)等,都是改善烧结料透气性的有效措施。这对细精矿、厚料层烧结,具有现实意义。

生石灰、消石灰、石灰乳等既是熔剂,又是黏结剂。如加生石灰在混料过程中遇水消化成为粒度很细的消石灰胶体弥散于混合料中,促进了混合料的黏结造球,提高料球的强度和热稳定性,不致受热粉化。生石灰消化放热,可提高混合料温度(一般每增加1%生石灰可提高料温2℃),减轻过湿现象,改善料层透气性。

通常所说的"小球烧结"就是将细精矿为主的混合料造成3~5mm的小球进行烧结。由于粒度均匀,空隙度高,料层透气性改善,可提高产量10% ~50%。鞍钢实行小球烧结后,使混合料中小于1mm的粉末减少到10%,结果垂直烧结速度增加7%,产量提高9.4%,脱硫率增加11%,烧结矿强度也显著提高。为加强制粒成球,可增设混料机或延长混料机以增加造球时间,同时应重视提高现有混料机的成球效率。前苏联克里沃洛格南方采选公司在现有6m长圆筒混料机上,实行分段润湿的方法,提高了成球效果,改善了料层透气性。

(2) 用低料层(降低 H)操作,虽可加快烧结速度,但自动蓄热作用削弱,燃耗升高,烧结矿质量降低,是不合理的操作方法。近年实践证明,厚料层操作是科学的,合理的,但它会使烧结速度降低。为保证烧结速度不降低,应在提高料层的同时,进一步改善料层透气性和相应地提高抽风负压。

(3) 提高负压,可提高抽入风量。风量 V、产量 Q、电耗 E 与负压的关系为:

风量 $\qquad\qquad V = C_1 \Delta p^{1/2}$

产量 $\qquad\qquad Q = C_2 \Delta p^{1/3}$

电耗 $\qquad\qquad E = C_3 \Delta p^n \quad (n = 1.06 \sim 1.25)$

式中 C_1,C_2,C_3——与原料性质和操作有关的系数。

提高负压,使风量增加的幅度比产量增加的幅度大,使电耗增加幅度比产量增加幅度更大。在提高负压的同时相应提高料层,使 $\Delta p/H$ 在一定数值时,则可保持风量和烧结速度不变,而强度改善,产量提高,燃耗降低,同时单位烧结矿的风量可减少。可以认为高负压和厚料层相结合是强化烧结过程的一条重要经验,此时应加强系统密封,以防止漏风率增加。

(4) 采用高压烧结,提高压力 p,可提高产量,此与高炉高压操作原理相同。在保持料层压差一定的条件下,同时提高料层上下部的压力,增加气体密度和抽入空气的质量流量,可提高烧结速度。也可保持料层下部压力不变,仅提高上部压力,相当于增加压差(Δp),以提高烧结速度,但效果不如前者大。高压烧结尚处于试验研究之中。

其他强化烧结,提高烧结矿产量、质量的措施尚有预热抽入空气的"热风烧结",烧结矿的热处理等都在发展研究之中。

e 冷却烧结矿的方法

矿车中冷却：在矿车中借空气的自然抽力冷却烧结矿，这种方法比较简单，但冷却效率低，冷却时间长，从 850℃冷却到 100℃需要 3 天以上时间。因此需要大量矿车和很长的停放线，矿车烧坏量也比较大。

露天堆放、自然冷却：这种方法冷却时间更长，一个 1800t 的矿堆冷却 150℃需要 6 天时间；另外占地面积大，经多次装卸和运输，破碎较严重。

在料仓中冷却：在底部有百叶窗式通风孔的特制料仓中通过自然通风冷却，冷却效果比前两种方法好一些。据国外试验，一个 3800t 的大料仓，由 600℃冷却到 100℃，只需 10~15h。

C 有害杂质的去除

烧结过程可以部分去除矿石中硫、铅、锌、砷、氟、钾、钠等对高炉有害的物质，以改善烧结矿的质量和高炉冶炼过程。这是铁矿烧结的一个突出优点。

(1) 烧结去硫。烧结可以去除大部分的硫。以硫化物形态存在的硫可以去除 90% 以上，而硫酸盐的去硫率也可达 80%~85%。高炉要求入炉天然矿石（一级品）含 $S \leqslant 0.06\%$。国家颁布标准规定入炉一级烧结矿含 $S \leqslant 0.08\%$。烧结是处理高硫铁矿的一个有效途径。铁矿石中的硫常以硫化物形态（FeS_2）和硫酸盐（$CaSO_4$、$BaSO_4$ 等）的形式存在，在低于 1350℃时，以生成 Fe_2O_3 为主，在高于 1350℃时，主要生成 Fe_3O_4。硫酸盐的分解压很小，开始分解的温度相当高，如 $CaSO_4$ 大于 975℃，$BaSO_4$ 高于 1185℃。因此其去硫比硫化物困难。但当有 Fe_2O_3 和 SiO_2 存在时，可改善其去硫热力学条件。

$$CaSO_4 + Fe_2O_3 = CaO \cdot Fe_2O_3 + SO_2 + 1/2O_2 \quad \Delta H = 485 J/mol$$
$$BaSO_4 + SiO_2 = BaO \cdot SiO_2 + SO_2 + 1/2O_2 \quad \Delta H = 459 J/mol$$

硫化物的去硫反应为放热反应，而硫酸盐的去硫反应则为吸热反应。因此，提高烧结温度对硫酸盐矿石去硫有利。而在烧结硫化物矿石时，为稳定烧结温度，促进脱硫，应相应降低燃耗，大致 1kg 硫相当于 0.5~0.6kg 焦粉。

硫化物烧结去硫主要是氧化反应。高温、氧化性气氛有利于去硫。两者都与燃料量直接相关。燃料量不足时，烧结温度低，氧化反应速度慢。但燃料过多，温度过高，易产生过熔（FeO 与 FeS 易形成低熔物）和表面渣化，阻碍了 O_2 向硫化物表面的扩散吸附和 SO_2 的扩散脱附过程，反使脱硫率降低，同时燃料量过多，料层中还原气氛浓，也影响去硫。凡能够提高烧结过程氧势的措施均有利于去硫。

(2) 烧结去砷率一般可达 50% 以上，若加入少量 $CaCl_2$ 可使去砷率达 60%~70%，烧结去氟率一般只有 10%~15%，有时可达 40%，若在烧结料层中通入水气可使其生成 HF，大大提高去氟率。

硫、砷、氟以其有毒气体 SO_2、As_2O_3、HF 等随废气排出，严重污染空气，危害生物和人体健康，因此国家有严格的工业卫生标准，如规定烟气中 $SO_2 \leqslant 0.05\%$，大气中日平均浓度不超过 $0.15mg/m^3$；烟气中含砷不大于 $0.3mg/m^3$；排至大气中的氟，最高允许含量一次不超过 $0.03mmg/m^3$，日平均不超过 $0.01mg/m^3$。故一般烧结厂都建有高大的烟囱，以便将有害气体实行高空排放。为根本解决问题，在排入烟囱之前，最好先进行化学处理和回收。

(3) 对一些含有碱金属钾、钠和铅、锌的矿石，可在烧结料中加入 $CaCl_2$，使其在烧结过程中相应生成易挥发的氯化物而去除和回收。如加入 2%~3% $CaCl_2$，可除去铅90%，除去锌 65%，加 0.7% $CaCl_2$ 去除钾、钠的脱碱率可达 70%。它们的去除都应妥善解决环境保护和廉价的氯化剂问题。

1.8.1.3　烧结机

目前世界各国 90% 以上的烧结矿由抽风带式烧结机（图 1 - 20）生产，其工艺流程如图 1 - 21 所示，其设备联系图如图 1 - 22 所示。其他烧结方法有回转窑烧结、悬浮烧结、抽风或鼓风盘式烧结（图 1 - 23）和土法烧结等，各法生产工艺和设备尽管有所不同，但烧结基本原理基本相同。

图 1 - 20　抽风带式烧结机

烧结机适用于大型黑色冶金烧结厂的烧结作业，它是抽风烧结过程中的主体设备，可将不同成分、不同粒度的精矿粉、富矿粉烧结成块，并部分消除矿石中所含的硫、磷等有害杂质。烧结机按烧结面积划分为不同长度、不同宽度几种规格，用户根据其产量或场地情况进行选用。烧结面积越大，产量就越高。

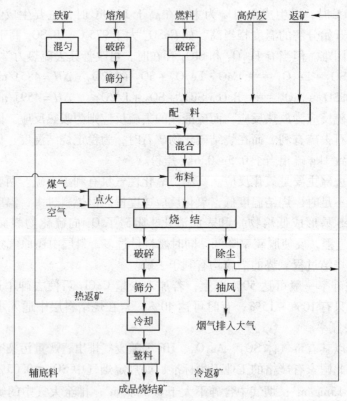

图 1 - 21　烧结生产工艺流程图

1.8.2　球团法

球团法是粉矿造块的重要方法之一。先将粉矿加适量的水分和黏结剂制成黏度均匀、具有足够强度的生球，经干燥、预热后在氧化气氛中焙烧，使生球结团，制成球团矿。这种方法特别适宜于处理精矿细粉。球团矿具有较好的冷态强度、还原性和粒度组成。在钢

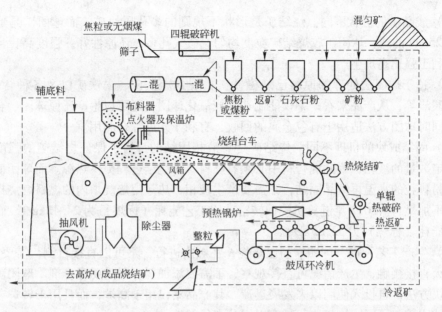

图 1-22 烧结厂设备联系图

铁工业中球团矿与烧结矿同样成为重要的高炉炉料，可一起构成较好的炉料结构，也应用于有色金属冶炼。

　　2011 年中国生铁总产量为 6.3 亿吨，同比增长 8.4%，2012 年达 6.6 亿吨，由此带动了对优质高炉炉料——球团矿的巨大需求。一些炼铁技术先进的国家，球团矿的比例已越来越高，从 20% 到 50%，直到几乎 100%，不但各项指标领先，而且产品质量好。近 10 年来，国内球团矿年产量从 20 世纪末的 1365 万吨，发展到 2011 年的 10000 多万吨，并且，

图 1-23 武钢三烧 396m² 鼓风环式冷却机

鞍钢、宝钢、沙钢等钢铁企业仍在继续大力发展球团生产。

1.8.2.1 球团与烧结的区别

　　球团是由铁精粉和石灰石粉混合均匀后，滚成或压成 10~30mm 生球，经过干燥、高温焙烧，使颗粒固结，粒度均匀，透气性及还原性好。烧结是指在铁精粉中掺入一定量黏合剂，经高温烧结成块状料。二者的区别是：

　　(1) 经济效果不同。球团的前期投资较高，燃料费用低，动力费用高，投资回收及投资后收益远高于烧结。

　　(2) 对原料的条件要求不同。球团要求原料粒度细，烧结相对粒度粗，原料较为广泛。目前富矿短缺，必须不断扩大贫矿资源的利用，而选矿技术的进步可经济地选出高品位细磨铁精矿，其粒度从 -200 网目（<0.074mm）进一步减少到 -325 网目（<0.044mm）。这种细精矿不易于烧结，透气性不好，影响烧结矿产量和质量的提高，用球团方法处理却很适宜，因为细精矿易于成球，粒度越细，成球性越好，球团强度越高。

（3）成品矿的形状不同。烧结矿是形状不规则的多孔质块矿，而球团矿是形状规则的 10~25mm 的球，球团矿较烧结矿粒度均匀，微气孔多，还原性好，强度高，且易于储存，有利于强化高炉生产。

（4）适于球团法处理的原料已从磁铁矿扩展到赤铁矿、褐铁矿以及各种含铁粉尘，化工硫酸渣等；从产品来看，不仅能制造常规氧化球团，还可以生产还原球团、金属化球团等；同时球团方法适用于有色金属的回收，有利于开展综合利用。

（5）固结成块的机理不同。烧结矿是靠液相固结的，为了保证烧结矿的强度，要求产生一定数量的液相，因此混合料中必须有燃料，为烧结过程提供热源。而球团矿主要是依靠矿粉颗粒的高温再结晶固结，不需要产生液相，热量由焙烧炉内的燃料燃烧提供，混合料中不加燃料。2012 年链算机—回转窑球团工艺能耗（标煤）为 24.42kg/t，而烧结矿的工序能耗（标煤）为 52.65kg/t。

（6）生产工艺不同。球团靠高温焙烧，在炉内进行，不可以直接目测，需要添加剂；烧结用火直接接触，生产情况可直接观察，不需要添加剂，但需要黏合剂。球团法是一种新型造块方法，自投入使用以来发展迅速，其产品不仅用于高炉，而且用于转炉、平炉或电炉。球团矿与压团团块相比，具有以下几点优越性：

1）均匀的粒度和规则的球形对炉料运动、气流分布和热交换十分有利；

2）铁品位高，能提高入炉炉料的综合品位，对改善炼铁生产的各项技术经济指标极为有利；

3）强度较高，在炉内不易产生粉末，更适于作为大型高炉的炉料；

4）含粉率低，一般不超过 2%，而烧结矿的含粉率最少也在 5% 以上；

5）FeO 含量低，一般不超过 1.5%，而烧结矿最低也在 5% 以上，FeO 含量低对减少高炉中的直接还原有利；

6）球团矿适于长途运输，且能储存较长时间；

7）球团厂一般建在矿山或港口，减轻了钢铁厂的环境压力。

1.8.2.2　全球球团矿发展情况

一些炼铁技术先进的国家，球团矿的比例已越来越高，从 20% 到 50%，直到几乎 100%，不但各项指标领先，而且产品质量好。

北美高炉的球团矿比例就比较高，加拿大 Algoma（阿尔戈马）厂 7 号高炉熔剂性球团矿比例达到了 99%，墨西哥 AHMSA 公司 Monclova 厂 5 号高炉熔剂性球团矿比例为 93%，美国 AK Steel 公司 Ashland、KY 厂 Amanda 高炉熔剂性球团矿比例为 90%。北美所产铁矿石主要是经细磨精选后的精矿，绝大部分都加工成球团矿供炼铁使用，目前在美国和加拿大都有新建球团厂的计划。

欧洲的瑞典和德国部分高炉球团矿比例也很高。

巴西是世界上最大的铁矿石生产和出口国之一。巴西铁矿的特点：绝大部分为赤铁矿，含铁品位极高，一般都在 67.5% 以上，而且以细粉矿为主，其粒度都较细，除少量可作为烧结粉以外，大部分都适合于生产球团矿。巴西建有 10 多个大型球团厂（采用带式焙烧工艺，用重油作燃料），年产球团在 4000 万吨以上，最大的单系统能力达到了 700 万吨/年。由于巴西铁矿为赤铁矿，要求焙烧温度高，因而燃耗高，加工费也高。这些球团工厂目前都为 CVRD 公司掌握，所产球团矿质量标准统一，品种齐全，有供高炉用的、有供直接还原铁生产用的，有酸性的、碱性的，高硅的、低硅的等，可满足各类钢铁生产的需求。

在中东地区兴建的大型球团厂，不但单系统规模大（一般都在500万吨/年以上，甚至达700万吨/年），而且技术装备水平高，产品质量极高，主要满足当地生产直接还原铁，供新建电炉短流程钢铁厂使用。目前，中东地区的钢铁工业随着经济的发展，将成为仅次于石油工业的第二大支柱性产业。

在细磨铁精矿产量较大的其他国家和地区，如乌克兰、土耳其、南美等也都建有球团厂或准备兴建新的球团项目。这些球团厂一般都建在矿山和港口码头，所产球团矿均为商品球团，不仅提高了附加值，而且使地区和资源优势得到充分发挥。

全球球团矿产量不断增长，占人造块矿比例也不断增加，2002年，占11%；2003年，占8%。2006年，全球球团矿产量增加了1200万吨，达到3.23亿吨，总产量比2005年增长4%。2006年世界球团矿出口量为1.43亿吨，比2005年增长5%。2006年中国球团矿同比增长13%，达到4500万吨；2006年，加拿大球团矿产量也增长了6%，达到2700万吨，而智利、巴林和日本球团矿产量未出现变化。2006年，巴西和美国球团矿产量同比上一年分别下降2%和3%，预计未来一些新产能的投产将使球团矿产量增加。2007年，全球球团矿产量增加2600万吨，达到3.49亿吨，增长8%。2009年，国内球团矿生产能力超过1亿吨，实际产量达0.94亿吨。2010年，全球球团矿产量增长32%，至3.881亿吨，创历史新高。

球团矿消费量的增长主要受钢需求增加以及钢厂期望通过利用更多的较高铁含量铁矿石来提高高炉生产效率所驱动。较高的铁矿石价格已经促使钢厂通过利用球团矿来提高高炉和直接还原铁设备的生产效率。同时，采用球团矿也具有环保作用，因为这可取消烧结工序。

1.8.2.3 国内球团矿现状和发展方向

与世界平均球团矿消耗比例相比，中国球团矿使用比例仍很低。中国传统高炉炉料结构指导思想等因素在一定程度上制约了球团矿使用的比例，但球团矿作为一种优质、低耗的炼铁原料，随着我国球团产能、产量在未来的逐步释放，必然会在高炉炉料结构比例中升高（图1-24和表1-5）。

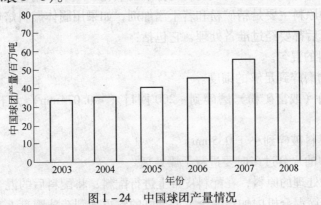

图1-24 中国球团产量情况

我国所产铁矿石绝大多数为细磨铁精矿，必须走球团生产之路。我国铁矿石开采量很大，但所采出的矿石大多是贫矿，必须进行细磨和选别，而且大部分是磁选精矿，因此非常适合发展球团生产。目前我国的铁精矿产量中约有 50% 用于生产球团矿，还有 50% 仍在用于烧结，从造块原理上来讲，这是不合理的。因此，大力发展我国的球团生产十分必要。

表 1-5   中国球团矿产量   （百万吨）

年　份	2008	2009	2010	2011
生铁产量	471	549	590	629
所需原料	753.6	878.4	944	1006.4
球团需求量	90.4	175	198	204
球团比例/%	12.0	18.73	19.74	19.07

我国铁矿石大多是贫矿，必须进行细磨和选别，而且大部分是磁选精矿，因此在铁矿资源日益紧张的形势之下，球团造块工艺是利用细粒铁矿石的必由之路：

（1）细磨铁精矿合理的造块工艺是球团，细磨铁精矿其粒度很细，在配加少量黏结剂的情况下，制成圆形小球，经高温氧化焙烧后具有很高的强度。这种大小均匀、形状规则的球团矿对高炉生产是十分有利的。细磨铁精矿用于球团矿生产比用于烧结矿生产更合理。

（2）球团矿具有更好的冶金性能。与烧结矿相比，球团矿在某些冶金性能方面具有更多的优越性。

（3）球团矿的加工费用低。在球团工艺流程中，各段废气的循环使用率高，使热量得到了充分利用。球团生产的工艺流程短，成品球团无需再整粒，球团焙烧是在密闭性能良好的容器中进行的，散发的灰尘量少，相应的除尘系统也少，由此带来了电耗的节约。

（4）球团矿是直接还原生产和 COREX 熔融优质原料。

（5）我国所产铁矿石绝大多数为细磨铁精矿，必须走球团生产之路。

1.8.2.4　球团矿生产原理、工艺及设备

球团的焙烧过程通常可分为干燥、预热、焙烧、均热、冷却五个阶段。在这些阶段中，对于球团有受热而产生的物理过程，如水分蒸发、矿物软化及冷却等，也有化学过程，如水化物、碳酸盐、硫化物和氧化物的分解及氧化和成矿作用等。

球团矿生产的原料主要是精矿粉和若干添加剂，如果用固体燃料焙烧则还有煤粉或焦粉。这些原料进厂后都要经过准备处理，它包括：

（1）所有原料的混匀。

（2）将添加物磨碎到足够的细度。

（3）将精矿粉（或富矿粉）磨碎到 -200 网目（<0.074mm）大于 70%，上限不超过 0.2mm。

（4）将固体燃料破碎到小于 0.5mm。

（5）精矿粉中的水分过多时要进行干燥处理。

经过上述准备处理的原料，在配料皮带上进行配料；将配料后的混合料与经过磨碎的返矿一起，装入圆筒混合机内加水混合。混合好的料再加到造球圆盘上造球，造球时还要加适量的水。生球焙烧前要进行筛分，筛出的粉末返回造球盘上重新造球。用固体燃料焙烧时，生球加到焙烧机以前，其表面滚附一层固体燃料，这样制成的生球用给料机加到焙

烧设备上进行焙烧。焙烧好的球团要进行冷却，冷却后的球团矿经筛分分成成品矿（>10mm）、垫底料（5~10mm）、返矿（<5mm），垫底料直接加到焙烧机上，返矿经过磨碎（至小于0.5mm）后再参加混料和造球。图1-25所示为球团矿生产工艺流程。

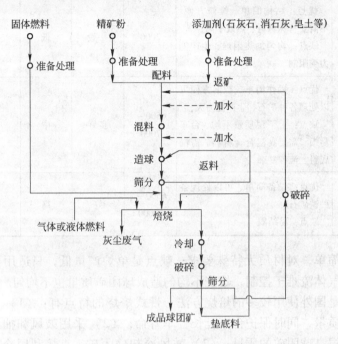

图1-25 球团矿生产工艺流程

球团矿焙烧过程中的温度变化如图1-26所示。由此可见，整个焙烧过程可分为：生球的干燥、焙烧固结和冷却三个阶段（其中焙烧固结阶段又可分为加热、焙烧和均热三部分）。在这三个阶段中发生着一系列的物理化学变化，包括水分的蒸发和分解、碳酸盐的分解、燃料的燃烧、氧化和去硫、粉料的固结及气相间的传热等。上述三个阶段在带式焙烧机上是依次沿台车前进的方向水平分布的；在竖炉上是从上到下垂直分布的；在链算机—回转窑上则分别在三个不同的设备中进行。

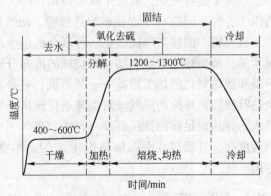

图1-26 球团焙烧各阶段
反应进行情况示意图

目前国内外焙烧球团矿的方法有3种：竖炉焙烧，带式焙烧，链算机—回转窑焙烧。竖炉是最早采用的球团矿焙烧设备。现代竖炉在顶部设有烘干床，焙烧室中央设有导风墙。燃烧室内产生的高温气体从两侧喷入焙烧室向顶部运动，生球从上部均匀地铺在烘干床上被上升热气体干燥、预热，然后沿烘干床斜坡滑入焙烧室内焙烧固结，在出焙烧室后与从底部鼓进的冷风气相遇，得到冷却。最后用排矿机排出竖炉。3种焙烧方法生产工艺特点比较见表1-6。

表1-6 三种球团焙烧方法生产工艺特点比较

工艺名称	优缺点	单机产量 /t·d^{-1}	球团质量	基建投资	管理费用	电耗
竖炉焙烧法	优点：结构简单、维修方便、不需要特殊材料、热效率高；缺点：均匀加热困难、生产能力受限制	2000	一般	低	低	高
带式机焙烧法	优点：操作简单、控制方便可以处理各种矿石、生产能力大；缺点：上下层质量不均、台车易损、需要高温合金材料、需铺底料、流程复杂	6500~7000	良好	中	高	中
链算机—回转窑焙烧法	优点：设备简单、可以处理各种铁矿石；缺点：易结圈	6500~12000	好	高	中	低

竖炉的结构简单，对材质无特殊要求；缺点是单炉产量低，只适用于磁精粉球团焙烧，由于竖炉内气体流难于控制，焙烧不均匀造成球团矿质量也不均匀。

带式焙烧机是国外使用较多的焙烧方法。带式焙烧的特点有：（1）采用铺底料和铺边料以提高焙烧质量，同时保护台车延长台车寿命；（2）采用鼓风和抽风干燥相结合以改善干燥过程，提高球团矿的质量；（3）鼓风冷却球团矿，直接利用冷却带所得热空气助燃焙烧带燃料燃烧，以及干燥带使用；（4）只将温度低含水分高的废气排入烟囱；（5）适用于各种不同原料（赤铁矿浮选精粉、磁铁矿磁选精粉或混合粉）球团矿的焙烧。

链算机—回转窑球团法是一种联合机组生产球团矿的方法，它的主要特点是生球的干燥预热、预热球的焙烧固结、焙烧球的冷却分别在三个不同的设备中进行。作为生球脱水干燥和预热氧化的热工设备——链算机，它是将生球布在慢速运行的算板上，利用环冷机余热及回转窑排除的热气流对生球进行鼓风干燥及抽风干燥、预热氧化，脱除吸附水或结晶水，并达到足够的抗压强度（300~500N/个）后直接送入回转窑进行焙烧；回转窑焙烧温度高，且回转，所以加热温度均匀，不受矿石种类的限制，可以得到质量稳定的球团。

1.8.3 竖炉工艺

1947 年，世界上第一座用于工业生产的球团竖炉在美国伊利矿业公司投产。进入 20 世纪 70 年代，竖炉因其单炉产量低而得不到炼铁界的足够重视，其发展开始停滞不前，并逐步走向衰落。竖炉工艺的特点是：结构简单、材质无特殊要求、投资小、热效率高、操作维护方便（图 1-27 和图 1-28）。

竖炉是一种按逆流原则工作的热交换设备。在炉顶通过布料设备将生球布入干燥床，燃烧室内的热气体从喷火口喷入炉内，自下而上运动，预热带上升的热废气和从导风墙出来的热废气在干燥床下混合，穿过干燥床与自干燥床顶部向下滑的生球进行热交换，达到使生球干燥的目的。干燥后的干球进入炉内，预热氧化（指磁铁矿球团）；然后进入焙烧

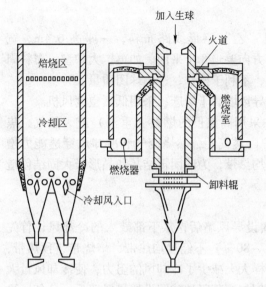

图 1-27 竖炉示意图

图 1-28 SP 竖炉

带,在高温下发生固结;经过均热带,完成全部固结过程;固结好的球团与下部鼓入炉内后上升的冷却风进行热交换而得到冷却;冷却后的成品球团从炉底排出。图 1-29 所示为竖炉内气体流动示意图。

美国和加拿大的一些竖炉接连关闭,日本川崎公司的竖炉设备已全部拆除。如今,国外已基本不见竖炉,究其根本原因在于竖炉难以大型化,单炉产量低。到了 20 世纪 70 年代,竖炉历经了 10 余年短暂的发展热潮之后,由于当时国内炼铁界对球团的作用认识不充分等原因,竖炉的技术水平发展缓慢,甚至停滞。直至 2000 年,济钢同东北大学合作开始了竖炉的热

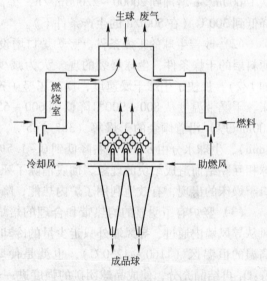

图 1-29 竖炉内气体流动示意图

工行为研究。国内现有球团竖炉利用系数达 $5.5 \sim 7.5 t/(m^2 \cdot h)$,总焙烧面积超过 $520 m^2$,具有 2400 万吨的年生产能力。

国外竖炉主要有以下缺点:

(1)电耗高。根据瑞典 LKAB 公司的分析,其电耗高达 $50 kW \cdot h/t$。电耗高的主要原因是它的料柱高,冷风向上通过焙烧带时,料层中气流速度高,阻力大,主风机工作压力要求高,因而电耗大。

(2)国外竖炉球团一般采用高热值的燃料、重油或天然气,而且只限于焙烧磁铁矿球团。

(3)下料速度不均、焙烧和固结不均、球团质量受影响。国外竖炉本身是料仓式结构,排料时同一截面的球团矿下料速度不均匀,正对排料口中心下料快,两侧下料慢,球

团矿在炉内焙烧和固结不均。

（4）国外竖炉一般采用两条移动胶带以"乙"字形线路布料，一座高 6.4m、宽 2.44m 的竖炉布料一次要 140s，布料车沿宽度方向要走 8 个来回。如再扩大炉型，布料周期必须延长，这就难以保持料面温度分布均匀，不利于操作，影响球团质量。

我国竖炉的主要特点如下：竖炉炉内架有导风墙、干燥床；采用低真空度风机。

球团以高炉煤气为燃料，而不像国外竖炉采用高热值的燃料（重油）或天然气、焦炉煤气。这是因为我国新的炉型结构改善了炉内透气性，燃烧废气和冷却风穿透能力增加，气流分布均匀，焙烧制度合理，有稳定的均热带，为球团再结晶和晶形长大固结创造了条件。

竖炉中设置导风墙和干燥床的作用如下：

（1）提高成品球团矿的冷却效果。竖炉增设导风墙后，从下部鼓入的冷却风，首先经过冷却带的一段料柱，然后极大部分（70% ~80%）不经过均热带、焙烧带、预热带，而直接由导风墙引出，被送到干燥床下面。这样大大减少了冷却风的阻力，使冷却风量大为增加，提高了冷却效果，降低了排矿温度。例如，某竖炉球团设置导风墙后，冷却风量从 14000m³/h 增加到 20000 ~22000m³/h，提高幅度为 43% ~57%；而排矿温度由 600℃降低到 300℃（在 500t/d 的生产条件下）。

（2）改善生球的干燥条件。竖炉炉口增设导风墙和干燥床后，为生球创造了大风量、薄料层的干燥条件，生球爆裂的现象大为减少；同时又扩大了生球干燥面积（比原来增加 1/2），加快了生球干燥速度，提高了竖炉产量。据某厂测定，竖炉有了导风墙和烘干床，干燥带温度从 800 ~900℃降低到 600 ~650℃（烘干床中、下部）。当生球料层（约 200mm 厚）沿着倾余的干燥箅（38° ~45°），从顶端向下移动进入预热带（约经过 5 ~6min），生球水分由 8.5% 左右降低到 0 ~1.5%。这样基本上做到了干球入炉，消除了湿球相互黏结而造成结块的现象，彻底消除了死料柱，保证了竖炉正常作用。此外，由于炉口干燥床的出现，有效地利用了炉内热能，降低了球团焙烧热耗。

（3）竖炉有了明显的均热带和合理的焙烧制度。竖炉设置导风墙后，绝大部分冷却风从导风墙内通过，导风墙外只走少量的冷却风。从而使焙烧带到导风墙下沿出现了一个高温的恒温区（1160 ~1230℃），也就是使竖炉有了明显的均热带，有利于球团中的 Fe_2O_3 再结晶充分，使成品球团矿的强度进一步提高。另外，干燥床的出现，使竖炉又有了一个合理的干燥带，而在干燥床下与竖炉导风墙以下，又自然分别形成预热带和冷却带，这样使竖炉球团焙烧过程的干燥、预热、焙烧、均热、冷却等各段分明，温度分布合理，形成了比较合理的焙烧制度，有利于球团矿产、质量的提高。

（4）产生了"低压焙烧"竖炉。导风墙和干燥床改善了料柱透气性，炉内料层对气流的阻力减少，废气穿透能力增加，燃烧室压力降低。风机风压在 30kPa 以下就能满足生产要求（国外在 50 ~60kPa），形成了"低压焙烧"球团竖炉，比国外同类球团竖炉降低电耗 50% 以上。

（5）竖炉能用低热值煤气焙烧球团。由于消除了冷却风对焙烧带的干扰，使焙烧带的温度分布均匀，竖炉内水平断面的温度差小于 20℃。当用磁铁矿为原料时，由于 Fe_3O_4 的氧化放热，焙烧带的温度比燃烧室温度高 150 ~200℃。所以实践证明，我国竖炉能用低热值的高炉煤气或高炉——焦炉混合煤气，生产出强度高、质量好的球团矿。

（6）简化了布料设备和布料操作。由于炉口干燥床措施的实现，使竖炉由"平面布料"简化为"直线布料"。使用由大车和小车组成的可作纵横向往复移动的梭式布料机，简化成只做往复直线移动的带小车的布料机，不仅简化了布料设备，而且简化了布料操作。

竖炉工艺可大致可分为布料、干燥和预热、焙烧、均热及冷却这样几个过程。布入竖炉内的生球料，以某一速度下降，燃烧室内的高热气体从火口喷入炉内，自下而上进行热交换。生球首先在竖炉上经过干燥脱水；预热氧化（磁铁矿球团）；然后进入焙烧带，在高温下发生固结；经过均热带，完成全部固结过程；固结好的球团与下部鼓入炉内后上升的冷却风进行热交换而得到冷却；冷却后的成品球团从炉底排出。在外部设有冷却器的竖炉，球团矿连续排到冷却器内，完成最终的全部冷却。

1.8.4 链算机—回转窑焙烧球团

链算机—回转窑由链算机、回转窑和冷却机联合组成。链算机—回转窑球团法如图1-30所示，链算机—回转窑—环冷机工艺如图1-31所示。

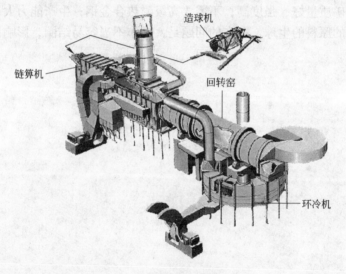

图1-30 链算机—回转窑系统

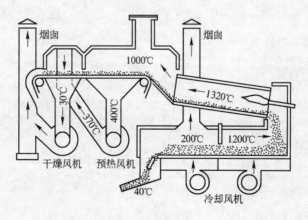

图1-31 链算机—回转窑—环冷机示意图

链算机安装在衬有耐火砖的室内，分为干燥室和预热室两部分，算条下面有风箱，生球经多辊式布料器布在链算机上，球层厚度大约为 130~200mm，随同算条向前移动。在干燥室，生球被从预热室抽过来的 250~450℃ 的废气干燥，然后进入预热室，被从回转窑出来的 1000~1100℃ 氧化性废气加热，发生部分氧化和再结晶，具有一定的强度，进入回转窑焙烧。

回转窑为一长圆筒，用钢板焊成，内有 225~230mm 的耐火砖衬，倾角 5°，生产时球团充满率为 7% 左右。随着窑体的旋转，球团在窑内滚动，并向排料端移动。烧嘴在排料端，可使用气体或液体燃料，也可以用固体燃料。燃烧废气与球团成逆向运动，由进料端排入预热室。窑内温度可达到 1300~1350℃，由于回转窑内的球团是在滚动状态下焙烧的，所以受热均匀，焙烧效果良好。从回转窑排出的热球团矿卸入冷却机进行冷却后，温度降到 150℃ 以下。被加热的空气送入窑内作为燃料燃烧的二次空气，或送入链算机干燥段，用来干燥生球，可以回收 70%~80% 的热量。

链算机—回转窑焙烧球团的优点是：产量高；热量利用率高，总能耗低；干燥、预热和焙烧可分别进行控制，温度和气氛容易调节；生球在窑内受热均匀，在高温区停留时间较长，所以球团矿质量好、强度高；不需要高级耐热合金钢；生产能力大，耗电量低；可以处理各种不同的原料的生球。存在的问题是，操作不当容易结圈，影响设备作业率；另外，基建费较高。

2 大冶铁矿选矿工艺

【本章提要】 本章主要介绍大冶铁矿矿石特点、有用矿物组成，破碎、磨矿、选矿脱水等选矿工艺过程及设备，重要技术改造，选矿厂布置，产品质量，选矿自动化及资源综合利用等内容。

2.1 矿石特点

大冶铁矿属接触交代矽卡岩型矿床，是一个大型含铜、钴、硫的磁铁矿床，是武汉钢铁集团公司在国内的主要原料基地之一。根据矿石氧化程度不同，可划分为原生矿和氧化矿两大类，选矿厂也相应分系统处理原生矿和氧化矿。表2-1为大冶铁矿原生矿和氧化矿的矿物组成。

表2-1 大冶铁矿原生矿和氧化矿的矿物组成

矿石类型	含铜量/%	主要矿物		次要矿物		稀有矿物	
		金属矿物	非金属矿物	金属矿物	非金属矿物	金属矿物	非金属矿物
原生矿	>0.3	磁铁矿、贫铜矿、磁黄铁矿	绿泥石、白云石、方解石、透辉石	赤铁矿、白铁矿、斑铜矿、铜蓝	石榴子石、角闪石、石英、硬石膏、石膏	褐铁矿、蓝铜矿、辉铜矿、方铅矿、镜铁矿	磷钙土、葡萄石、假象铁闪石
	<0.3	磁铁矿	绿泥石、方解石、白云母、石英、玉髓	赤铁矿、黄铁矿	透辉石、假象铁闪石	褐铁矿、黄铜矿	
氧化矿	>0.3	假象赤铁矿、褐铁矿、孔雀石、黄铜矿、赤铜矿	蛋白石、高岭土、黏土质矿物	黄铁矿、铜蓝、磁铁矿	方解石、石英	辉铜矿	
	<0.3	假象赤铁矿、褐铁矿	高岭土、石英、玉髓、白云石、黏土质矿物	磁铁矿、黄铁矿	绿泥石、方解石	黄铜矿	
	>0.3 贫矿	褐铁矿、假象赤铁矿	石英、蛋白石	孔雀石、软锰矿、赤铜矿			

矿石中主要金属矿物有：磁铁矿、假象赤铁矿、菱铁矿，次之为褐铁矿、黄铁矿、黄铜矿、斑铜矿。主要非金属矿物有：方解石、白云石、绿泥石、绿帘石、金云母、玉髓等。

磁铁矿：自形—它形粒状结晶，集合体粒度大部分大于0.1mm。

假象赤铁矿：半自形—它形粒状，粒度大都小于0.033mm。

菱铁矿结晶粒度细小，一般小于0.01mm，三种铁矿物紧密共生，且呈不规则状。

金属硫化矿物（黄铜矿、黄铁矿等）多呈半自形—它形粒状，结晶粒度较粗，易于解离。金属硫化矿物大都与磁铁矿连生。金属矿物连生关系测定结果列于表2-2。

表2-2 金属矿物连生关系 （%）

矿物名称	与其他矿物连生						
	磁铁矿	赤铁矿	黄铁矿	黄铜矿	磁黄铁矿	脉石	合计
磁铁矿	—	20.87	25.22	27.60	2.10	24.21	100
赤铁矿	55.77	—	2.11	1.13	—	39.99	100
黄铁矿	55.03	2.31	—	3.38	—	38.28	100
黄铜矿	57.56	5.31	2.49	—	—	34.44	100
磁黄铁矿	84.17	—	—	—	—	15.83	100

全矿区广泛分布菱铁矿等弱磁性矿物。目前大冶铁矿以矿石中全铁的磁性铁含量作为划分矿石类型的标准，大于85%称为原生矿石，小于85%称为混合矿石。该法从宏观上较为正确地判别了矿石类型，但由于矿物的富集和交代的不均匀性，往往同一地段的不同部位，矿石性质的变化也相当大，一些矿段从整体而言可定为某类型，局部又属另一类型。此外，同种类型的矿石其中强磁性矿物与弱磁性矿物之间的比例也是一变量。大冶铁矿（东露天采场）矿石主要元素的平均含量见表2-3，各采区主要供矿指标见表2-4，原矿多元素分析见表2-5。

表2-3 大冶铁矿（东露天采场）矿石主要元素的平均含量 （%）

矿石等级	元素及含量					
	TFe	SFe	Cu	S	P	SiO$_2$
原生矿	54.6	52.9	0.58	2.30	0.04	6.40
高铜氧化矿	55.1	54.3	0.66	0.27	0.06	9.09
低铜氧化矿	58.7	58.4	0.20	0.13	0.055	9.09
氧化矿平均含量	56.8	56.5	0.45	0.22	0.058	9.09
露天采场平均含量	55.3	53.9	0.54	1.65	0.048	7.20

注：混入废石几种有益金属的含量为TFe=5.06%，Cu=0.0678%，S=0.701%。

表2-4 各采区主要供矿指标

项 目	单位	西 区				东 区	合 计
		铁龙区		尖象区		狮子山	
		铁门坎	龙洞	尖林山	象鼻山	尖山	
规 模	万吨/年	30	15	30	15	50	140
混合矿比例	%	18.5	—	35.5	4.4	17.89	18.43
废石混入率	%	20	25	30	31	15	22.07

表 2-5　原矿多元素分析

元素	TFe	Cu	S	Mn	Co	Ni	MgO	P	Au
含量/%	42.70	0.40	2.43	0.018	0.027	0.02	0.535~6.97	0.026	0.15~0.47g/t
元素	Ag	As	Zn	SiO_2	Al_2O_3	CaO	Cr	V	烧损
含量/%	2.8g/t	0.003	0.013	1.11~38.00	0.94~10.8	0.3~12.35	0.006	0.022	0.85~47.00

2.2　选矿工艺沿革

大冶铁矿选矿厂隶属于武汉钢铁（集团）矿业有限责任公司大冶铁矿，系厂级矿属车间，下设破碎工区、磨磁浮（选矿）工区和脱水工区。

选矿厂 1954 年由苏联国立有用矿物机械处理科学研究院技术设计，于 1958 年 7 月 1 日正式投产，原设计破碎系统规模 290 万吨/年，选别系统为 235 万吨/年矿石。随着生产的发展，经过不断完善与改、扩建，20 世纪 70 年代处理能力达到 430 万吨/年，形成了 2 个系列三段开路破碎；8 个系统两段闭路磨矿；4 个系统的浮选—磁选的流程，分别得到铁精矿、铜精矿和硫钴精矿。尾矿输送至洪山溪尾矿库，1989 年后尾矿输送至白雉山尾矿库。

2000 年以来选矿厂处理原矿量在 200~240 万吨，年产铁精矿 110 万吨，矿山铜 4000t，硫钴精矿 5.5 万吨。

从 1958 年建成投产至 2006 年，选矿厂累计处理原矿 11438.2404 万吨，生产铁精矿 7576.2701 万吨，生产矿山铜 35.4399 万吨，硫钴精矿 218.6831 万吨，附产黄金 14507.802kg。

2.2.1　地理位置

大冶铁矿选矿厂位于湖北省黄石市铁山区，西距武汉市 104km，距青山—武钢冶炼基地 81km。东距黄石市长江码头 25km，东南距大冶市 15km，地理坐标东经 114°54′43″，北纬 30°13′10″。矿山交通方便，境内铁路东连京九，西接京广两大铁路运输动脉；公路 106 国道横穿矿山与武黄公路相连，水陆交通十分方便。

矿山北界鄂州市的白雉山、铁山垴、四峰山，西南与大冶市曙光乡毗邻，东界黄石市下陆区，矿区占地面积 11.21km²。

2.2.2　发展简史

武钢大冶铁矿开发历史可以追溯到 1890 年湖广总督张之洞兴办钢铁，在大冶铁矿引进西方设备、技术和人才，在这里建成了我国第一个机械化开采的露天铁矿，备受世人瞩目。新中国成立后，1950 年 3 月，重工业部决定重新开发大冶铁矿的矿石资源，1954 年，苏联国立有用矿物机械处理科学研究院技术设计，重工业部黑色冶金设计研究院武汉分院施工设计，经中华人民共和国重工业部 1955 年 4 月 12 日和中华人民共和国国家建设委员会 1955 年 6 月 17 日审查批准，武汉钢铁建设公司矿山工程公司于 1957 年 3 月 19 日破土动工。

1957 年 10 月，破碎系统部分开始基建，1958 年 9 月，块、粉矿破碎系统建成投产；

1958 年 8 月，选矿和脱水部分开始基建，1959 年 10 月建成投产，产出的铁精矿全部供应武钢。

选矿厂原设计共有 3 个选别系列，1960 年开始扩建第四系列，由长沙黑色冶金矿山设计院设计，1961 年扩建工程缓建，1966 年恢复扩建，1971 年 11 月扩建工程竣工投产。扩建后，4 个系列的设计能力为年处理原矿 320 万吨，而实际具有的能力 360 ~ 390万吨/年。

1972 年，为了适应扩大了的采场生产能力，对已有的 4 个系列进行了挖潜配套改造。1973 年开工，1975 年 6 月全部工程结束，配套工程将原有的 4 个磨矿系列 390 万吨/年的实有能力提高到 430 万吨/年。1975 年、1978 年选矿处理原矿量达到了 388 万吨。

1961 年进行了原生矿硫钴回收试验，决定兴建二选车间，1962 年由长沙黑色冶金矿山设计院设计，1965 年 3 月建成，5 月投产。1973 年纳入挖潜配套工程，1975 年 7 月竣工投产，用于处理一选车间混合矿和原生矿优先浮选后的尾矿。1978 年再次改造成混合精矿的铜硫分离作业。其间，1966 ~ 1969 年在大冶铁矿建立了中国第一台 $\phi5300mm \times 1650mm$ 湿式自磨机中间试验厂。1971 年转入工业生产，1976 年因该工艺没有配套流程而封存，1994 年拆除。

1970 年建成了处理高铜难选氧化矿离析焙烧工艺生产系统，但因工艺及矿石等问题一直没有投入生产。1973 年此项工艺报废，年底改进为生产机械粉矿。

1975 年长沙矿冶研究院对大冶铁矿的七种类型的混合矿进行了选矿研究。1976 年制定了 SHP 型湿式强磁选机为主体设备的弱磁—强磁选工艺方案。1979 年安装了第一台SHP - 2000 的强磁选机。1981 年安装第二台、第三台强磁选机，1982 年 3 月正式投产，每年可处理 200 万吨混合矿的弱磁尾矿。1984 年实行了两种产品改革，将原来生产的原生矿铁精矿和混合矿铁精矿改为弱磁铁精矿和强磁铁精矿。

2000 年以后，大冶铁矿露天采场生产能力下降直至闭坑，自产矿石量下降，随着外购矿石的不断增加，入选矿石日趋贫、细、杂，但市场对铁精矿量和质量的要求在提高。为提高选矿生产指标，大幅度降低能耗和选矿成本，进一步提高企业经济效益。2001 年由北京东方燕京地质矿石设计院对大冶铁矿破碎系统进行了改造设计，设计原矿处理量180 万吨/年，更新了破碎流程及主体设备，2003 年 7 月份改造完成。2006 年该设计院对选矿及脱水系统进行了改造设计，设计年产铁精矿 110 万吨，处理原矿 266 万吨/年，采用了新选别工艺、新设备，主体设备大型化，选矿自动控制，并相应对破碎系统相关设备进行了更换，2007 年底选矿改造工作全部完成。

2.2.3　水源、电源状况

2.2.3.1　供水情况

1996 年以前，大冶铁矿生产用水使用自备供水系统，该系统由鄂州市泽林镇长港边的第一水泵站取水，经泽林泵站（第二水泵站）、虹桥泵站（第三泵站）用管道输送22.7km 至铁山第四加压泵站分送至各用水点，供水能力 4.5 万立方米/日。1997 年起，大冶铁矿生产、生活供水全部由黄石市自来水公司提供，自来水公司通过一趟 DN80 和一趟 DN12000 输水管将水输送至下陆加压泵站，然后通过一趟 DN600 和一趟 DN800 水管输至市自来水公司铁山加压站，再经过 DN500 和 DN600 两条输水干管将水送给矿生活区和生产区。供水能力为 5.5 万立方米/日。

选矿厂原设计三个系列,生产用水消耗量为 1570 万立方米/年,其中新水 682.3 万立方米/年,回水 887.7 万立方米/年。1998 年 12 月选矿流程考查水量平衡结果表明,选厂每小时用水 1982.46m³,其中补加水 543.30m³,处理每吨原矿用水 4.93m³。

大冶铁矿选矿用水主要来自厂内循环水,即选矿厂各浓缩机溢流的环水 1300 ~ 1500m³/h,白雉山尾矿坝的回水 500m³/h,补充水来自黄石市自来水,新水量为 50m³/a 左右。

2.2.3.2 供电情况

黄石供电公司铁山地区总降压站用 2 台 220/110/6.3kV/12×10⁴kV·A 变压器提供 6.3kV 的高压电至大冶铁矿自备开关站。根据选矿车间工艺和设备布置情况,整个车间内有 5 个高压室。按工艺分,破碎部分有一个高压室,即 2 号高压室,由矿开关站提供 5 受、6 受两个 6kV 的高压电源;选矿部分有一个高压室,即 1 号高压室,由矿开关站提供 1 受、2 受、3 受、4 受、7 受 5 个受电;脱水部分有两个高压室,即脱水 3 号高压室和精矿库高压室,由矿开关站提供 5 受和 6 受两个电源;尾矿总泵站部分有一个尾矿高压室,它有两路受电,一路是矿开关站提供的焙烧受电,另一种是由 2 号高压室提供的高压电源,平时只用一路。

原国外设计 3 个系列,选矿用电设备总容量 201050kW,外部电气照明容量 590kW,年耗电量约为 6300×10⁴kW·h,20 世纪 80 年代 4 个系列生产系统,选矿用电设备总容量 44642kW,年耗电量约为 9645×10⁴kW·h。截至 2006 年底,选矿用电设备总容量为 42974kV·A。年耗电量 7990×10⁴kW·h。

2.2.4 选矿生产概况与技术进步

大冶铁矿选矿厂原设计破碎系统规模 290 万吨/年矿石,其中 55 万吨/年为低铜氧化富矿,富矿经粗碎、中碎后送筛分,将产率 70% 的块矿（60 ~ 12mm）和 30% 的粉矿（12 ~ 0mm）分别外运至青山武钢炼铁厂和烧结厂处理。进入细碎和选矿主厂房的规模为 235 万吨/年,即氧化矿 70.5 万吨/年,原生矿 164.5 万吨/年。破碎流程为三段开路破碎,将 1000mm 矿石破碎至 20mm。1970 年低铜块粉矿停止生产。

细碎矿石经二段闭路磨矿磨至 -200 目（<0.074mm）占 92%,采用两段旋流器预先脱水（提高浓度）,脱泥送往浮选作业。原生矿经一粗二精,获得铜精矿;浮选尾矿经湿式磁选机磁选获得铁精矿。氧化矿则只经磁力脱水槽和浮选,其浮选尾矿即为氧化铁精矿。投产后的生产实践表明,原设计制定的选铜流程与药剂制度均未达到设计的选别指标。经探索,取消了用于浮选前脱泥的水力旋流器,将一粗二精改为一粗二精加精扫的流程,并改变了药剂添加地点与用量,并改造了浮选前搅拌槽的结构等,铜金属回收率逐渐提高,精矿质量也有所改善。

1965 年选钴车间（二选）建成投产,对于综合回收钴精矿、降低铁精矿中的铜、提高铜回收率起到了积极的作用,但是该选钴工艺存在严重的问题。1972 年武钢提出降低铁精矿含硫量,1974 年由现场自行为二选设计施工,1975 年投产。采用优先浮选流程,选铜作业在一选进行,选硫作业在二选进行。1978 年为了满足武钢 1.7m 轧机建成后对铁精矿含硫的要求,确定了混合浮选—分离浮选流程,同时在分离浮选作业中选用选择性比较好的 Z-200 号捕收剂，该流程有效地降低了铁精矿含硫。经过反复工业试验，1980 年 8 月开始采用混合浮选流程，即在一选进行混合粗选和二次精选，在二选进行铜硫分离浮选一粗二精二扫，一精尾返回 8 号浓缩机的流程。获得的铜精矿品位不小于 16%，硫钴精矿含硫 35%，含钴不小于 0.25%，该流程一直沿用至今。

原设计原生矿磁选为一段弱磁选流程，采用带式磁选机选别，获得铁品位 63%，回收率 85% 左右的铁精矿。其间在带式磁选机前增加过磁力脱水槽。1968 年起改用为 $\phi600mm \times 1800mm$ 永磁筒式磁选机，1977 年将磁选作业改为两段磁选，1979 年增加了三段磁选，并逐步将二、三段磁选换成 $\phi750mm \times 1800mm$ 的永磁磁选机，铁精矿品位达到 67%。

大冶铁矿选矿厂原设计年处理原矿能力为 290 万吨，其中加工块、粉矿的原矿 55 万吨，入选原矿 235 万吨。经过扩建和挖潜配套，年处理原矿能力达到 430 万吨，但因采矿能力下降，20 世纪 90 年代后，年处理原矿量仅有 300 万吨左右，年生产铁精矿约 200 万吨，铜精矿 5.5~6 万吨，硫钴精矿 6.5~7 万吨。每年可间接回收黄金 500~600kg。图 2-1 所示为大冶铁矿选矿厂全景。

图 2-1 大冶铁矿选矿厂全景

选矿厂原矿来自尖山、狮子山、象鼻山、尖林山、龙洞和铁门坎六个矿体。近年入选原矿分为原生矿和混合矿两种类型。原生矿和氧化矿的矿物组成和主要元素平均含量见表 2-1。1953 年，中国科学院金属研究所开始进行大冶铁矿选矿研究，设计原生磁铁矿采用浮选铜硫和磁选铁的流程；氧化铁矿采用单一铜硫浮选流程，其尾矿为氧化铁精矿；混合矿采用浮选—磁选—强磁选流程。先经铜硫混合浮选得混合精矿，再进行铜硫分离浮选得铜精矿和硫精矿。混合浮选尾矿经四次磁选得到磁铁矿精矿，磁选尾矿经过浓缩再进入强磁选得弱磁性铁精矿和最终尾矿，两种磁选精矿合并即为最终铁精矿。

选矿厂生产的铁精矿分原生精矿和混合精矿两种产品。原生精矿含铁 66%~67%，含铜小于 0.1%，含硫 0.4% 左右，含水小于 10%；混合精矿含铁 52%~53%，含铜 0.1% 左右，含硫 0.5% 左右，含水小于 13%。铜精矿含铜 18%~20%，含水小于 15%；硫钴精矿含硫大于 36%，含钴大于 0.2%，含水小于 17%。铁精矿运往武汉钢铁公司，铜精矿运往大冶有色金属公司，硫钴精矿由钢协统一分配外销和自行销售。

尾矿场位于选矿厂东南约 2km 的洪山溪,一面靠山三面围堤,汇水面积为 0.9 平方千米。主坝为均质砂质黏土坝,坝基最低处标高为 29m。现尾矿坝堆积高度为 65.5m,库容已达 $858.4 \times 10^4 m^3$,水容量近 $30 \times 10^4 m^3$,水位标高约 63.5m,库长 1100m,宽 450m。拥有 2 个泵站,装备能力为每小时 $1350m^3$。尾矿场内原有两条排水干线,因 2 号干线已堵塞,现只有一条干线排水,排水汇集至回水泵房,再送回选厂。选矿厂用水分为两种,一种为生产用水,另一种为生活用水。生产用水分为清水和环水,清水来自梁子湖,由一、二、三水泵站转运至选厂,环水由尾矿坝回水和厂内环水两部分构成;生活用水来自第四水泵站。

20 世纪 70 年代,氧化铁矿石接近采完而进入原生磁铁矿带,其矿石类型除原生磁铁矿石、磁铁矿—赤铁矿石外,还出现由不同含量菱铁矿组成的混合型矿石。为了处理这部分混合矿石,1979 年,在该厂生产系列中对七种混合型矿石进行工业试验,结果见表 2 - 6。

表 2 - 6　大冶铁矿混合型铁矿石选铁结果　　　　　　　　　　（%）

矿样	产品名称	产率	品位			铁回收率
			Fe	灼烧后 Fe	S	
4 号	磁选铁精矿	26.38	64.10	—	0.23	42.49
	强磁选铁精矿	38.18	44.40	55.28	0.35	42.62
	综合铁精矿	64.54	52.44	59.39	0.30	85.11
	尾矿	35.46	16.70		0.725	14.89
	给矿	100.00	39.77	—	0.45	100.00
5 号	磁选铁精矿 1	54.77	65.78		0.248	68.94
	磁选铁精矿 2	3.40	58.37	—	0.480	3.84
	强磁选铁精矿 1	18.63	50.70	53.69	0.660	18.07
	强磁选铁精矿 2	3.22	44.66	48.36	0.808	2.84
	综合铁精矿	80.12	61.09	61.97	0.376	93.65
	尾矿	19.88	16.70		1.148	6.25
	给矿	100.00	52.66	—	0.53	100.00

1980 年,大冶铁矿选矿厂改建,采用湿式强磁选处理混合型矿石,安装三台 $\phi 2m$ SHP 型强磁选机(表 2 - 7 和图 2 - 2),年处理矿石 100 ~ 200 万吨,1980 年 6 月至 1982 年 3 月处理混合型矿石平均品位 Fe 44%,获得精矿品位 Fe 55.3%,回收率 88%,尾矿品位 Fe 18.37%。

表 2 - 7　SHP 湿式强磁选机技术性能

参　数	SHP - 700	SHP - 2000	SHP - 3200
转盘直径/mm	700	2000	3200
转盘转速/r · min^{-1}	6	4	3.5
传动功率/kW	4	22	30
磁场强度/kA · m^{-1}	1200	1200	1200

参 数	SHP - 700	SHP - 2000	SHP - 3200
最大励磁功率/kW	11	52	87
给矿点数量	4	4	4
处理能力/t·h⁻¹	5 ~ 6	45 ~ 50	100 ~ 120
给矿粒度上限/mm	0.9	0.9	0.9
给矿浓度/%	35 ~ 50	35 ~ 50	35 ~ 50
最大吊装重量/t	2.8	11	18
机重/t	16	63.5	110
外形尺寸 (长×宽×高)/mm	3000 × 1360 × 3192	4900 × 2434 × 4300	6600 × 3600 × 4653

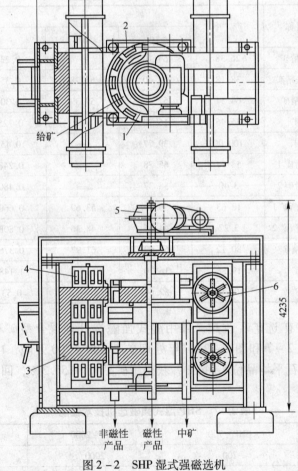

图 2 - 2 SHP 湿式强磁选机
1—转盘；2—磁板盒；3—磁轭；4—线圈；5—电动机；6—通风机

　　大冶铁矿选矿厂生产采用三段开路破碎流程，两段连续磨矿，共四个选矿系列，分别处理原生矿和混合矿。原生矿采用浮选—磁选流程，先经铜硫混合浮选得混合精矿，再进行铜硫分离浮选得铜精矿和硫精矿。混合浮选尾矿经四次磁选得到铁精矿和最终尾矿。大冶铁矿混合型铁矿石选铁结果见表2-6。

大冶铁矿选矿厂主要的建筑物有：粗碎厂房、中碎厂房、细碎筛分厂房、中间矿仓、主厂房、二选厂房、浓缩池、过滤厂房、铁精矿仓库、硫精矿仓库、药剂间、各环水泵站、尾矿总泵站、各工区检修厂房、工艺试验室、材料仓库及车间、工区办公楼。图2-3所示为大冶铁矿选矿厂磨矿分级作业。选厂基本上为平地建厂，现场破碎系统和精矿系统输送采用了皮带输送、矿浆用泵输送。选矿生产规模为年处理原矿430万吨，1996~2000年，年实际处理原矿250万吨左右，生产主要产品有弱磁铁精矿、强磁铁精

图2-3 大冶铁矿选矿厂磨矿分级作业

矿、铜精矿、硫钴精矿，直接和间接回收的金属和非金属元素有铁、铜、硫、钴、金、银等。1999年大冶铁矿新建了竖炉球团厂以后，选矿车间还提供球团矿用料，1996~2000年主要产品产量、技术经济指标见表2-8。

表2-8 1996~2000年选矿主要产品产量、技术经济指标

年份	处理原矿 /万吨	弱磁铁精矿 /万吨	强磁铁精矿 /万吨	矿山铜 /万吨	硫钴精矿 /万吨	铜回收率 /%	铁回收率 /%	球磨台时 /t·h⁻¹
1996	268.2893	113.3205	29.5001	0.6651	5.8056	70.213	71.120	55.14
1997	270.1144	113.3530	30.0616	0.7484	5.6786	67.114	71.432	58.95
1998	261.8141	114.0155	28.5683	0.7656	6.7630	73.023	72.321	61.972
1999	272.7044	124.8595	24.9846	0.8151	6.8560	74.576	73.591	65.526
2000	264.8578	120.5179	19.0642	0.6792	6.8085	75.695	74.570	64.812

2000年底，选矿车间下设4个生产工段和1个检修工段，即破碎工段、选矿工段、脱水工段（包括外来精矿造浆输送系统）、尾矿工段和选检工段，共有职工759人，其中女职工212人。职工中有工人717人，干部42人（其中工程技术人员22人），有高级技术职称的1人，中级职称11人，初级职称的10人，工人技师9人。

到2000年底，共有各种设备1670台，其中大型设备25台，一般设备1645台，厂区占地面积655000平方米，工业建筑面积143000平方米。2000年底选矿主要设备见表2-9。

表2-9 至2000年底选矿厂主要设备

设备名称	数量	型号规格	技术性能	备注
重型板式给矿机	2	2400mm×1200mm	给矿粒度为1000mm、处理量500~800t/h	
颚式破碎机	2	1500mm×2100mm	排矿口180~220mm	粗碎
标准型圆锥破碎机	2	φ2100mm	排矿口45~55mm	中碎
短头型圆锥破碎机	3	φ2100mm	排矿口8~10mm	细碎

设备名称	数量	型号规格	技术性能	备注
格子型球磨机	16	φ3200mm×3100mm	有效容积22.4m³	
高堰式双螺旋分级机	8	φ2000mm		一次分级
沉没式双螺旋分级机	8	φ2000mm		二次分级
浮选机	24	20m³		
浮选机	74	6A	有效容积2.8m³	
浮选机	40	BF-8	有效容积8m³	
SHP型强磁机	3	φ2000mm	磁场强度15000 Oe	
圆筒型永磁机	22	φ750mm×1800mm	磁场强度1500 Oe	
圆筒式永磁机	16	φ1050mm×2400mm	磁场强度1700 Oe	
圆筒式永磁机	2	φ1050mm×2400mm	磁场强度300 Oe	
圆筒式永磁机		BKW-E型		尾矿再选
圆筒式永磁机	3	BKJ型		
内滤式圆筒过滤机	16	25m²		
外滤式圆盘过滤机	8	34m²		
外滤式圆盘过滤机	2	72m²		
浓缩机	6	φ50m		
浓缩机	2	φ24m		

2.3 选矿工艺流程技术改造过程及特点

大冶铁矿选矿厂从1959年起工艺流程一直在改进，至20世纪80年代后形成了稳定的生产工艺流程，如前所述。1980年以后所做的技术改造主要是设备更新，简述如下。

1987年用20m³大型浮选机取代了原7A浮选机，延长了浮选时间，铜回收率提高了2.2%，硫回收率提高了5%，年节电73×10⁴kW·h。1989年起在二段球磨机使用了橡胶衬板。1993年起，开始在二段磨矿使用φ60mm的低铬合金铸铁球代替锻钢球的工业试验，球耗为0.32~0.408kg/t，年节约成本600万元以上；1994年一段磨矿使用φ125mm低铬合金铸铁球，年降低成本506.2万元。1995年后逐步在磨矿全面推广使用低铬合金铸铁球。

1999年在中碎后采用了干式磁选机对原矿进行了抛废处理，降低了采矿截至品位，提高了矿石入选品位，降低了选矿成本。

1999年新增了2台φ1050mm×2400mm中磁机，用来处理混合矿一段弱磁选尾矿，即将混合矿的弱磁—强磁工艺流程改为弱磁—中磁—强磁选工艺，充分回收了弱磁选尾矿中的强磁性矿物，减少强磁性矿物对SHP-2000强磁机分选介质——齿板的堵塞，提高了强磁选机的选别效果。1999年将分离浮选的粗选和扫选的6A浮选机改造为BF-8浮选机，流程未变。改造后延长了浮选时间，泡沫层稳定，提高了铜硫分离效果。

2000年将混合浮选的二、三系列JJF-20浮选也改造为BF-8浮选机，取消了一选的扫选作业；2000 年使用了一台 BKW-Ⅱ型尾矿再选筒式磁选机对部分最终尾矿进行再选，回收尾矿中的强磁性铁矿物。

2001 年应用了一台 SLon-1500 强磁选机替换一台 SHP-2000 强磁选机。弱磁铁精矿过滤采用 6 台 ZPG-72 圆盘真空过滤机取代了 40m² 内滤式真空圆盘过滤机，铁精矿平均水分由 11% 降低至 10.5%。另外，铜硫过滤也采用了 ZPG-30 圆盘过滤机。

2003 年破碎系统改造，其目的为：（1）提高破碎系统作业效率，更新破碎筛分主体设备；（2）将开路破碎流程改为闭路破碎流程，降低产品粒度；（3）增加洗矿作业，解决坑内矿石含泥量大、影响破碎流程畅通的问题，同时强化甩尾作业，降低生产成本；（4）提高选矿厂自动化控制水平，稳定生产，提高劳动生产率，改善技术经济指标。设计破碎系统原矿处理 180 万吨/年，流程改造为粗碎—中碎—洗矿筛分—抛废—细碎闭路流程。洗矿筛下 -3mm 产品经 φ500mm 水力旋流器组给入二段磨矿，细碎产品粒度设计为 d_{95} = 8mm，抛出废石 17%。

2005 年采用了 3 台 TT-45 陶瓷过滤机用于铁精矿过滤，但由于陶瓷过滤机开动率较低，铁精矿水分仅降至 10.2% 左右。

2007 年大冶铁矿选矿厂的磨矿选别以及浓缩过滤系统进行了全面改造，采用单一磨选生产系统取代原设计的 8 个系统磨矿和 4 个系统的选别作业，磁选流程变更为浮选尾矿经过磁选—多层高频振动细筛—磁筛—中矿磁选脱水—再磨后返回原磁选回路的磁选流程；采用先进高效磁选和分级设备，提高铁精矿质量；采用大型高效浮选设备对浮选流程进行改造，提高浮选指标；全面采用陶瓷过滤机对精矿脱水作业进行改造，降低滤饼水分；对尾矿脱水浓缩机进行高效化改造，提高底流浓度，降低溢流固体含量；实现选矿厂自动化控制，稳定生产。

随着露天采场的能力下降及闭坑，混合矿逐渐减少，2003 年强磁作业生产停止。选矿厂处理原矿量在 200~204 万吨，其中 55% 左右为大冶铁矿自产矿，45% 左右为外购周边原矿。精矿产品为弱磁铁精矿 110 万吨/年、矿山铜 4000 吨/年、硫钴精矿 5.5 万吨/年。现行生产流程简述如下：

原矿石用准轨电机车送至破碎系统原矿仓，破碎系统采用粗碎—中碎—选矿筛分—抛废—细碎闭路流程，将 -650mm 的矿石破碎至 -18mm，抛出 10% 左右的废石。

矿石经过两段全闭路的磨矿流程，进入浮选作业，加乙基黄药、11 号油、Na_2S 进行混合浮选，得到铜硫混合精矿，其尾矿进入磁选工序，经三段弱磁选得到品位为 64% 的铁精矿；铜硫混合精矿中加入石灰使矿浆呈碱性，经浓缩脱药后，加入 Z-200 号进行铜硫分离浮选，分别得到铜精矿和硫钴精矿。

铁精矿、铜精矿、硫钴精矿分别浓缩过滤后进入精矿仓库，铁精矿经皮带输送至球团车间使用，或汽车、火车输送至武钢鄂州球团厂或外销；铜精矿和硫钴精矿一般是火车输出外销。

磁选尾矿经浓缩后用油隔离泵加压扬送至白雉山尾矿库，输送管道约 6500m。

2.3.1 破碎筛分流程改造

2.3.1.1 破碎筛分

大冶铁矿选矿破碎流程改造如图 2-4 所示。

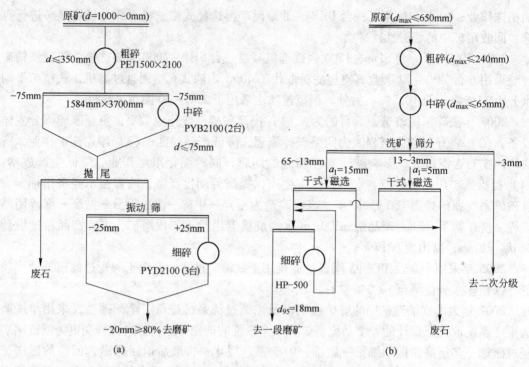

图 2-4　大冶铁矿选矿破碎流程改造
(a) 原设计三段开路破碎流程；(b) 现行破碎流程

　　原设计破碎筛分流程采用三段开路破碎，由粗碎间、中碎间、中间废石仓、细碎筛分间组成。粗碎间原矿用 60t 翻斗矿车卸入原矿槽，经两台 2400mm × 12000mm 重型板式给矿机送入两台 1500mm × 2100mm 颚式破碎机，将原矿粒度从 1000 ~ 0mm 破碎到 250 ~ 0mm。中碎间安装有两台 ϕ2100mm 标准型圆锥破碎机，给矿口装有 1584mm × 3700mm 棒条筛 1 台，粗碎产品经皮带运输机送入中碎间，经棒条筛筛分，筛上产品（+75mm）进入中碎机破碎；破碎产品和筛下产品（-75mm）一起经磁滑轮抛废，其中矿石由皮带运输机送入细碎筛分间，废石被送入中间废石仓，由 60t 翻斗车运走。细碎间安装有 3 台 ϕ2100mm 短头型圆锥破碎机，每台细碎机前各有 1 台 1800mm × 3600mm 振动筛进行预先筛分。进入细碎机的矿石首先由振动筛筛分，筛上产品（+20mm）进入细碎机破碎，破碎产品和筛下产品一起由皮带运输机送到球磨给矿槽。中间废石仓即以前的中间储矿仓，设置在中、细碎间之间，经磁滑轮选别后的废石进入中间废石仓。

　　2004 年改造后采用三段一闭路加洗矿破碎流程，最大给矿粒度为 450mm，最终破碎产品粒度为 8mm。考虑到矿山露天转地下后，矿石含泥量增加，采用洗矿一方面可以保证破碎流程畅通，有利于降低破碎产品粒度，另一方面也可以改善电磁滚筒干式磁选作业条件，进一步提高磁选抛废率，根据试验结果抛废率可以达到 18% ~ 20%。

　　试验研究结果表明，大冶铁矿 -3mm +0mm 粒级矿浆含铜品位较高，磁选抛废和脱泥均会造成铜金属的流失。经过深入研究，首先用水力旋流器脱泥，沉砂去二段磨矿作业，溢流经过浓密进入回水系统，然后返回到洗矿作业循环使用。

　　2006 年对破碎设备进行了更新改造，实现 280 万吨/年的处理能力。原有进口粗碎

C-100 颚式破碎机更换为 C-3054 颚式破碎机,中碎 GP-300 型圆锥破碎机换为 GP-500S 型圆锥破碎机。细碎圆锥破碎机原有 1 台进口的 HP-500 型圆锥破碎机,其能力不能满足今后生产能力要求,需要再增加同规格 1 台及 2YA-2400mm×6000mm 双层振动筛,同时增加细碎作业双层振动筛的电振动给料机。扩产改造后破碎的流程结构不变,经过完善设计改造后,细碎最终产品粒度确定为 15~0mm。在本次技术改造中,破碎机开始选用 1 台 GP-500S 型代替现有 GP-300S 型颚式破碎机,其排矿口为 40~60mm。由于原矿含泥高,后又改采用 H-6800 型液压圆锥破碎机一台;细碎新增 1 台 HP-500 型圆锥破碎机。双层振动筛与新增 HP-500 型圆锥破碎机配套,改造于 2008 年完成。大冶铁矿破碎筛分设备清单见表 2-10。

表 2-10 破碎筛分设备清单

作业	设备名称	型 号 规 格	数量/台	传动电机	
				功率/kW	数量
粗碎	颚式破碎机	C-3054	1	160	1
中碎	液压圆锥破碎机	H-6800	1	600	1
细碎	液压圆锥破碎机	HP-500	2	400	2
洗矿	水洗筛	2YA-2400mm×6000mm	1	22	1
筛分	双层振动筛	2YA-2400mm×6000mm	2	22	2

2.3.1.2 水洗筛分和干式磁选

中碎排矿经双层振动筛水洗筛分,上层筛筛上 +15mm 粒级去干式磁选机进行粗粒抛尾,干尾运至废石仓;下层筛筛上 -15mm +3mm 粒级和 +15mm 干精合并运送到细碎矿仓;下层筛筛下 -3mm 粒级泵送至选矿磨矿分级处理。干式永磁磁选机技术性能见表 2-11,双层振动筛技术性能见表 2-12。

表 2-11 干式永磁磁选机技术性能

作业	型号	筒径×筒长 /mm	磁材种类	筒表磁感应 强度度/T	块度上限 /mm	胶带宽度 /mm	处理能力 /t·h⁻¹	传动电机 /kW
水洗抛尾	CTDG-0812	φ800×1400	永磁	0.16~0.17	150	1200	220~450	15

表 2-12 双层振动筛技术性能

作 业	型号规格/mm	筛孔尺寸/mm	数量/台	单机产量 /t·h⁻¹	筛下产品 /%
水洗筛	2YA-2400×6000	上:15×30;下:3×5	1	320	86.50
双层振动筛	2YA-2400×6000	上:20×30;下:15×10	2	150~290	87.50

2.3.1.3 闭路细碎

选矿厂细碎设备为 Nordberg HP-500 型圆锥破碎机。细碎排矿口实测 $e=16mm$,台时处理能力平均为 315.23t/h。闭路细碎预先检查筛分筛上产物进入 HP-500 型圆锥破碎机进行细碎,细碎排矿转运回细碎矿仓,筛下产物作为细碎产品运送至球磨矿仓。筛下产物的处理能力为 245.83t/h。破碎机生产性能见表 2-13,破碎筛分设备磨损部件材质及使用周期见表2-14。

表2-13 破碎机生产性能

设备名称	型号	给矿粒度/mm	排矿口/mm	排矿粒度/mm	单机产量/t·h⁻¹ 设计	单机产量/t·h⁻¹ 实际
颚式破碎机	C-3054	650~700	70~260	150~200	539	339
液压圆锥破碎机	H-6800	150~200	44~60	0~50	800~1000	800
液压圆锥破碎机	HP-500	0~50	15~18	0~18	415	360

表2-14 破碎筛分设备磨损部件材质及使用周期

设备名称	磨损件名称	材质	使用寿命/d
粗碎机	衬板	高锰钢	100
中碎机	衬板	高锰钢	120
细碎机	衬板	高锰钢	60
筛分机	筛网	聚氨酯	30

2.3.2 磨矿分级流程改造

原设计磨矿分级流程采用二段闭路磨矿,由8个系列组成。破碎产品由一段 φ3200mm × 3100mm 格子型球磨机粗磨后,送入 φ2000mm 高堰式双螺旋分级机第一次分级。第一次分级溢流(粒度-200目(<0.074mm)含量占50%~55%)给入 φ2000mm 沉没式双螺旋分级机进行第二次分级,返砂进入另一段球磨 φ3200mm × 3100mm 格子型球磨机细磨,细磨产品再给入沉没式双螺旋分级机进行第二次分级。第二次分级溢流(粒度-200目(<0.074mm)含量占75%)进入浮选作业。大冶铁矿磨矿分级流程改造如图2-5所示。原设计磨矿设备技术规格见表2-15。

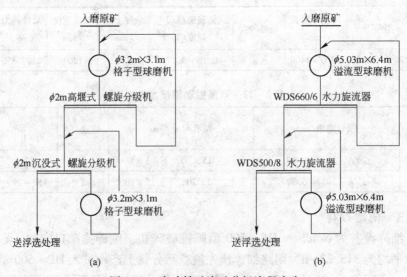

图2-5 大冶铁矿磨矿分级流程改造
(a)改造前;(b)改造后

表 2－15　原设计磨矿设备技术规格

作业名称	设备规格及名称	台数	F_{80} /μm	P_{80} /μm	W_i /kW·h·t⁻¹	Q /t·h⁻¹	N_0 /kW	N /kW	负荷率 /%
一段	φ3.2m×3.1m 球磨机	3	8000	300	9.80	163.6	1800	1500	83.30
二段	φ3.2m×3.1m 球磨机	3	300	100	6.43	184.1	1800	1421	79.00
再磨	φ2.7m×4.0m 球磨机	2	100	60	5.54	126.0	800	768	95.98

　　改造后采用两段串联闭路磨矿加再磨流程，磨矿最大给矿粒度为 13mm，第一段磨矿细度为 55%－200 目（＜0.074mm），第二段磨矿细度为 75%－200 目（＜0.074mm），再磨磨矿细度为 90%－200 目（＜0.074mm）。

　　根据有用矿物嵌布粒度细的特点，保证必要的磨矿细度是提高选别指标的关键。根据现场生产、选矿试验成果，浮选的最佳磨矿细度为 75%－200 目（＜0.074mm），铜硫均可以获得较好的选别指标，同时铁的磁选效果也较好，模拟现场流程（75%－200 目（＜0.074mm））与现场生产（72%－200 目（＜0.074mm））相比，铁精矿品位和回收率均有较大程度的提高。再磨磨矿细度确定为 90%－200 目（＜0.074mm），不但可以获得较好的铁精矿品位，而且铁回收率也比较高，也有利于铁精矿脱水。

　　考虑到改造后磨矿机给矿粒度降低的有利条件，可以使磨矿机生产能力提高 10% ~ 15% 左右，对提高磨矿产品细度也是有益的。根据现厂生产流程考察，第一段闭路磨矿分级机的返砂量很小，如果将第一段磨矿改为开路作业，可简化磨矿回路，降低磨矿作业费用，为防止碎球排除落入矿浆中，可以在其排矿口装轴颈筛隔除，但综合考虑采用闭路磨矿更为稳妥。第二段磨矿采用新增 3 台 φ3200mm × 3100mm 溢流型球磨机与 3 组 φ500mm－4 水力旋流器构成闭路磨矿，可以满足产品细度为 75%－200 目（＜0.074mm）的要求。3 组 φ500mm－4 水力旋流器，每组 4 台，其中 3 台工作，1 台备用。该水力旋流器代替原有 φ2000mm 沉没式双螺旋分级机，可以提高分级效率，使溢流浓度提高 5% 左右。采用变速砂泵实现磨矿回路自动控制，有利于提高分级效果，第二段磨矿旋流器溢流还可以自流到一个泵池，统一用泵扬送到浮选作业。再磨也采用长筒溢流型磨矿机，采用细筛作为分级设备，与水力旋流器相比，虽然占地面积大，易堵塞筛孔，检修频繁，水耗较高，但可有利于提高精矿品位，在类似矿山应用方面取得良好效果。再磨采用新增两台 φ2.7m×4.0m 溢流型球磨机与 8 台 MVS2020 细筛构成闭路磨矿。磨矿设备选择应在充分考虑满足磨矿产品细度要求的前提下，考虑到利用现有设备节省投资、设备大型化有利于节能降耗、有利于实现自动化、生产操作管理方便、有利于设备配置等因素。

2.3.3　浮选流程改造

　　大冶铁矿选矿厂投产以来，围绕提高产品质量、改进产品结构、实现有价元素综合回收，开展了大量的试验研究工作，进行了浮选工艺流程的多次变革，使流程结构、产品方案和技术指标发生了重大变化。但铜、金浮选指标仍有潜力，仍需值得重视。图 2－6 所示为大冶铁矿浮选工艺流程。

　　浮选原有四个平行的混合浮选生产系统，混合浮选采用二粗一扫二精浮选流程，改造后保留两个生产系统。铜硫分离浮选为一个系统，采用一粗二扫二精浮选流程。根据试验

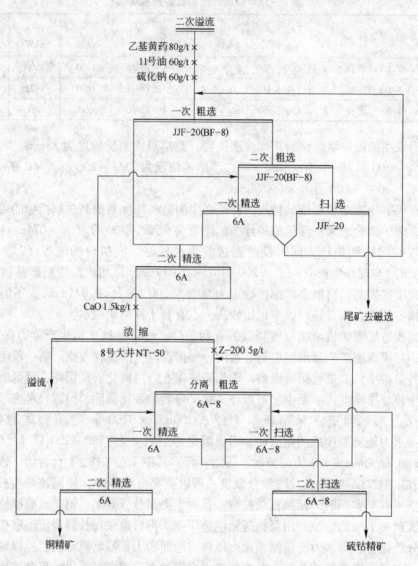

图 2-6 大冶铁矿浮选工艺流程

结果，采用较大规格高效圆形浮选机取代，新型圆形浮选机是近年来国外新开发的高效产品，它具有选别效果好，安装灵活方便，可以自动控制矿浆液面和充气量，节省电耗，有利于生产管理与操作的优点。混合浮选流程浮选铜、硫混合精矿，其作业分4个系列，1995～1999年，每个系列有20m³浮选机12槽，6A浮选机10槽，1999～2000年，二、三系列20m³浮选机更换为BF-8浮选机，二次球磨的分级溢流先由20m³或BF-8浮选机进行粗选，粗选精矿再由6A浮选机进行二次精选，选别所刮出泡沫即为铜、硫混合精矿。混合精矿被送到8号浓缩机浓缩脱药，粗选尾矿被送到弱磁选机选铁。浮选工序现由铜、硫混合浮选（一选）和铜、硫分离浮选（二选）两部分组成。根据多年的生产实践，改造后浮选药剂制度见表2-16。大冶铁矿原生矿和混合（氧化）矿选别流程分别如图2-7和图2-8所示。

表 2-16 改造后的药剂制度 （g/t）

药 剂	石 灰	乙基黄药	硫化钠	11 号油	Z-200
用 量	1500	80	2	45	3

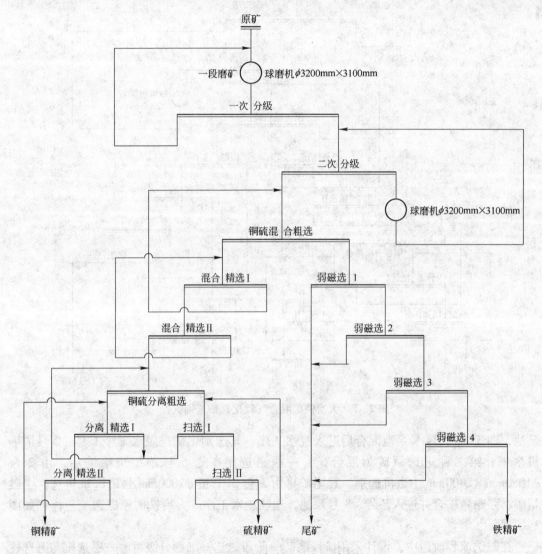

图 2-7 大冶铁矿原生矿选别流程

2.3.4 磁选流程改造

浮选粗选尾矿先由 16 台 $\phi1050\text{mm}\times2400\text{mm}$ 圆筒式永磁机进行第一段选铁，其磁精矿再由 9 台 $\phi750\text{mm}\times1800\text{mm}$ 圆筒式永磁机进行第二段选铁，其磁精矿又由另 9 台 $\phi750\text{mm}\times1800\text{mm}$ 圆筒式永磁机进行第三段选铁（2000 年新增了 1 台 BKJ 型筒式磁选机），第三段磁选精矿简称为弱磁铁精矿，其由砂泵送脱水工序进行浓缩过滤。第一段磁选尾矿处理分两种：第一种进选原矿为原生矿，其第一段磁选尾矿与第二、三段的磁选尾矿一道由 1 台 BKW-E 型筒式磁选机进行尾矿再选，再选铁磁精矿可进入弱磁精矿输送

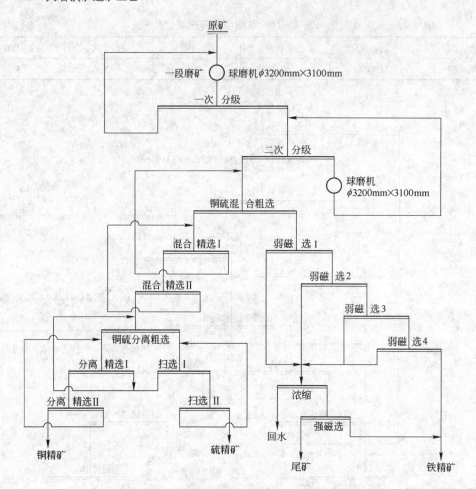

图2-8　大冶铁矿混合（氧化）矿选别流程

泵池，即33号、34号泵池混合后进入脱水工序，其选别尾矿送脱水工序1号、2号浓缩机浓缩；第二种进选原矿为混合矿，一段磁选尾矿送5号浓缩机浓缩后，由2台$\phi1050mm \times 2400mm$中磁机选别，其尾矿再由3台SHP型$\phi2000mm$强磁选机再选，中磁精矿、强磁精矿合并进入7号、8号泵池，送往脱水工序。大冶铁矿原磁选工艺流程如图2-9所示。

在磁选流程改造中，设计采用阶段磨矿—阶段磁选—细筛分级再磨—磁选机与磁选柱磁选的工艺流程。阶段选别流程符合大冶铁矿的矿石特性，遵循了"早丢早收"原则与精料方针，从而节省能耗与降低生产成本，这同当今世界上铁选矿技术发展是一致的。

一次磁选采用8台$\phi1050mm \times 2400mm$磁选机（原有），二次磁选采用4台$\phi1200mm \times 3000mm$磁选机（新增），浓缩磁选采用4台$\phi1200mm \times 3000mm$磁选机（新增），三次磁选采用8台$\phi600mm$磁选柱，为实现该流程，根据近年国内外磁选设备发展情况，除利用少量原有磁选机外，采用了$\phi1200m$大直径磁选机作为二次磁选与磁选浓缩，以强化磁选、提高选矿指标与生产能力；再磨作业用细筛代替水力旋流器分级，有助于减少过粉碎与提高品位；三次磁选采用磁选柱以充分分散磁团聚，并能充分利用磁团聚原理的电磁式低弱磁场高效磁重选矿设备，可以显著提高精矿品位。另外，由于深部开采

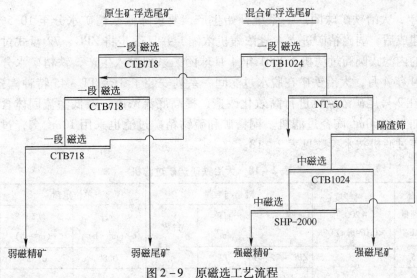

图 2-9　原磁选工艺流程

矿石中弱磁性矿物含量较少，强磁选精矿品位偏低，不能满足冶炼要求，强磁选作业现场已经停产，因此不考虑设置强磁选作业。此外，磁选流程的二次磁选作业与磁选柱之间也留有一定的灵活性，以适应矿石性质变化的要求。

2.3.5　浓缩脱水流程改造

1995~1999 年，原设计脱水流程弱磁铁精矿由 12 台 25m^2 内滤式圆筒过滤机过滤；2000 年，新增 2 台 75m^2 过滤机，其滤饼由皮带运输机送往精矿库。强磁铁精矿经 4 号浓缩机浓缩后，送 12 台 25m^2 内滤式圆筒过滤机过滤，滤饼由皮带运输机送往精矿库；铜精矿经 6 号浓缩机浓缩后，由 4 台 34m^2 外滤式圆盘过滤机过滤，滤饼直接进精矿库；硫钴精矿经 7 号浓缩机浓缩后，送入 4 台 34m^2 外滤式圆盘过滤机过滤，滤饼直接进精矿库；进入 1、2 号浓缩机的尾矿经浓缩后，由隔离泵送往白雉山尾矿库。1、2 号浓缩机溢流作现场循环水使用。

大冶铁矿选矿厂精矿脱水工段包括现有过滤车间和 8 台浓缩机，其技术参数见表 2-17。

表 2-17　大冶铁矿选矿浓缩设备技术参数

大井序号	规格	沉淀面积 /m^2	中心深度 /m	提耙高度 /mm	耙架转速 /r·min^{-1}	排矿浓度 /%	处理量 /m^3·h^{-1}	给料粒度（-200目（<0.074mm））/%	作业
1 号	NT-50	1963	4.5	610	0.048~0.056	40	3400~4000	80	尾矿
2 号	NT-50	1963	4.5	610	0.048~0.056	40	3400~4000	80	尾矿
3 号	NT-50					10			清水
4 号	NT-50	1963	4.5	610	0.048~0.056	74	3400~4000	95	铁精矿
5 号	NTD-24	452	4.259		0.04~0.15	37	3000~3500		铜精矿
7 号	NT-24	452	4.259		0.04~0.15	57	700~1000	75	硫精矿
8 号	NTD-50	1963	5.07	610		44			混合精矿

1999 年，大冶铁矿球团厂一系统开始生产，要求降低铁精矿水分至 10.5% 以下，9 号浓缩机建成后，弱磁精矿进入 4 号浓缩机浓缩，并且逐步将 ZPG – 72 盘式过滤机取代了原设计的内滤式圆筒过滤机。2001 年 4 月球团二系列投入生产，铁精矿水分要求小于 10%。2004 年 4 月，大冶铁矿在脱水过滤间一系列安装了 3 台 TT – 45 特种陶瓷过滤机，2007 年将在 2 号尾矿浓缩机进行高效化改造，提高底流浓度，降低溢流固体含量；铁精矿过滤增加三台 60m² 陶瓷过滤机。铜精矿和硫钴精矿过滤也采用 10m² 陶瓷过滤机。大冶铁矿选矿过滤机技术参数见表 2 – 18。

表 2 –18 大冶铁矿选矿过滤机

产品名称	固体处理量 /t·h⁻¹	给料粒度 (–200 目 (<0.074mm))/%	规格与数量			单位定额		备注
			形式	面积 /m²	台数	设计 /t·(m²·h)⁻¹	实际 /t·(m²·h)⁻¹	
铁精矿	75	95	ZPG – 72 – 6	72	4	0.8	0.32	备 1
	60		板框压滤机		1			停用
			陶瓷过滤机	45	3			
			陶瓷过滤机	60	3			
铜精矿			陶瓷过滤机	10	1			
硫钴精矿	5.2	75	ZPG – 30 – 6	30	2	0.2	0.10	
			陶瓷过滤机	10	2			

图 2 – 10 所示为大冶铁矿现行生产流程。

2.3.6 尾矿处理

大冶铁矿选矿厂自 1959 年 10 月建成投产后，至今共使用 2 座尾矿库。其中，洪山溪尾矿库已于 1989 年 10 月停止使用并闭库。目前使用的是 1989 年 11 月建成投入运行的白雉山尾矿库。目前尾矿浓缩流程是选矿厂磁选尾矿进入 2 台浓密机浓缩，溢流作环水使用，底流用泵扬送到砂泵站，经过清除粗渣后进入搅拌槽，由油隔离泵输送到尾矿库。

大冶铁矿洪山溪尾矿库初步设计由苏联列宁格勒给排水与水工构筑物设计院 1955 年编制，鞍山黑色冶金矿山设计院分别于 1956 年和 1958 年完成技术设计和施工图设计。洪山溪尾矿库位于选矿厂西南约 1.5km 的洪山溪左岸，一面靠山，三面筑坝。初步设计子坝标高为 63m；初期坝为均质黏土坝，坝顶标高 35m，坝基最低标高为 29m，汇水面积 0.9 平方公里，设计服务年限 25 年。从 1959 年到 1990 年洪山溪尾矿库共堆存尾矿砂 1045.83 万立方米，共计 1673.32 万吨。子坝最终标高为 71.5m，库内水位标高为 70.1m。

白雉山尾矿库位于湖北省鄂州市碧石镇卢湾村白雉山西南山脚下，距大冶铁矿选矿厂约 8km。白雉山尾矿库在矿区北面，白雉山水库上游，西 0.5km 为 106 国道，库北为白雉山，南面为桃花山和铁山垴，山沟自东往西北延伸，沟长 3035m。尾矿库在白雉山上游修建，为了防止对白雉山水库的污染，在尾矿库与水库之间修有一隔水坝，因此在库区形成了三道坝。为了保证农业灌溉用水，在尾矿区两边山体修有截流沟，将水引入水库。白雉山尾矿库 1984 年开始设计，1986 年 7 月开始施工，1988 年 10 月基本完成并投入试运行，1989 年 1 月正式投入生产运行。

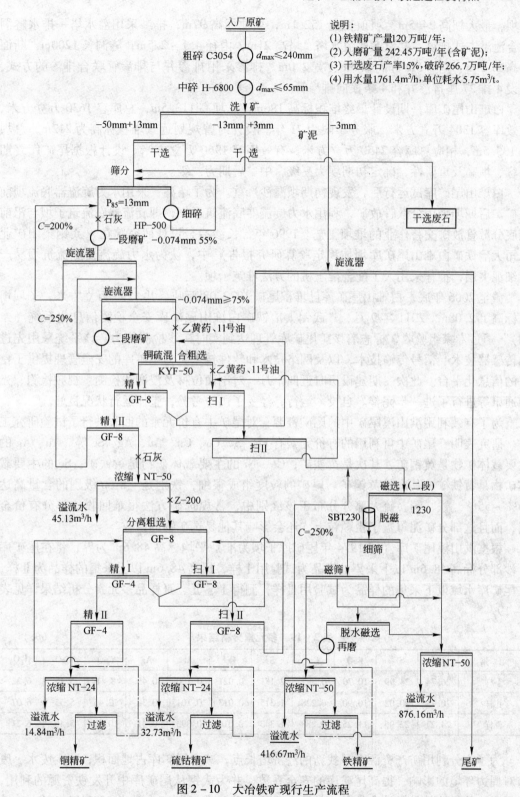

说明:
(1) 铁精矿产量120万吨/年;
(2) 入磨矿量242.45万吨/年(含矿泥);
(3) 干选废石产率15%,破碎266.7万吨/年;
(4) 用水量1761.4m³/h,单位耗水5.75m³/t。

图 2-10 大冶铁矿现行生产流程

白雉山尾矿库由初期坝、回水排洪系统、排渗系统、截洪沟等组成。初期坝为透水堆石坝，最大坝高 24.5m，坝顶长度 152.1m，坝顶标高 97m；排洪采用溢水塔—排水隧洞联合泄洪方式排洪。共设 5 座溢水塔，塔高 21m，内径 4.1~2.5m；隧洞长 1200m，断面为高 2.75m、宽 2.5m 和高 2.5m、宽 2.0m。排渗采用排渗井与排渗管联合排渗的方式，共设 4 排 27 座排渗井和 4 条横向排渗管。

白雉山尾矿库一期设计最终堆积标高 186m，总坝高 113.5m，总库容 1630 万立方米，有效库容 1304 万立方米，服务年限为 21 年。设计时曾规划远景堆积标高为 212m，总坝高 139.5m，相应总库容 2450 万立方米，有效库容 1960 万立方米。设计根据尾矿库终期库容、坝高及重要性，确定初期坝为三级、中、后期为二级。

白雉山尾矿库试运行后，发现初期坝漏沙严重。为了堵漏，采用水力旋流器底流坝前放矿。后期坝采用分散管放矿，利用水力旋流器底流筑子坝，即旋流器底流筑子坝与汛前坝底分散管放矿交替作业的堆坝工艺。1996 年，长沙冶金设计研究院在《武钢集团矿业公司大冶铁矿白雉山尾矿库坝体稳定验算研究报告》中，认为水力旋流器底流筑坝易产生细泥夹层，推荐采用人工配合推土机的方法堆筑子坝。

截至 2006 年底，白雉山尾矿库已堆积尾矿 1972.08 万吨，共 1293 万立方米，子坝坝顶标高 172.08m。2011 年 9 月，"武钢大冶铁矿白雉山尾矿库安全检测信息化系统（二期）"通过专家组验收，标志着该矿尾矿库管理达到实时在线检测能力。该系统采用先进的传感器技术、信号传输技术，以及网络技术和软件技术，为尾矿库的安全管理提供了良好的信息化平台。此次二期建设历时近四个月，对剖面位移及浸润线检测、视频检测、光缆通讯等进行了进一步完善。自投入运行，经受了雨季考验，整体运行状况良好。

为了有效利用洪山溪尾矿中的尾矿资源，对尾矿中有价元素的回收进行了试验研究工作。研究表明，尾矿中可利用的有价元素有 Fe、S、Co、Cu、Au、Ag、Se 等。Au、Ag 的主要载体矿物是黄铜矿，其次是黄铁矿；Co、Ni 的主要载体矿物是黄铁矿；Se 的主要载体矿物是黄铁矿，其次是黄铜矿。尾矿的粒度组成很细，铁别是 $-8\mu m$ 级别的含量高达 35%~55%，铁、铜、硫大部分分布于该级别中，常规选矿方法很难回收这部分有价金属，而且这部分矿泥罩盖于粗颗粒上，还会影响其他易选矿物的回收。

根据洪山溪尾矿库（以 1974 年尾矿库子坝为准）平均标高 48.6m 为界，将在尾矿库干沙部分标高 48.6m 以下采集的样品为试验用 I 样，标高 48.6m 以上采集的样品为 II 样，在尾矿库水域以下采集的样品为试验用 III 样，测得 I、II、III 样品多元素分析结果详见表 2-19。

表 2-19　多元素分析结果　　　　　　　　　　（%）

元　素	TFe	SFe	FeO	Cu	S	Co	Al	Ag	CaO	MgO	Al₂O₃
I 样	26.74	24.99	10.70	0.292	2.181	0.021	0.100	0.45	8.41	5.15	6.22
II 样	20.79	20.02	10.90	0.228	1.315	0.013	0.101	0.38	12.45	5.55	6.07
III 样	24.27	22.96	11.25	0.288	1.343	0.016	0.093	0.41	10.37	5.46	6.21

为了充分利用矿产资源，寻找新的经济增长点，减少尾矿库占地面积，减少废水、废渣对周边环境的影响，提高尾矿库的安全系数，并为武钢从尾矿库中开发铁资源的利用，提高企业的经济效益和社会效益，长沙矿冶研究院和武汉理工大学自 2002 年起对大冶铁矿尾矿库分选得到的强磁精矿进行了"循环流态化磁化焙烧—磁选"选矿新工艺的实验

室研究和半工业试验研究。经过 5 年多的试验研究已获得突破性的进展，尾矿库尾矿经强磁选，获得含铁 35% ~40% 强磁精矿，经循环流态化磁化焙烧—弱磁选试验，2007 年 4 ~ 6 月进行了磁化焙烧半工业试验研究（处理量 500kg/h），其焙烧产品经弱磁选后，取得了铁精矿品位 60% ~61%、尾矿铁品位 10% ~12%、铁回收率 92% ~90% 的优异选别指标。

表 2 - 20 为武钢大冶铁矿强磁精矿多元素分析结果，表 2 - 21 为武钢大冶铁矿强磁精矿铁物相分析结果。从尾矿试样的物相分析可知，铁矿物中弱磁性的赤、褐铁矿和菱铁矿占 70% 左右，强磁性铁矿物仅为 20% 左右；硫 80% 为易选的硫化物。铜矿物中 60% 左右为自由氧化铜和结合氧化铜，这种氧化程度较深的铜矿物的回收是比较困难的。

表 2 - 20　武钢大冶铁矿强磁精矿多元素分析结果　　　（%）

名　称	TFe	FeO	Cu	S	CaO	MgO	Al_2O_3	SiO_2	烧损
强磁精矿	39.91	16.59	0.11	0.60	6.35	3.84	3.26	14.9	13.27

表 2 - 21　武钢大冶铁矿强磁精矿铁物相分析结果　　　（%）

指　标	磁性物的铁	碳酸盐的铁	赤褐铁矿的铁	硫化物的铁	硅酸盐的铁	全铁
含　量	1.81	12.3	24.39	0.54	0.87	39.91
占有率	4.54	30.82	61.11	1.35	2.18	100

根据尾矿性质，选矿试验研究通过对泥砂分选的条件试验、矿泥回收利用、矿砂分选试验等研究探索寻找简单易行又经济合理的工艺流程，确定采用泥砂分选方案。尾矿在调浆至 15% 浓度条件下，用泵输送到水力旋流器分级作业，对矿泥部分采用弱磁选—高梯度磁选流程回收铁矿物；对矿砂采用磨矿—铜硫浮选—弱磁选—强磁选流程选别，回收铁、铜、硫、钴等有价元素。试验研究表明，获得的弱磁铁精矿、强磁选铁精矿、铜精矿、硫钴精矿的总产率达 29.415%，金、银、铜、钴、硫、铁的回收率分别为 39.08%、19.97%、11.37%、26.96%、52.47%、52.59%。

目前，生产中采用在选矿厂的尾矿溜槽上安装 1 台 JHCI - 40 - 20 型矩环式永磁磁选机对尾矿进行再选，再选精矿经泵送至磨矿分级作业后进入生产流程，充分回收有用铁矿物，尽可能减少铁的损失，更好地提高资源利用率。

产品输出方式为，选矿车间的产品都由抓斗吊抓装入铁路车皮输往用户。其中弱磁铁精矿、强磁铁精矿由 133 号抓斗吊抓装；铜精矿、硫精矿由 5 号抓斗吊抓装。

2.4　选矿厂现状

2.4.1　设备大型化及自动化

大冶铁矿选矿厂由破碎、主厂房、精矿脱水等车间组成。选矿厂有铁精矿、铜精矿和硫钴精矿三种产品，分别送往武汉钢铁公司炼铁厂、大冶有色金属公司冶炼厂及外运销售。经过近四十年的生产，原露天矿即将闭坑，即将完全转入地下开采，供矿能力约 120 万吨/年，加上收购周边地区矿石约 60 万吨/年，选矿厂生产能力将长期维持在 180 万吨/年左右。因此，原选矿厂的生产能力与生产系统必须进行调整，以求与生产规模相适应，从而为改善企业效益创造条件。另外，选矿厂存在着设备规格小、系统多、生产指标较低、装备水平落后、生产成本高等问题，需要通过技术改造加以完善和提高。具体表现在：

（1）由于选矿厂处理能力逐步向 180 万吨/年过渡，因此需对设备进行调整，设备能力要与之相适应。

（2）大冶铁矿是一个矽卡岩类型含铜磁铁矿，属多金属矿石，早在 20 世纪 60 年代初，在钴的回收方面取得了很大成绩，实现了综合利用。随着技术的发展，在铜、钴、硫及贵金属的综合回收方面，同国内外同类企业相比差距较大，存在着进一步提高选别效果以及降低生产成本的问题。

（3）沿用 40 余年的两段闭路磨矿流程，磨矿细度为 70% - 200 目（<0.074mm）左右，一、二段磨矿设备均为 $\phi3.2m \times 3.1m$ 格子型球磨机，一、二段分级设备分别为 $\phi2000mm$ 和 $\phi2400mm$ 双螺旋分级机，设备配置不合理，磨矿系列多，设备规格小，台数多，效率低，能耗高。

（4）浮选设备老化，效率低，影响选别指标。

（5）磨矿细度不够，磁选设备规格偏小，流程结构不合理，导致磁铁矿精矿品位和回收率偏低，影响企业效益。

（6）装备水平和自动化控制水平较低，生产系统多，无法达到稳定生产，劳动生产率低。

经过近四十年的生产，原露天矿即将闭坑，完全转入地下开采，供矿能力不足，造成选矿厂大马拉小车，设备运转率低，生产成本高；选矿工艺流程不能满足生产的需要，精矿品位低，严重影响了企业的经济效益；选矿装备水平差，技术改造欠账较多，也是选矿技术经济指标较差的主要原因。因此，选矿厂技术改造已提到日程，首先使选矿厂各车间设备生产能力与之相适应，同时需要采用技术含量高，经济效益好的工艺、设备、药剂、自控装置和生产布局改造选矿厂，提高选矿生产指标，大幅度降低能耗和选矿成本，进一步提高企业经济效益。按照武钢矿业公司总体规划，根据现场实际情况，选矿厂分步实施改造，首先进行破碎系统改造，然后再进行磨选系统改造。改造后的大冶铁矿选矿厂，仍成为武汉钢铁公司与大冶有色公司的主要原料基地之一。

大冶铁矿露天矿闭坑转入地下开采后，矿山出矿能力约为 120 万吨/年，加上收购周边地区矿石，选矿厂原矿处理能力将基本上长期维持在 180 万吨/年左右。因此，现有选矿厂的生产能力与生产系统必须进行调整，以求与生产规模相适应，从而为改善企业效益创造条件。另外，选矿厂存在着设备严重老化，设备状况较差，生产系统多，自动化水平低，装备水平落后，生产成本高等问题，需要通过技术改造加以完善和提高。为了加快技改进度，首先对选矿厂破碎车间进行技术改造，改造内容主要有减少碎矿生产系统，采用进口高效破碎机，将开路破碎流程改为闭路破碎流程，增加洗矿作业强化甩尾作业，提高选矿厂自动化控制水平等。其次，磨选车间技术改造已列入日程，根据武钢矿业公司提出的进一步提高精矿质量和选别指标的要求，为了给设计部门提供可靠的设计依据，武钢矿业公司委托马鞍山矿山研究院进行了提高磁铁矿精矿质量试验研究工作，并委托北京东方燕京地质矿山设计院，完成大冶铁矿选矿厂磨选车间技术改造方案设计，技术改造的内容如下：

（1）减少磨选生产系统，相对集中配置，便于生产管理。

（2）改造磨矿流程，提高磨矿分级效率和磨矿细度，以提高选别指标和节能降耗。

（3）采用先进高效磁选和分级设备，改造磁选流程，提高铁精矿质量。

（4）对浮选设备进行核算，今后根据资金情况进行改造，拟采用先进高效浮选设备，提高浮选指标。

（5）提高选矿厂自动化控制水平，稳定生产，提高劳动生产率，改善技术经济指标。

改造设计原则：

（1）原矿处理能力按 180 万吨/年考虑，其中自产矿石 120 万吨/年，外购矿石 60 万吨/年。

（2）采用先进可靠的工艺流程，提高选矿厂铁精矿技术经济指标，在铁回收率进一步提高的基础上，铁精矿质量达到 TFe≥66% ~67%，S≤0.4%。

（3）尽量利用现有生产设施与设备，以节省投资，并适应新的生产能力的要求。

（4）关键工艺设备的选取应满足先进、高效、节能的要求。

（5）采用先进合理的选矿过程自动化，稳定作业指标，提高劳动生产率和企业管理水平。

2.4.2 工作制度与生产能力

选矿厂全年 330 天工作，碎矿车间 3 班/天，5 小时/班；磨选车间 3 班/天，8 小时/班；脱水车间 3 班/天，8 小时/班。各车间生产能力见表 2 - 22。

表 2 - 22 车间生产能力

作业名称	产品	年生产能力/万吨	日生产能力/t	每小时生产能力/t
碎矿车间	矿石	180.00	5454.55	363.64
磨选车间	矿石	147.60	4472.73	186.36
脱水车间	铁精矿	92.12	2791.68	116.32

2.4.3 现生产矿石性质

大冶铁矿选矿厂近年处理矿石主要为原生含铜磁铁矿、混合矿和部分外购矿，随着露天矿闭坑和坑内采场向下延伸，矿石性质有明显变化，其矿石类型除原有的磁铁矿矿石、磁铁矿—赤铁矿矿石外，出现了混合矿石，即磁铁矿—菱铁矿—赤铁矿矿石、磁铁矿—赤铁矿矿石、菱铁矿—赤铁矿矿石、菱铁矿矿石。主要金属矿物有磁铁矿、黄铜矿、黄铁矿、磁黄铁矿（含钴）、次生赤铁矿、斑铜矿、铜蓝，含少量金银等。主要脉石矿物有方解石、白云石、透辉石、金云母、方柱石、石榴石、绿帘石等。

原矿主要矿物嵌布粒度为：原生矿磁铁矿粒径为 0.3 ~ 0.005mm，主要在 0.1 ~ 0.05mm；黄铁矿粒径为 0.25 ~ 0.005mm，多在 0.09 ~ 0.05mm；黄铜矿粒径为 0.07 ~ 0.05mm，多在 0.06 ~ 0.03mm。混合矿磁铁矿粒径为 0.15 ~ 0.05mm，主要在 0.07 ~ 0.035mm；黄铁矿粒径为 0.11 ~ 0.003mm，主要在 0.05 ~ 0.03mm；黄铜矿粒径为 0.07 ~ 0.05mm，主要在 0.03 ~ 0.015mm。大多数金属矿物与脉石矿物的分离粒度为 0.1 ~ 0.01mm，金属矿物可选性较好，由于少部分金属矿物的嵌布粒度较细，为了提高选别指标，必须进行细磨。磁铁矿普氏硬度系数为 $f=12\sim16$，假象赤铁矿普氏硬度系数为 $f=10$，原生矿密度为 $4.0t/m^3$，氧化矿密度为 $3.6t/m^3$，混合矿密度为 $3.63t/m^3$，精矿密度为 $4.68t/m^3$，尾矿密度为 $2.85t/m^3$。由于逐步转入坑内开采，加上外购矿石，原矿中铜品位较低，其余铁、钴、硫、金等元素品位变化不大，但矿石含泥量明显增加。

大冶铁矿负责采集代表了 2003~2012 年十年间的矿山出矿情况的矿样，按不同的矿山产地、不同的矿石类型分别采集，具有较好的代表性，分析结果见表 2-23 和表 2-24。

表 2-23 综合样铁物相分析结果　　　　　　　　　　（%）

矿物名称	铁相含铁量	占有率
磁铁矿	35.13	81.96
赤（褐）铁矿	3.41	7.96
碳酸铁	2.41	4.99
硫化铁	0.87	2.03
硅酸铁	1.31	3.06
全　铁	42.86	100.00

表 2-24 综合样多元素分析结果　　　　　　　　　　（%）

元　素	TFe	FeO	SiO_2	Al_2O_3	CaO
含　量	42.86	19.75	14.29	2.70	7.55
元　素	MgO	Gu	S	P	烧损
含　量	2.56	0.30	1.69	0.31	8.11

2.4.4 设计指标

根据原矿品位、试验结果与选矿厂近年生产指标，结合国内外生产实践确定设计指标见表 2-25。

表 2-25 大冶铁矿选厂设计指标（2007 年）　　　　　　　（%）

产品名称	产率	品位				回收率			
		Fe	Cu	S	Co	Fe	Cu	S	Co
铁精矿	51.18	67.00	0.07	0.40	0.007	80.00	11.94	12.11	17.91
铜精矿	1.125	46.00	20.00	28.00	0.13	1.21	75.00	18.64	7.31
硫钴精矿	2.275	52.00	0.23	35.00	0.22	2.76	1.78	47.12	25.03
尾　矿	27.42	15.87	0.07	0.92	0.02	10.15	6.70	15.00	31.75
废　石	18.00	14.00	0.08	0.67	0.02	5.88	4.58	7.13	18.00
原　矿	100.00	42.86	0.30	1.69	0.02	100.00	100.00	100.00	100.00

由于磁选采用先进的选别流程和设备，铁精矿品位和回收率均得到很大提高，达到国

内同类企业先进水平。铜原矿品位较低，而使其精矿品位和回收率受到一定影响，但考虑到矿石性质及有用矿物嵌布特性比较一致，铜选别指标受到影响不大，铜精矿品位仍按现在生产实际确定。

2.5 新技术新设备的技术特点

2.5.1 水力旋流器

水力旋流器具有结构简单，设备价格低，处理能力大，分级效率高，分级粒度细，占地面积小，设备本身无运动部件故容易维修，容易实现自动控制等优点。缺点是给矿矿浆的扬送功率大，沉砂嘴易磨损（可选用需磨材质），需经常更换等。

该设备已经广泛应用于各种类型矿石的分级、脱泥、脱水作业，取得了较好的效果。

2.5.2 电磁振动高频振网筛

电磁振动高频振网筛的设备特点如下：

（1）筛面振动，筛箱不动，电磁振动器通过传动机构，直接激振筛面，有减振橡胶弹簧支承筛箱，无需特制基础。

（2）筛面 50Hz 高频振动，振幅 1~2mm，振动强度大，筛面自清洗能力强，筛分效率高，处理能力大。

（3）布置在筛箱外的多个电磁振动器由计算机集中控制，振幅分段可调。

（4）筛面角度可调，筛面采用柔性筛网，纵向张紧安装，采用二层筛网（下层为粗丝大孔托网，上层为复合网）。

（5）广泛应用于各种细粒物料的干、湿法分级，分级粒度为 20% -0.045mm，用于铁矿石细粒分级效果较好。

2.5.3 磁选柱

磁选柱是一种既能充分分散磁团聚，又能充分利用磁团聚的电磁式低弱磁场高效磁重选矿设备。磁选柱电磁磁系由多个直线圈构成，线圈由上而下分成几组，供电采用由上而下的断续周期变化的方式，在磁选柱内形成主要为连续向下，而又有上下浮动的磁场力的作用，构成磁选柱特殊的励磁机制。

单个颗粒或磁链通过单个励磁线圈磁场作用空间的运动轨迹为加速下降过程、减速下降过程、反转上升过程，连续向下、时有时无、循环往复的磁场力，造成磁性颗粒团聚与分散交替进行，磁链上下浮动，断续下移运动。处于这种状态下的磁链，受到由下而上的旋转上升水流的强力冲洗作用，使夹杂于磁团颗粒中的单体脉石及中贫连生体不断得到冲刷淘洗，由上升水流带动上升，最后成为尾矿。而净化后的磁链在相对强大的连续向下的磁场力及其有效重力作用下，克服上升水流动力而断续向下运动，并在运动中继续不断地被净化，最后由分选区下部排出成为高品位磁铁矿精矿。

该设备应用于鞍钢集团弓长岭矿业公司、吉林板石矿业公司选矿厂等，均取得了较好选别效果，企业获得了较好的经济效益。

图 2-11 所示为智能型磁选柱结构图。

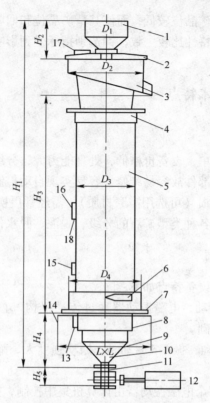

图 2 - 11　智能型磁选柱结构图

1—给矿斗及给矿管；2—给矿斗支架；3—尾矿溢流槽；4—封顶套；5—上分选筒及上磁系；6—切线给水管；
7—承载法兰；8—下分选筒及下磁系；9—下给水管；10—底锥；11—浓度传感器；12—阀门及其执行器；
13—下小接线盒；14—支承板；15—上小接线盒；16—总接线盒；17—上给水管；18—电控柜及自控柜

2.5.4　磁场筛选机

磁场筛选机区别于传统弱磁选机靠磁系直接吸引磁性矿物颗粒的原理，它利用特设的低弱磁场将矿浆内的磁性矿物颗粒磁化成链状体，增大了磁铁矿与脉石连生体沉降速度差、尺寸差，同时利用安装在磁场中的"专用筛"有效地将脉石及连生体分离，使解离的磁铁矿及早进入精矿，因此解决了传统弱磁选机易夹杂脉石，难分离开连生体的缺陷，从而实现了磁铁矿的高效分选。因此，从严格意义上讲，磁场筛选机不是单纯的磁选技术设备，而是借助磁场媒介特性进行磁力重力联合分选的技术设备。它的工作主要包括给矿、分选、分离、排矿四个过程。磁场筛选机外观如图 2 - 12 所示。

大冶铁矿选矿工业试验采用 1 台 CSX - Ⅱ 型磁场筛选机，安装在选矿厂二、三次磁选作业平台的下面，一次磁选精矿从分矿箱自流引入至磁筛设备精选，在进入磁筛前经分矿箱上部安装的隔渣筛，磁筛作业精选后的精矿和中矿合并后返回原流程。在 2003 年 12 月初步工业试验基础上，2004 年进行了 50h 的生产运行试验。平均给矿量在 20t/h 以上，给矿浓度波动范围为 20% ~ 55%，磁筛给矿铁品位（选厂—磁精矿）在 51% ~ 65%，磁筛精矿品位 63% ~ 68%，中矿品位为 18% ~ 56%。原磁选作业生产数质量流程图如图 2 - 13 所示，磁筛工业试验数质量流程如图 2 - 14 所示，磁筛精矿与磁选精矿筛析结果对比见表 2 - 26。

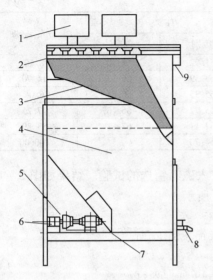

图 2-12　磁场筛选机

1—给矿筒；2—给矿头及连接横梁；3—专用筛片；4—槽体；5—溢流槽；

6—螺旋排料机；7—支撑框架；8—中矿阀门；9—精矿阀门

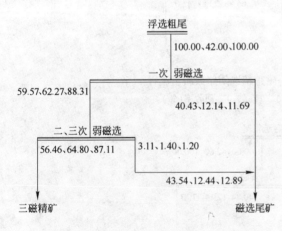
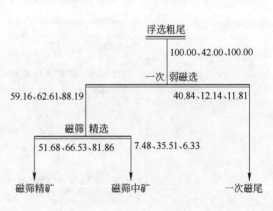

图 2-13　磁选作业生产数质量流程

（图中数字依次表示产率(%)、TFe(%)、回收率(%)）

图 2-14　磁筛工业试验数质量流程

（图中数字依次表示产率(%)、TFe(%)、回收率(%)）

表 2-26　磁筛精矿与磁选精矿筛析结果对比

产品名称	粒级/mm	产率/%	TFe/%		分布率/%
			级　别	负累计	
磁筛精矿	+0.154	6.58	55.48	66.41	5.50
	-0.154+0.100	12.63	64.52	67.18	12.27
	-0.100+0.074	5.35	65.82	67.59	5.30
	-0.074+0.044	16.84	66.76	67.72	16.93
	-0.044	58.60	68.00	68.00	60.00
	合　计	100.00	66.41		100.00

产品名称	粒级/mm	产率/%	TFe/%		分布率/%
			级别	负累计	
磁选精矿	+0.154	10.09	51.92	64.70	8.10
	-0.154+0.100	14.98	63.52	66.13	14.70
	-0.100+0.074	6.00	65.35	66.65	6.06
	-0.074+0.044	16.98	65.72	66.76	17.25
	-0.044	51.95	67.11	67.11	53.89
	合 计	100.00	64.70		100.00

对磁筛中矿在实验室进行了再磨磁选、磁选精矿入磁筛精选的试验。结果如图2-15所示，大冶铁矿磁筛精选综合数质量流程如图2-16所示。

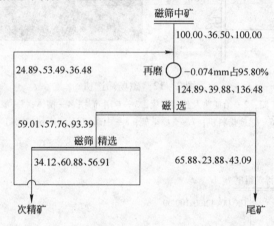

图2-15 中矿再磨磁选—磁筛精选闭路数质量流程
（图中数字依次表示产率(%)、TFe(%)、回收率(%)）

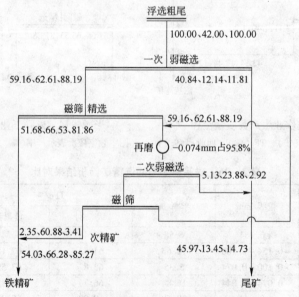

图2-16 大冶铁矿磁筛精选综合数质量流程
（图中数字依次表示产率(%)、TFe(%)、回收率(%)）

采用磁筛工艺后，需进一步再磨的中矿量减少，只占原矿的8%左右，通过对中矿再磨再选，最终综合精矿指标也达到了66.00%以上，对原矿选矿总回收率在85.00%以上。

2.6 自动化控制

近三十年来，大型矿山开采和大型设备出现，促进了选矿工艺自动控制技术发展，从单机控制到全厂自动控制发展，特别是在线分析仪出现后，全厂生产可以实现网络式的计算机控制，使企业经济效益大为提高，生产技术与管理更加科学化。自动化控制技术已更新换代，许多由稳定控制过渡到最佳化控制，即由直接控制发展到数字化的智能控制技术。如DCS控制技术控制范围覆盖面更大，包括全部工艺作业的金属品位、固体量、流量、浓度、粒度、压力和设备运行参数等，在控制理论上开始应用模糊控制理论。选矿厂采用自动化控制技术，一般可使生产能力提高5%~10%，金属回收率提高1%左右。

2.6.1 控制方案设计依据及目的

全流程控制方案由丹东东方测控技术有限公司完成，按照武汉矿业公司及大冶铁矿对磨选自动化的要求，满足北京东方燕京地质矿山设计院关于大冶铁矿磨选厂房改造的设计方案。在此基础上，本着可靠、实用、简单、有效、经济的原则，设计了全流程控制方案。

该方案实施的目的是在大冶铁矿建立一个运行可靠有效、功能齐全、操作简单灵活、扩展容易、维护方便的选矿厂自动化控制系统，对选矿生产过程进行自动控制。本控制能在稳定选矿生产过程及保证产品指标的前提下，尽可能地提高设备生产能力，降低工人劳动强度，降低设备事故率，减少生产成本，提高经济效益。

2.6.2 控制范围及原理

该方案控制范围为实现一、二段球磨机给矿、给水自动控制和螺旋分级机、旋流器自动控制，以及再磨和磁选自动控制。

按照结构简单，运行可靠，操作方便的原则，将整个控制过程分解为若干个闭环控制系统，并引入滞后函数调节整个过程，协调系统稳定地运行。在闭路磨矿环节中引入模糊控制理论，实现了功率、电耳、分级机功率、分级溢流粒度等多因素的综合分析判断，在磨矿分级作业领域中实现了先进的控制理论与现场实践的结合。

2.6.3 给矿量控制

一段磨矿的给矿量分为两部分，新给矿和分级机返砂。对于新给矿部分通过核子秤主机将给矿量送至PLC（可编程序控制器），根据检测到的磨机电耳、功率、分级机功率及分级机溢流粒度值，在PLC内经过模糊控制算法得出一最佳给矿量，并将控制信号与核子秤检测量比较后经PID整定输出至变频器，改变摆式给矿电机转速，从而达到控制给矿量的目的。给矿控制原理框图如图2-17所示。

分级机返砂量的大小决定于分级溢流粒度要求及返砂比，通过对分级溢流粒度、分级机功率的检测，可以在数据上得到返砂量大小变化的趋势，根据这一趋势，在稳定分级溢流粒度的前提下，自动调节排矿水，尽可能地保证返砂量。在软件设计上，这一环节的控

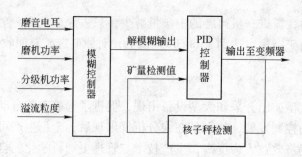

图 2-17 给矿控制原理框图

制需要与球磨机控制相互连锁以便保证球磨机的磨矿效果。

上述过程的连续运行,能保证给矿量维持在最佳给定点附近,保证磨机始终运行在最佳工况点,从而可以充分发挥磨矿效率,提高磨机台时,保证分级产品质量。此控制方法既可保持 PID 控制的无静差、稳定性好的优点,又具有模糊控制对参数适应性和调节速度快的特点。

2.6.4 球磨机磨矿浓度控制

磨矿浓度的大小影响矿浆比重、矿粒在钢球周围的黏着程度和矿浆的流动性,直接影响到排矿合格粒度的比率,对避免矿石过粉碎,提高选别指标至关重要。对具体的磨矿分级过程来说,磨矿浓度有一个最佳范围,磨矿浓度过高或过低都不利于磨矿效果,最佳磨矿浓度可以由磨矿分级过程的工艺指标分析得到。这个指标要想通过人工操作来达到是很难的,稳定磨矿浓度对于提高球磨机台时处理能力、保证溢流粒度是极其必要的。

一般闭路磨矿条件下,磨机给矿是由新给矿和返砂量组成的,要控制磨矿浓度,就必须控制返砂水水量。根据生产实践,在给矿及分级溢流粒度稳定的情况下,返砂量的波动不大,因此,只要根据原矿粒度及矿石特性,标定出正常的返砂比,即可由给矿量的多少及返砂比,按磨矿浓度的要求计算出所需的返砂水量。如果给矿量恒定,则返砂水量也是恒定的。经过计算得到的返砂水量即是返砂水在一定条件下的返砂水设定值。而此时的最佳磨矿浓度值可以由电耳、磨机功率及矿石性质分析经过模糊控制算法得到,这样将返砂水设定值与模糊控制器的输出比较,再经过 PID 整定输出至返砂水电动阀自动调节返砂水量,以达到控制磨矿浓度的目的。控制返砂水的系统原理方框图如图 2-18 所示。

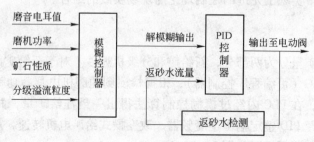

图 2-18 磨矿浓度控制原理方框图

在图 2-18 中,矿石性质的分析是一项比较复杂的技术。在这项技术中,采用了先进的模糊控制理论对矿石性质进行分析并在现场实际生产过程中取得了令人满意的效果。

控制系统通过主控 PLC 对电耳变送器的检测值 PV_1 和检测值的变化趋势 ΔPV_1、功率变送器的检测值 PV_2 和检测值的变化趋势 ΔPV_2 以及分级返砂量的变化来分析判断矿石性质是如何变化的。同时根据不同性质的矿石，给出对应此类矿石性质的最优给矿值和给水值（磨矿浓度）。矿石性质分析原理方框图如图 2-19 所示。

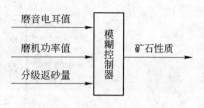

图 2-19　矿石性质分析原理方框图

2.6.5　分级溢流浓度控制

稳定生产指标，达到生产工艺要求的一个具体参数就是分级溢流粒度合格率。而粒度合格率与分级溢流浓度是直接相关的，因而，只要稳定了分级溢流浓度，也就能保证分级溢流粒度的稳定，即粒度的控制需通过调节浓度来实现。

对于分级机来说，在分级机工作参数确定的条件下，分级机溢流浓度主要受磨机排矿水量及排矿浓度的影响。在这一环节中，由于排矿水直接影响分级机的返砂量，所以排矿水的调节要考虑各参数的协调。根据分级机溢流浓度计的检测确定配水。根据原矿的性质，给定溢流浓度设定值，将溢流浓度计的检测值与设定值进行比较，根据比较偏差的大小，调节排矿水增减量的大小，始终使溢流浓度计的检测值维持在浓度设定值的设定偏差范围内，从而达到控制溢流浓度的目的。溢流浓度控制原理方框图如图 2-20 所示。

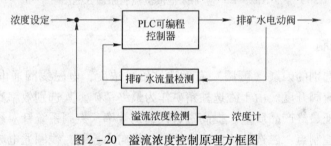

图 2-20　溢流浓度控制原理方框图

2.6.6　旋流器控制

旋流器控制的主要目的是保证其分级粒度、沉砂浓度及其处理量。影响旋流器工作的因素包括结构参数、操作条件和矿石性质等，在结构参数及矿石性质一定的情况下，给矿压力和给矿浓度直接影响旋流器的工作状态。给矿压力的变化改变了矿浆流速从而直接影响分级效率和沉砂浓度。通过检测旋流器入口压力和沉砂浓度，在 PID 参与调整的条件下，改变旋流器给矿泵的转速，即可改变旋流器的入口压力，这样可以充分提高分级效率，保证其处理量。当旋流器尺寸及压力一定时，给矿浓度对溢流粒度及分级效率有重要影响。给矿浓度高，分级溢流粒度变粗，分级效率也将降低。通过检测旋流器给矿浓度，调节泵池补加水可以保证给矿浓度在正常范围内。从上述可以看出，在本控制系统中旋流器的控制是一个多输入多输出系统。在程序设计中采用模糊控制原理，综合各因素的分析判断，运用模糊控制与 PID 调整相结合。旋流器控制原理方框图如图 2-21 所示。

2.6.7　矿浆泵池液位控制

选矿工艺过程和工艺设备要求矿浆泵池既不排空（矿浆泵喘气），也不跑矿，矿浆泵

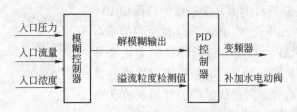

图 2 - 21 旋流器控制原理方框图

运转匀速、稳定。通过对矿浆泵池液位检测和变频调速矿浆泵，稳定矿浆池液位，既不抽空，也不跑矿，减少金属流失和设备故障，节省能耗，也便于生产管理。控制原理方框图如图 2 - 22 所示。

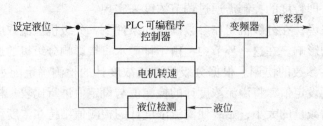

图 2 - 22 矿浆泵池液位控制原理方框图

2.6.8 磁选柱控制

影响磁选柱选别的因素（可调）有磁选柱给矿浓度，电磁线圈通电频率、时间及顺序，切向水和底流阀开度。由于磁选柱精矿作为最终精矿，其选别效率高低直接影响最终产品质量。为保证最终产品质量，提高磁选柱选别效率，控制系统针对影响磁选柱选别的因素，采用如下控制点：磁选柱给矿浓度控制，切向水控制，线圈通电频率、时间及顺序控制，底流阀开度控制。

2.6.8.1 磁选柱给矿浓度控制

给矿浓度通过控制给矿泵池补加水来实现，但浓度的控制必须与泵池的液位和矿浆泵变频连动调节，既要保证给矿浓度，又要保证矿浆泵池既不排空（矿浆泵喘气），也不跑矿，矿浆泵运转匀速、稳定。其控制原理如图 2 - 23 所示。

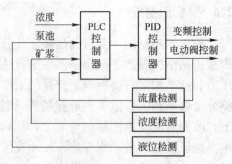

图 2 - 23 磁选柱给矿浓度控制原理方框图

2.6.8.2 磁选柱切向水和底流阀控制

切向水有利于矿浆分散，提高甩尾能力；底流阀开度大小，直接影响精矿品位。磁选柱切向水和底流阀开度的控制与精矿品位仪检测结合起来控制。切向水原则上可以恒定给水，当精矿品位低时，减小底流阀开度，增大跑尾量；反之，则增大底流阀开度。当底流阀开度较小而品位依然较低时，则可适当增大切向水。控制原理方框图如图 2 - 24 所示。

2.6.8.3 磁选柱线圈电流控制

磁选柱线圈电流控制由磁选柱控制器实现，其中包括线圈电流的大小、线圈通电频率及通电顺序。

2.6.9 细筛给矿浓度控制

细筛给矿浓度通过控制再磨排矿浓度实现。排矿浓度的控制必须与泵池补加水、泵池液位和渣浆泵变频调速控制结合起来实现。控制原理方框图如图2-25所示。

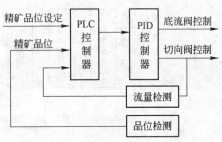

图2-24 磁选柱切向水和底流阀
控制原理方框图

2.6.10 精矿品位、尾矿品位控制

最终产品品位控制比较复杂，需要在程序设计中进行各工序工艺参数的连锁调整，既要保证精矿品位，又要保证金属回收率。根据大冶铁矿的工艺流程，除需要进行最终精矿品位、尾矿品位的检测外，还需要对一段磨矿给矿矿石性质进行分析判断。在一段磨矿生产过程中，通过分析磨机电耳、功率和分级返砂量等因素，一旦发现矿石性质发生变化，则对磨机的新给矿、磨机磨矿浓度和分级溢流粒度进行

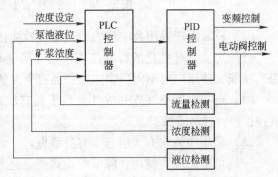

图2-25 细筛给矿浓度控制原理方框图

积极调整，积极预防因矿石性质的变化而造成最终精矿品位、尾矿品位的波动，减少滞后调节过程。

当发现最终精矿品位不合格时，若此时只通过调节一段磨矿分级生产过程（即改变磨机给矿量、磨机磨矿浓度、分级溢流粒度），不仅滞后时间长，而且调节过程的稳定性也差。在调节一段磨矿分级生产过程的同时，通过调整磁选柱底流阀开度来调节磁选柱底流量，从而调节品位。当品位高时，增大磁选柱底流阀开度，降低品位，减少再磨量；反之，则减小磁选柱底流阀开度或适当增大切向水，提高品位，增大再磨量。这样不仅调节及时，而且系统的稳定性也好。当一段磨矿分级调节过程产生效果后，则可逐渐恢复磁选柱底流阀正常开度，恢复再磨量。

在软件设计上，精矿品位、尾矿品位的控制涉及多个小闭环系统的协调运作，这样当精矿品位发生波动时，整个控制系统会自动跟踪其变化趋势，积极调整各控制环节的工艺参数直到检测到的精矿品位值稳定，所以这种精矿品位的波动是暂时的。

最终精矿品位连锁控制原理方框图如图2-26所示。

2.6.11 控制系统网络结构

随着信息技术的飞速发展，引起了工业自动化系统结构的深刻变革，现场总线已成为自动化技术发展的原动力，是自动化技术发展的必然趋势，现场总线技术融合PLC、DCS技术构成全集成自动化系统以及信息网络技术，将形成21世纪自动化技术发展的主流。

现场总线控制系统的优点：

（1）控制功能下放到现场智能点，可节约大量电缆。

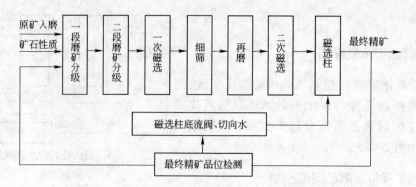

图 2-26 最终精矿品位连锁控制原理方框图

（2）FCS 由于采用数字传输，抗干扰性能比传统模拟传输强。

（3）可实现标准化的智能仪表，可互换性和可互操作性，实现控制产品的"即插即用"功能，使用户对不同厂家工控产品有更多的选择余地。

（4）可实现网络互连开放性，系统具有较高的可靠性和灵活性，系统很容易进行重组和扩建，且易于维护。

（5）采用功能块方式组态，容易掌握。

（6）可节约投资费用，除节约电缆外，还可节约大量现场控制柜（因取消 I/O 柜和 I/O 卡）的面积，降低安装费用。

（7）系统结构的简化，使其从设计、安装、投运到正常生产运行及检修维护，都体现出优越性。

（8）利用智能化现场仪表，使维修预报（predicted maintenance）成为可能。

采用 PROFIBUS 总线作为此次控制系统的网络结构，PROFIBUS 总线应用广，适应性强，可靠性高，受到用户的广泛青睐。

2.7 尾矿

尾矿经两台 φ50m 尾矿浓缩池后，底流排矿浓度为 35% ~ 40%，尾矿矿浆量为 360m³/h。底流尾矿经现有渣浆泵加压，由两条长约 410m 的 d180 铸石管送至尾矿加压泵站，经油隔离泵加压至尾矿库，输送管道约 6500m。现有底流泵站设置有 4PNJA 型渣浆泵 4 台（2 台工作，2 台备用），尾矿加压泵站设置有 YJB160/40 型油隔离泵 4 台（2 台工作，2 台备用）。选矿厂总尾矿首先进行厂前回水，经浓密脱水后泵送至尾矿坝，可以提高回水率，节省尾矿输送能耗。

2.8 供排水

2.8.1 给水系统

目前选矿厂生产总用水量为 35570m³/d，其中新水用量为 764m³/d，技术改造后生产总用水量为 46806m³/d，其中新水用量为 12000m³/d。

厂区设有生活给水管道，生产、消防给水管道，循环水管道，生产、生活排水管道。选矿厂生产供水管线，压力为 0.3 ~ 0.4MPa，供水能力经过适当改造后，基本可以满足本次选矿厂技改用水量要求。本次改造洗矿作业新增用水 4950m³/d，全部采用尾矿回水，现有水泵有较大富余，直接接一条 $\phi250$mm 管线至回水泵站。为了确保细筛分级与磁选柱选别效果，本次改造其作业新增用水 12000m³/d，初步考虑大部分采用新水，需设一条 $\phi300$mm 管线至回水泵房。

2.8.2 排水系统

各车间生产排水主要是循环冷却水排污和溢流管溢流排水，应尽量回收利用，或排入厂区附近生产排水管道。车间内少量生活排水就近排入各厂区附近生活排水管道。

2.9 通风收尘

粗碎、中细碎、转运站等处采用 JSG 玻璃钢水膜除尘器除尘，磨选厂房采用通风换气，选矿厂集中控制室设空调系统，使得工作岗位符合《工业企业设计卫生标准》的要求。

2.10 选矿生产技术经济指标

设备大型化改造后磨矿分级及选别设备见表 2-27，磨矿分级工艺条件见表 2-28，磨机装球情况见表 2-29，磁、重选设备工艺操作参数见表 2-30，生产指标对比见表 2-31，改造前后生产技术经济指标见表 2-32。

表 2-27 设备大型化改造后磨矿分级及选别设备

作业名称		设备名称	型号规格/mm	数量/台	传动电机	
					功率/kW	数量/台
磨矿	一段	球磨机	$\phi5030 \times 6400$	1	2600	1
	二段	球磨机	$\phi5030 \times 6400$	1	2600	1
	中矿再磨	球磨机	$\phi3600 \times 6000$	1	1250	1
分级	一次	水力旋流器组	WDS-660B/6	6		
	二次	水力旋流器组	WDS-550B/8	8		
混合浮选	粗选	充气式浮选机	XCF/KYF-Ⅱ, 50m³, 直联	10	75, 110	10
分离浮选	粗选	充气式浮选机	CF-8.8m³	12	30	12
	精选1	充气式浮选机	CF-4.4m³	4	7.5	4
弱磁选	一次	永磁磁选机	XCT-$\phi1200 \times 3000$	6	7.5	6
	浓缩磁选	永磁磁选机	XCT-$\phi1200 \times 3000$	2	7.5	2
磁、重选	一次	磁场筛选机	CSX-Ⅱ型磁筛	10	1.5	10
筛分	一段	叠层高频振动筛	2SG48-60W-5STK	2	1.9×2	4

表 2-28 设备大型化改造后磨矿分级工艺条件

作业名称	设备名称	浓度/%			粒度（-0.074mm）/%			分级效率	
		一段	二段	再磨	一段	二段	再磨	一次	二次
磨矿	球磨机	75	68	60	50	75	95		
分级	水力旋流器	60	50/40					45	48
筛分	德瑞克高频振动细筛	45				90			

表 2 - 29　设备大型化改造后磨机装球情况

型号规格 /mm	段数	磨矿介质尺寸及比例/%				装球量 /t	充填率 /%	补加球 直径/mm	材质
		80mm	60mm	40mm	30mm				
φ5030×6400	一段	5	30	20		210	43~45	80	低铬合金
φ5030×6400	二段		60	40		210	43~45	50	低铬合金
φ3600×6000	再磨				100	102	43~45	30	低铬合金

表 2 - 30　设备大型化改造后磁、重选设备工艺操作参数

设备名称	段数	给矿浓度 /%	选别指标（品位）/%			精矿浓度/%	尾矿浓度/%
			原矿	精矿	尾矿		
永磁磁选机	一次	32	37.2	67.00	12.28	45	17.20
磁场筛选机	一次	30	55.00	59.00		65	

表 2 - 31　设备大型化改造后生产指标对比

指标	改造后				改造前			
	Fe	Cu	S	Co	Fe	Cu	S	Co
原矿品位	39.57	0.26	1.86	0.018	48.53	0.39	2.45	0.022
铁精矿品位	65.32				64.60			
铜精矿品位		20.95				20.66		
硫钴精矿品位			35.25	0.162			40.25	0.213
回收率	81.17	77.78	37.79	17.92	75.89	75.60	36.67	29.62

表 2 - 32　2007~2008 年设备大型化改造前后生产技术经济指标

年份	处理量 /万吨	精矿 产量 /万吨	原矿 品位 /%	精矿 品位 /%	尾矿 品位 /%	回收率 /%	球磨机 作业率 /%	磨矿效率 /t·(m³·h)⁻¹	电耗 /kW·h·(t 原矿)⁻¹	精矿 成本 /元·吨⁻¹	劳动生产率 /吨·(人·年)⁻¹	
											工人	全员
2007	227.67	110.65	41.78	64.47	9.20	75.01	58.31	3.63	31.54	443.53	6306	6008
2008	261.90	117.00	39.26	64.01	8.70	80.11	48.54	4.74	32.21	551.51	6602	6492

2.11　选矿厂环境保护

2.11.1　设计依据

(1) 国务院第 253 号令《建设项目环境保护管理条例》1998.11；

(2) 国环字（87）第 002 号文《建设项目环境保护设计规定》；

(3)《有色金属矿山企业初步设计内容和深度的原则规定（试行）》；

(4)《有色冶金工厂初步设计内容和深度的原则规定（试行）》；

(5)《大气污染物综合排放标准》GB 16297—1996；

(6)《污水综合排放标准》GB 8978—1996；

（7）《工业企业厂界噪声标准》GB 12348—90。

2.11.2 污染源及治理措施

2.11.2.1 粉尘

粗碎、中细碎、转运站等处均有粉尘产生，采用 JSG 玻璃钢水膜除尘器除尘，厂房内外粉尘浓度小于 $50 \sim 100 \text{mg/m}^3$，低于《大气污染物综合排放标准》中新污染源二级排放限值 120mg/m^3。

2.11.2.2 废水

选矿技改工程生产总用水量增加不大，水重复利用率较高。

选矿生产排水为设备冷却水和尾矿水，可以返回回水系统。

2.11.2.3 固体废物

磁选尾矿排放利用原有设施，不另新建。

2.11.2.4 噪声

技改工程产生高噪声的主要设备有破碎机、振动筛、球磨机等，声级均在 85dB（A）以上。对于这些高噪声设备，除设备本身减振外，在现有技术条件尽量采用可行的防护措施。

2.11.3 绿化

该技改工程是在现有厂区内进行改造，改造时尽量注意保护现有绿地及花草树木，使厂区的绿化状况基本保持在改扩建前的水平上。图 2-27 所示为大冶铁矿选矿厂主厂房一角。

图 2-27 大冶铁矿选矿厂主厂房一角

2.11.4 周围地区环境影响

技改工程的生产排水主要是设备冷却水排水，不含有害物质，可直接排入厂区附近生产排水管道。

技改工程投产后，选矿厂的厂界噪声基本与技改前厂界噪声接近或有所改善。昼间噪声达到或接近《工业企业厂界噪声标准》中的Ⅱ类噪声标准值（60dB（A）），夜间噪声达到或个别厂界点会超过噪声标准值（50dB（A）），对外部环境的影响不大。

2.11.5 环境管理监测

武汉钢铁公司大冶铁矿选矿厂是一个有几十年生产经验的老企业，已建成了一套完善的环境管理机构及监测系统。现有环保机构完全能满足改扩建工程的需要。因此，环境管理与监测工作均利用现有人员和设备，该工程不再予以考虑。

2.11.6 环保设施投资

为保护环境，减少工程建设对环境的污染，在设计中对污染物排放的各个环节均采取了相应的环境保护措施。环境工程和设施投资概算均列入工程估算中。

2.12 劳动安全卫生

2.12.1 设计依据

（1）劳动部令第 3 号《建设项目（工程）劳动安全卫生监察规定》；
（2）《有色冶金工厂初步设计内容和深度的原则规定（试行)》；
（3）《工业企业设计卫生标准》TJ 36—79；
（4）《工业企业噪声控制设计标准》GBJ 87—85；
（5）《生活饮用水卫生标准》GB 5749—85；
（6）相关专业设计依据中有关安全技术的规范、规程。

2.12.2 职业危害分析及防范措施

2.12.2.1 防有害气体

对于各车间内原料输送、转运等处产生的粉尘均设置了通风除尘系统；保证车间岗位含尘浓度满足《工业企业设计卫生标准》的要求。

2.12.2.2 防噪声

破碎机、振动筛、球磨机等噪声级均在85dB 以上。对于这些高噪声设备，设计除采取降噪措施外，还分别设置了各类机房及岗位工人隔声值班室，利用建筑隔声减轻噪声对工人的影响。噪声控制满足《工业企业噪声控制设计规范》的要求。

此外，操作人员还配有听力防护用品。

2.12.3 安全防范措施

2.12.3.1 防火及消防设施

该工程的建（构）筑物防火等级为Ⅱ级，消防方式为低压消防，车间内均设有消火栓。

2.12.3.2 建筑设计安全措施

根据生产工艺流程，结合当地气象条件，新增厂房厂址周围的环境及场地的地形条件进行总平面布置。操作人员有足够的工作场地，运输短捷并有助于防止事故发生。

厂房、建筑物的间距满足防火、安全、通风和日照等要求，道路布置结合生产工艺流程合理设计。

该工程所有建（构）筑物按8度地震烈度设防，高层建筑物按规范设计安全操作平台及护栏。

2.12.3.3 防雷电措施

对高度超过15m的建（构）筑物均设计独立的避雷针，使被保护的建（构）筑物及其突出物面的物体均处于避雷针（带）的保护范围内，以防直击雷对人体及设备的损害。

2.12.3.4 电器设备安全、防电伤措施

为保证电器设备的安全，接地、连锁保护等均按设计规范作了充分的考虑。为确保人身安全，凡正常不带电的用电设备的金属外壳、电缆桥架均做了可靠的接零保护。

2.12.3.5 安全生产

凡易发生事故、危及人身安全和健康的地方及设备，均设置安全标志，标出走向，必要时使用文字说明。

2.12.3.6 照明、给水卫生及卫生福利设施

车间厂房的平均照度不低于20lx；需要重点照明的部位如操作台、仪表控制室，照度约为200lx，以保护工人视力，保证生产安全。

水源利用现有供水水源，水源可靠，水量充足，用水方便。生活用水消毒后送厂区，水质符合《生活饮用水卫生标准》。

职工食堂、浴室等卫生福利设施利用现有设施。

图2-28所示为大冶铁矿精矿仓库一角。

图2-28 大冶铁矿精矿仓库一角

2.12.4 安全卫生机构

武汉钢铁公司大冶铁矿选矿厂是一个有几十年生产经验的老企业，已建成了一套完善的安全卫生管理机构。现有安全卫生管理机构完全能满足续建工程的需要。因此，安全卫

生工作均利用现有机构完成，该工程不再予以考虑。

2.12.5 预期效果

该工程贯彻"安全第一，预防为主，综合治理"的方针，采用先进、成熟、可靠的工艺流程，设备选型安全可靠，从而减少和消除了危害人体健康的不安全因素。

根据劳动安全卫生工作"三同时"的要求，针对工程的职业危害特点，设计分别对粉尘、噪声等危害因素以及在防火、防电伤、防自然灾害等方面采取了积极的、防患于未然的措施。可以预见，本工程投产后，能符合劳动安全卫生的要求，保障职工在生产过程中的安全和身体健康。

2.13 节能

采用高效节能大型破碎、筛分、磨矿、选别设备改造选矿厂，实现多碎少磨，提高废石抛尾率，减少入磨矿石量，提高磨矿分级和选别效率，可以实现节能降耗，进一步提高企业经济效益的目的。

采用上述措施实现技改后，经测算可以取得如下节能效果：单位矿石耗电由改造前的 38.06kW·h/t 降到 26.44kW·h/t，单位矿石耗电减少 11.62kW·h/t，按照 180 万吨/天生产能力计算，年节约电能 20916MW·h，年节省电费 836.64 万元。

选矿厂回水利用率达到 90%。

2.14 技术经济

2.14.1 主要技术经济指标

至 2007 年，大冶铁矿选矿厂运行已达 50 年，主要设备已达到经济寿命年限。根据企业技术装备更新换代和工业发展的需要，对该厂进行技术改造已势在必行。技改工程在现有厂内进行，对所设计的项目，综合考虑企业现状与发展的关系，市场供需关系，投入与产出的关系，从而达到投资省、建设快、经济效益好的目的。技改工程工期为 1 年，技术改造工程总规模为 180 万吨/年（原矿），其工程主要改造内容为现有的破碎厂房与磨选厂房，建设总投资为 4592 万元。根据本次设计及计算参数计算，改造项目主要技术经济指标详见表 2-33。

表 2-33 选矿厂主要技术经济指标

序号	项 目	单位	有项目	无项目	增量	备 注
1	矿石量	万吨	180	180		达产年平均
1.1	自产矿石	万吨	120	120		
1.2	外购矿石	万吨	60	60		
2	矿石品位					达产年平均
2.1	Fe	%	42.86	42.86		
2.2	Cu	%	0.30	0.30		

序号	项 目	单位	有项目	无项目	增量	备 注
2.3	S	%	1.69	1.69		
3	金属量					达产年平均
3.1	Fe	万吨	77.148	77.148		
3.2	Cu	万吨	0.54	0.54		
3.3	S	万吨	3.042	3.042		
4	选矿					
4.1	处理能力	万吨/年	180	180		达产年平均
4.1.1	年干选废石量	万吨	32.4	18		
4.2	回收率					达产年平均
4.2.1	Fe	%	80	75	5.00	
4.2.2	Cu	%	75	75		
4.2.3	S	%	47.12	47.12		
4.3	精矿品位					达产年平均
4.3.1	Fe	%	67.00	64.00	3.00	
4.3.2	Cu	%	20.00	20.00		
4.3.3	S	%	35.00	35.00		
4.4	精矿产量					达产年平均
4.4.1	Fe	万吨/年	92.12	90.41	1.71	
4.4.2	Cu	万吨/年	2.03	2.03		
4.4.3	S	万吨/年	4.10	4.10		
4.5	精矿含金属量					达产年平均
4.5.1	Fe	万吨/年	61.72	57.86	3.86	
4.5.2	Cu	万吨/年	0.41	0.41		
4.5.3	S	万吨/年	1.43	1.43		
5	供 电					
5.1	用电设备安装功率	kW	11466			
5.2	计算负荷	kW				
5.3	年总用电量	MW·h	47592	68508		
6	给排水					
6.1	总用水量	m^3/d	46806	35570		
6.1.1	新 水	m^3/d	12000	764		
6.2	单位矿石用新水量	m^3/t	2.2	0.14		
7	劳动定员					
7.1	在册职工人数	人	432	572		
7.1.1	选矿生产人员	人	412	541		
7.1.2	厂 部	人	20	31		

序号	项 目	单位	有项目	无项目	增量	备 注
7.2	工资总额	万元/年	670	887		
7.3	全员实物劳动生产率	吨/(人·年)	4167	3147		
8	投资与资金来源					
8.1	总投资	万元	11900.61	7599.00		
8.1.1	建设投资	万元	4591.61		4591.61	
8.1.2	利用原有资金	万元	2011.00	2011.00		
8.1.3	流动资金（全额）	万元	5298.00	5588.00	-290.00	
8.2	资金来源	万元	11900.61	7599.00		
8.2.1	自筹建设投资	万元	4591.61		4504.61	
8.2.2	自有流动资金	万元	5298.00	5588.00	-290.00	
8.2.3	利用原有资产	万元	2011.00	2011.00		
9	成本费用					
9.1	总成本费用	万元/年	19313.96	19909.94	-595.97	达产平均
9.2	经营成本	万元/年	18762.85	19707.58	-944.73	达产平均
9.3	单位矿石成本费用	元/吨	107.30	110.61	-3.31	达产平均
9.3.1	选矿成本	元/吨	100.23	103.19	-2.96	
9.3.2	管理费用	元/吨	7.07	7.42	-0.35	
10	损益计算					
10.1	销售收入	万元/吨	27833.87	26331.87	1502.00	达产平均
10.2	销售税金及附加	万元/吨	930.66	988.46	-57.80	
10.3	利润总额	万元/吨	7589.25	5433.48	2155.77	
10.4	所得税	万元/吨	2504.45	1793.05	711.40	
10.5	税后利润	万元/吨	5084.80	3640.43	1444.36	
11	经济效益指标					
11.1	全投资内部收益率	%	64.47		39.06	
11.2	投资回收期	年	2.53	2.08	3.49	
11.3	全投资净现值（$i=8\%$）	万元	36597	26998	9599	
11.4	投资利润率	%	42.73	47.91		
11.5	投资利税率	%	63.77	71.50		
12	建设期	年	1		1	

2.14.2 劳动组织与定员

2.14.2.1 组织机构

大冶铁矿选矿厂已生产多年，形成了较为完善的管理机构。矿山目前采用两级管理，厂部设厂办、生产技术、财务等科室，主要生产单位设碎矿、磨选、脱水等工段；根据生产需要配置机检修等辅助生产工序。另外还有党群及工会组织。

2.14.2.2 工作制度

根据选矿厂生产和本次设计工艺条件，主要生产工序工作制度按每年330天，每天三班，每班8小时。辅助性生产岗位和管理职能部门，采用间断工作制，全年工作251天，每天8小时工作制。

2.14.2.3 劳动定员

劳动定员的编制按其设计拟定生产工艺和选择的设备确定。选矿厂现有人员572人，该次设计技改工程需要的岗位人员以减员增效为原则，并考虑企业装备水平与实际情况，职工总数根据本次设计对部分岗位进行调整，设计定员总人数432人，其中选矿412人；厂部20人，劳动定员表见表2-34。

表2-34 劳动定员表

序号	部 门	作 业 班 次			合计	在册系数	在册人员
		I	II	III			
1	碎矿工段	9	12	9	30		42
1.1	粗 碎	1	1	1	3	1.49	4
1.2	中 碎	1	1	1	3	1.49	4
1.3	洗 矿	2	2	2	6	1.49	9
1.4	细碎筛分	2	2	2	6	1.49	9
1.5	皮带工	2	2	2	6	1.49	9
1.6	控制室	1	1	1	3	1.49	4
	小 计	9	9	9	27		39
1.7	工段主任		1		1		1
1.8	工段副主任		1		1		1
1.9	成本材料核算员		1		1		1
	小 计	0	3	0	3		3
2	磨选工段	23	26	23	72	1.49	103
2.1	粉矿仓皮带工	1	1	1	3	1.49	4
2.2	给矿皮带	1	1	1	3	1.49	4
2.3	磨矿分级（一段）	3	3	3	9	1.49	13
2.4	磨矿分级（二段）	3	3	3	9	1.49	13
2.5	砂泵工	2	2	2	6	1.49	9
2.6	再磨矿	2	2	2	6	1.49	9
2.7	细筛与磁选工	2	2	2	6	1.49	9
2.8	磁选工（一段）	2	2	2	6	1.49	9
2.9	磁选柱工	1	1	1	3	1.49	4
2.10	浮选工	3	3	3	9	1.49	13
2.11	砂泵工	2	2	2	6	1.49	9

序号	部 门	作业班次			合计	在册系数	在册人员
		Ⅰ	Ⅱ	Ⅲ			
2.12	吊车司机	1	1	1	3	1.49	4
	小 计	23	23	23	69		100
2.13	工段主任		1		1		1
2.14	工段副主任		1		1		1
2.15	成本材料核算员		1		1		1
	小 计	0	3	0	3		3
3	药剂制备工段	6	8	6	20		29
3.1	石灰乳	2	2	2	6	1.49	9
3.2	药剂制备工	2	2	2	6	1.49	9
3.3	药剂添加工	2	2	2	6	1.49	9
	小 计	6	6	6	18		27
3.4	工段主任		1		1		1
3.5	成本材料核算员		1		1		1
	小 计	0	2	0	2		2
4	精矿脱水工段	15	17	15	47		69
4.1	浓缩机工	4	4	4	12	1.49	18
4.2	过滤工	6	6	6	18	1.49	27
4.3	真空泵工	3	3	3	9	1.49	13
4.4	精矿仓吊车工	2	2	2	6	1.49	9
	小 计	15	15	15	45		67
4.5	工段主任		1		1		1
4.6	成本材料核算员		1		1		1
	小 计	0	2	0	2		2
5	尾矿输送工段	6	8	6	20		29
5.1	浓密机、砂泵工	2	2	2	6	1.49	9
5.2	管道工	2	2	2	6	1.49	9
5.3	坝上巡视工	2	2	2	6	1.49	9
	小 计	6	6	6	18		27
5.4	工段主任		1		1		1
5.5	成本材料核算员		1		1		1
	小 计	0	2	0	2		2
6	技术检、化试验室	8	12	8	28		39
6.1	化验取样工	5	5	5	15	1.49	22
6.2	加工员	2	2	2	6	1.49	9
6.3	检查员	1	1	1	3	1.49	4

序号	部 门	作业班次			合计	在册系数	在册人员
		I	II	III			
6.4	试验工		2		2		2
	小 计	8	10	8	26		37
6.5	工段主任		1		1		1
6.6	技术人员		1		1		1
	小 计	0	2	0	2		2
7	机械、电气修工段	19	36	18	73		101
7.1	高压变电室值班工	2	4	2	8	1.49	12
7.2	低压变电室值班工	8	8	8	24	1.49	36
7.3	维修电工	2	6	2	10	1.49	15
7.4	维修钳工	4	6	4	14	1.49	21
7.5	维修车工		2		2		2
7.6	维修焊工	1	2	1	4		4
7.7	维修管道工	1	2	1	4		4
7.8	维修钣金工		2		2		2
7.9	仓库员	1	1		2		2
	小 计	19	33	18	70		98
7.10	工段主任		1		1		1
7.11	技术人员		1		1		1
7.12	成本材料核算员		1		1		1
	小 计	0	3	0	3		3
8	厂部管理人员	0	20	0	20		20
8.1	厂 长		1		1		1
8.2	副厂长		2		2		2
8.3	总工办		5		5		5
8.4	人事、劳资管理		1		1		1
8.5	财 务		3		3		3
8.6	成本材料核算员		1		1		1
8.7	安全及护厂人员		2		2		2
8.8	勤杂人员		2		2		2
8.9	其他及服务人员		3		3		3
	合 计	86	139	85	310		432

　　成本费用计算,以有项目和无项目分别进行,其项目计算期为16年,各项费用的计算基础数据根据有关规定并结合选矿厂实际而进行计算。企业生产正常年份,有项目选矿车间制造成本17867万元,年总成本费用有项目为19148.94万元,详见表2-35~表2-37。

表 2 -35　有项目：选矿车间制造成本

序号	项 目	单位	单位消耗	单价	单位成本	总用量	总成本/万元
1	原料费				76.10		13697.4
2	辅助材料	元			5.50	563	991
2.1	钢 球	kg	1.3	2.626	3.41	234	614
2.2	衬 板	kg	0.2	5.983	1.20	36	215
2.3	乙黄药	kg	0.08	3.419	0.27	14.4	49
2.4	11 号油	kg	0.045	5.983	0.27	8.1	48
2.5	硫化钠	kg	0.002	3.419	0.007	0.36	1
2.6	Z - 200	kg	0.003	5.983	0.02	0.54	3
2.7	石 灰	kg	1.5	0.034	0.05	270	9
2.8	其 他	元			0.28		50
3	动 力	元			12.01		2161
3.1	电	kW·h	26.44	0.400	10.58	0	1904
3.2	水	t	2.2	0.650	1.43	0	257
4	工人工资	元		13600.00	2.98	395	537
5	工资福利费	元			0.42		75
6	制造费用	元			3.21		579
6.1	折 旧	元			1.83		329
	合 计	元			100.23		18041
	作业量	万吨				180	

表 2 -36　平均成本费用（制造成本法）

序号	项 目	有 项 目		无 项 目	
		单位成本/元·吨⁻¹	总成本/万元	单位成本/元·吨⁻¹	总成本/万元
1	选矿制造成本	100.23	18041	103.19	18574
2	管理费用	7.07	1273	7.42	1336
3	财务费用	0.00	0	0.00	0
4	总成本费用	107.30	19314	110.61	19910
4.1	折旧费	2.29	412	0.68	122
5	摊销费	0.04	8	0.00	0
	经营成本	104.24	18763	109.49	19708
	作业量（万吨）		180.00		180.00

表2-37 平均生产成本及费用（要素成本）

序号	项 目	有项目		无项目	
		单位成本 /元·吨⁻¹	总成本 /万元	单位成本 /元·吨⁻¹	总成本 /万元
1	原料费	76.10	13697	76.10	13697
2	原辅材料	5.50	991	5.50	991
3	动 力	12.01	2161	15.32	2757
4	工 资	3.26	588	4.32	778
5	工资福利费	0.46	82	0.61	109
6	修理费	0.73	132	0.45	80
7	财务费用	0.00	0	0.00	0
8	摊销费用	0.04	8	0.00	0
9	折旧费用	2.29	412	0.68	122
10	其他费用	6.91	1244	7.64	1376
	合 计	107.30	19314	110.61	19910
	经营成本	104.97	18895	109.93	19788
	作业量/万吨		180		180

2.14.2.4 年产品销售收入、销售税金及附加

企业生产达到规模后年产品销售收入年总量：有项目，年产67%铁精矿量为92.12万吨，20%铜精矿量2.03万吨，35%硫精矿量4.1万吨；无项目，年产64%铁精矿量为90.41万吨，20%铜精矿量2.03万吨，35%硫精矿量4.1万吨。以不含税价格计算，年平均销售收入，有项目年销售收入27833.87万元，无项目26331.87万元，年销售收入增量为1502万元。需要说明的是，由于磨矿细度的提高，铜、钴、硫、金等元素选别指标的提高，所带来的经济效益尚不包括在内。由于采用自动控制技术，稳定选别指标，提高处理能力所带来的经济效益也不包括在内，详见表2-38。

表2-38 年收入计算表

序号	项 目		单位	有项目	无项目	备 注
1	生产负荷		%	100	100	
2	处理矿量		万吨	180.00	180.00	
3	混合矿品位	Fe	%	42.86	42.86	
		Cu	%	0.30	0.30	
		S	%	1.69	1.69	
4	选矿回收率	Fe	%	80.00	75.00	
		Cu	%	75.00	75.00	
		S	%	47.12	47.12	
5	精矿产量		万吨	98.24	96.53	
5.1	Fe		万吨	92.12	90.41	

序号	项　　目		单位	有项目	无项目	备　注
5.2	Cu		万吨	2.03	2.03	
5.3	S		万吨	4.10	4.10	
6	金属量	Fe	万吨	61.72	57.86	
		Cu	万吨	0.41	0.41	
		S	万吨	1.43	1.43	
7	产品销售价格		元/吨		0.00	不含税价
7.1	精矿 Fe		元/吨	260.88	249.20	精矿计
7.2	精矿含铜 Cu		元/吨	1752.21	1752.21	
7.3	硫精矿 S		元/吨	61.95	61.95	
8	年销售总收入		万元	27833.87	26331.87	
8.1	精矿	Fe	万元	24031.94	22529.95	
8.2		Cu	万元	3548.23	3548.23	
8.3		S	万元	253.70	253.70	

3 大冶铁矿竖炉球团

【本章提要】 本章主要介绍大冶铁矿竖炉球团原料准备、选球、生球筛分与布料、干燥预热、焙烧、冷却工艺及设备，生产流程，工艺技术指标，产品质量，竖炉操作及安全维护等内容。

3.1 概述

大冶铁矿球团厂系厂级矿属车间，担负球团矿生产任务。球团厂一期工程于1997年10月5日开工，1998年底完工，1999年2月6日正式投入试生产，年设计生产能力为30万吨球团矿，二期工程2002年投入生产，年设计生产能力为50万吨球团矿。图3-1~图3-3所示为大冶铁矿球团厂。

图3-1 大冶铁矿球团厂一角

图3-2 大冶铁矿球团厂制气间

图3-3 大冶铁矿球团厂堆料厂一角

1992 年 5 月，武钢公司委托冶金部长沙黑色冶金矿山设计研究院编制《武汉钢铁公司竖炉球团车间工程可行性研究报告》，1993 年 4 月，武钢公司召开可行性研究报告的审查会，1994 年 7 月，杭州钢铁厂完成大冶铁矿铁精矿的竖炉球团工艺试验。同年 9 月，武汉钢铁学院完成大冶铁矿球团矿的冶金性能检测。1997 年 6 月，浙江省工业设计研究院完成竖炉球团工程方案设计，大冶铁矿于 1997 年 9 月 10 日成立竖炉球团工程指挥部，开始筹备前期准备工作，要求在一年半的时间里建成年产 30 万吨球团矿的竖炉球团厂一期工程，一年后实现产值 1.5 亿元，创利润 1700 万元。同年 9 月 15 日，武钢公司审查并批准了"方案设计"。设计规模一期为 30 万吨/年，留有发展到 80 万吨/年的余地，符合武钢总体发展规划的需要。球团矿粒度为 $\phi 10 \sim 16mm$，抗压强度 2250.0N/个。1997 年 10 月至 1998 年 1 月为场平阶段，场平面积 11 万平方米，场平挖填土方 43 万平方米，改造新架高低压电线路 3000 余米，铺设供水管道 600m，新修道路 2200m，1998 年 2 月至 1998 年 8 月为基建阶段，1998 年 8 月至 1999 年 1 月为设备调试阶段，1999 年 1 月 1 日球团厂一期工程煤气系统一次性点火成功。竖炉球团厂一期工程设计年产球团矿 30 万吨，建设项目总投资 7199.78 万元，总建筑面积 $11152m^2$，其中生产设施 $4986m^2$，辅助设施 $5500m^2$，生活福利设施 $666m^2$。1997 年 10 月 5 日正式动工，到 1999 年 1 月 1 日煤气系统点火成功，仅用了 14 个月，比定额工期提前 15 个月完成了工程建设任务，实现了"投资省、工期短、质量优"的预定目标。二期工程于 2000 年 6 月 1 日开工，2001 年 4 月竣工，年设计生产能力为 50 万吨，球团厂一二期工程"接轨"形成年产 80 万吨球团矿的生产规模。

球团厂下设甲、乙、丙、丁 4 个工班、11 个班组，形成了厂部对班组垂直对口管理，工班负责整条生产线生产的纵横双向管理格局。全厂共有职工 261 人，其中正式工 186 人，临时劳务工 75 人。竖炉球团厂占地面积 10.4 万平方米（合 151 亩），场地自然标高在 55.6 ~ 90.17m 之间，工程施工总排土量为 37 万立方米，房屋建筑总面积为 $11152m^2$。

大冶铁矿有球团竖炉两座，设计生产能力为 80 万吨/年，具体情况见表 3 - 1。

表 3 - 1   大冶铁矿球团竖炉主要参数

指　标	规格/m^2	设计能力/万吨·年$^{-1}$	生产能力/万吨·年$^{-1}$	投产年月
一　期	8	30	30	1999.2
二　期	10	50	55	2001.4

球团生产用原料为大冶铁矿自产弱磁精矿，其供应量在 80 万吨/年，铁精矿质量见表 3 - 2 和表 3 - 3。

表 3 - 2   大冶铁矿弱磁铁精矿质量标准

品位/%		水分/%	-200 目（<0.074mm）含量/%
Fe	S		
65 ± 1	≤0.6	≤11	≥75

表3-3 弱磁铁精矿多元素分析

项 目	Fe/%	FeO/%	烧损/%	烧后含铁/%	S/%	P/%
指 标	65.12	25.68	1.48	66.10	0.32	0.02
项 目	Cu/%	CaO/%	MgO/%	Al$_2$O$_3$/%	SiO$_2$/%	碱比
指 标	0.07	1.43	1.14	1.07	4.41	0.47

造球黏结剂为膨润土，为湖北梁子湖地区出产，大冶铁矿自行粉碎钠化加工，其质量标准见表3-4。

表3-4 膨润土主要质量指标

指标名称	水分/%	粒 度	胶质价/mL·(15g·24h)$^{-1}$	膨胀容/mL·(g·24h)$^{-1}$	吸蓝量/mmol·(100g)$^{-1}$
成品	≤7	−200目（＜0.074mm）≥95%	≥95	≥8	≥60

大冶铁矿球团生产工艺流程图如图3-4所示。

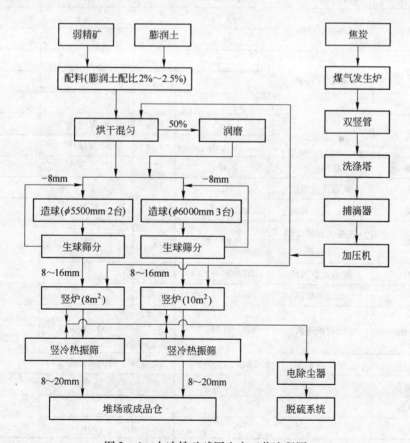

图3-4 大冶铁矿球团生产工艺流程图

大冶铁矿球团厂主要设备见表3-5。

表 3-5　大冶铁矿球团厂主要设备

项　目		设备名称	规格型号	台数	能　力	备　注
精矿加工	精矿再磨	—	—	—	—	
	精矿干燥	圆筒干燥混匀机	$\phi3m\times20m$	1	$141.4m^2$	
	润　磨	润磨机	$\phi3.2m\times5.4m$	2	50t/h	
	高压辊磨	—	—	—	—	
皂土加工	皂土加工	雷磨机	4R3216	2	1~3t/h	
	皂土改性					
	皂土运输	罐装车	WHZ5090JFL	1	$5m^3$	
配料	给矿：精矿	圆盘给料机	$\phi2000mm$	6	$130m^3/h$	
	皂土	螺旋给料机	非标件	2		
	称量：精矿	核子称	JR22	1		
	皂土	核子称	JR22	1		
混合	PK	—				
	圆　筒	圆筒干燥混匀机	$\phi3m\times20m$	1	$141.4m^2$	与烘干共用
造球	圆盘造球	圆盘造球机	$\phi5.5m$	2台	40t/h	一期
			$\phi6m$	3台	56t/h	二期
	生球筛分	圆辊筛 $\phi102\times1200$	25辊	1台		一期
			29辊	1台		二期
	返料粉碎	—				
	竖炉形式	矩形竖炉	$8m^2$	1座	30万吨/年	一期
			$10m^2$	1座	50万吨/年	二期
	炉顶布料	布料小车	悬臂式	2		
	煤气加压	离心式鼓风机	D250	3		
	助燃风机	离心式鼓风机	D500-11-2	2		
	辊式卸料	连杆式自转摆辊卸料机	齿辊7根	2		
	冷却风机	离心式鼓风机	D700B-12-2	3		
	竖炉排料	振动给料机	TZG-50-90	5		
成品处理	链　板	链板输送机	自制	3条	100~150t/h	一期一条二期两条
	筛　分	热矿振动筛	DRS-150-300	2	100~150t/h	
	返矿磨矿	—				
冷却设备	竖冷器	—				
	带冷机	带式冷却输送机	QGD-30	1	50t/h	一期
	二次风冷					

大冶铁矿竖炉设计热工参数见表 3-6。

表3-6 竖炉设计热工参数

序号	名 称	单位	8m²竖炉	10m²竖炉	备 注
1	焙烧热耗	kJ/t	712240	702240	
2	煤气量（标态）	m³/h	5800	9250	发生炉煤气
3	助燃风量（标态）	m³/h	10500	17400	
4	燃烧室温度	℃	1100（1150）	1100（1150）	（）内为实际生产数
5	焙烧温度	℃	1250	1250	
6	燃烧室废气量（标态）	m³/h	15500	23800	
7	燃烧室压力	kPa	10.78	10.78（5~8）	1100mmH₂O
8	燃烧室废气中氧含量	%	5.5	6.5	
9	冷却风量（标态）	m³/h	31000	54000	
10	烘干床温度	℃	650	650	
11	排矿温度	℃	500	300	
12	通过焙烧带冷却风量（标态）	m³/h	4650	8100	占冷却风量15%计
13	底部漏风量（标态）	m³/h	1550	2700	
14	炉顶废气量（标态）	m³/h	44950	75100	
15	烟罩温度	℃	125	125	
16	水蒸气量（标态）	m³/h	5040	8000	
17	炉顶漏风率	%	20	20	
18	除尘废气量（标态）	m³/h	59988	99720	
19	废气温度	℃	120	120	
20	废气含氧量（标态）	g/m³	5~15	5~10	

大冶铁矿投产后成品球团质量见表3-7。

表3-7 酸性球团矿生产指标

指标	化学性能/%				物 理 性 能			
	TFe	FeO	S	R	抗压强度/N·个⁻¹	转鼓指数（+6.3mm含量)/%	抗磨强度（-0.5mm含量)/%	10~16mm含量/%
	≥63.0	≤1.0	≤0.03	≤0.3	≥2500	≥90	≤6	—
2000年	63.53	0.61	0.02	0.19	2562	90.69	6.65	55.04
2001年	62.63	0.50	0.02	0.19	2528	89.80	8.20	48.23
2002年	62.68	0.49	0.02	0.20	2505	90.19	7.85	51.04
2003年	62.72	0.56	0.02	0.21	2298	—	—	—
2004年	62.82	0.59	0.024	0.20	2140	—	—	—

3.2 工艺及设备

大冶铁矿弱磁铁精矿品位高，成球速度快，生球粒度均匀，表面光滑，成球率高，具有良好的造球性能。在焙烧制度和炉况正常的前提下，成品球抗压强度达到2500N/个以上。高温性能达到进口球团矿水平，还原膨胀指标超过进口球团矿，能满足武钢大高炉冶炼要求。

3.2.1 工艺流程

竖炉球团厂生产工序主要由配料、膨润土储存和输送、干燥混匀、造球、生球筛分、焙烧、成品球筛分、成品球输出等组成。

配料利用选矿铁精矿库作为球团生产的储备料库，在该库内新建3个缓冲料仓，由库内抓斗行车抓料入仓，再由皮带输送机转运至配料仓。配料仓共设7个矿槽，5个为铁精矿槽，另两个为膨润土矿槽，铁精矿和膨润土通过圆盘给料机给料，由皮带输送机运至干燥混匀。

膨润土储存和输送膨润土储存仓库可储存半个月以上的用量，仓库配有行车，以便堆料和设备检修。

干燥、混匀为了铁精矿粉成球，提高生球强度及生球爆裂温度，控制铁精矿粉水分为8%左右，选用转筒式干燥机，规格为$\phi 3 \times 20m$。

造球经干燥混匀后的混合料用皮带输送机运至造球间的缓冲料斗内，由圆盘给料机加到$\phi 5.5m$圆盘造球机内。造球间共设圆盘造球机2台，其转速、倾角、刮刀位置调整控制生球粒度为$\phi 10 \sim 16mm$。

成品球焙烧由一座$8m^2$竖炉和一座$10m^2$竖炉进行，合格生球在炉内布料后进入竖炉，经过干燥、预热、焙烧、均热、冷却排出炉外。成品球筛分筛除小于$\phi 10mm$的碎球和粉末，筛上物（成品球）经过冷却送入堆场。

3.2.2 工艺特点

采用转筒式干燥机，使干燥混匀同时进行，造球机底盘衬和圆辊筛辗皮，采用新型耐磨材料，寿命长，作业率高；竖炉采用杭钢$8m^2$炉型，并有所改进，利用系数高；圆形燃烧室，采用迷宫式齿辊密封装置，寿命长，作业率高。竖炉设计技术指标见表3-8。

表3-8 竖炉（一期）设计技术指标

序 号	项 目	单 位	指 标	备 注
1	规模	万吨/年	30	酸性氧化球团矿
2	日产量	t	952	
3	时产量	t	39.7	
4	年作业天数	天	315	
5	年作业率	%	86.3	
6	利用系数	$t/(m^2 \cdot h)$	4.96	
7	竖炉热耗	kJ/t	702805	

3.2.3 设备设施

竖炉球团一期工程共安装大小设备150余台，非标准零部件38000件，总重量为2000余吨，总装机容量3140kW，变压器容量$2 \times 1250kV \cdot A$，总耗水量1347m^3/d，水循环率为93%。

3.2.3.1 主要设备

一期工程主要设备20余台，重量2000余吨。竖炉包括炉体金属结构、齿辊卸料器、布料车等。造球系统主要有2台$\phi5.5m$造球机。煤气系统主要有2台煤气加压机、3台煤气发生炉、1台冷却塔。主要设备详见表3-9。

表3-9 竖炉球团一期工程主要设备一览表

序号	名 称	规格型号	数量	折旧年限	价值/万元
1	竖炉（钢结构件）	自制	1座	15	144.00
2	齿辊卸料机	自制	1台	15	77.00
3	布料车	自制	1台	14	7.50
4	圆车辊筛	自制	1台	14	9.50
5	电除尘抽风机	Y4-73-11-20D 左0℃	1台	18	5.90
6	竖炉冷却风机	D700-2900mmJK134	21台	18	13.70
7	竖炉助燃风机	D500	1台	18	14.50
8	造球机	$D=5500$	2台	14	135.80
9	烘干混匀机	$\phi3m\times20m$	1台	14	92.60
10	煤气加压机	MZ2002500F12000	2台	14	37.70
11	电除尘器	$54m^2$	1台	18	154.80
12	煤气发生炉	BG9350013G93500	3台	14	143.40
13	冷却塔	25NB400	1台	15	14.70

3.2.3.2 辅助设施

竖炉球团一期工程总装机容量3140.1kW，其中6kV高压负荷440kW，球团矿耗电指标47.1kW·h/(t·a)，耗电1414×10^4kW·h。其中竖炉、循环水泵房、煤气站、锅炉房为二级负荷，其余为三级负荷。在靠近负荷中心的竖炉边设独立式6kV变配电所一座，内设高压配电室、高压电容器室、变压器室、低压配电室、操作值班室。选用2台型号为S7-1250/6、6kV/0.4町的变压器。

在竖炉间、电收尘间、烘干混匀间、煤气制气间、鼓风机房、煤气加压间、煤气洗涤系统配置温度、压力、流量等参数的检测及部分生产过程的自动调节。选用数字式仪表进行显示、调节系统采用DDZ-E型仪表。

通信、工业电视在变电所、煤气站、锅炉房、办公室设行政电话10门，接入大冶铁矿总机。各岗位设调度电话30门，在办公楼装设40门调度电话1套。装设2套单头单尾工业电视监控系统，分别监视竖炉排料口及生球筛分。

在锅炉房配置型号为DZU-0.7-AE 2t/h锅炉1台。主要用于煤气管道安全吹扫和煤气发生炉探火孔气封。竖炉鼓风和供气有3个系统，即煤气系统、助燃风系统（选用型号为D500的风机1台，风量为250m³/min）、冷却风系统（选用型号为D700的风机1台，热力通风风量为700m³/min）。

竖炉烟气及出料除尘系统配置48m²电除尘器1台，型号为Y4-73-11。18号锅炉引风机1台，风量为19×10^4m³/h，电机功率为250kW。烟囱出口直径$\phi3m$，高60m。膨润土料仓除尘配置 LD2000/B 单机袋式收尘器 1 台，处理风量 2000~2300m³/h，在造球间、煤气加压、烘干混匀间等处设置壁式轴流风机通风。竖炉操作室、总变电控制室等处设柜式或窗式空调机。其他房间或部位设吊扇或台扇。

燃气一期工程所用的燃气为发生炉煤气。选用 3 台型号为 BG93500 煤气发生炉，产气量 10000~11000m³/h。并配置与 3 台煤气发生炉配套的辅助设施，鼓风机型号为 9-26 No.6.3C 共 2 台，风量为 1188m³/h，风压为 8915Pa，电机功率为 45kW；加压机型号为 MZ200~2500 共 2 台，风量为 250m³/min，风压为 27000Pa，电机功率为 220kW。

净循环水系统燃气设循环水泵站 1 座，冷却塔型号为 25NB400 1 台，冷却水量为 400m³/h，冷却能力为 41840μJ。为避免电源切换时间有可能延误而造成竖炉损坏，配置了安全水源。为了节省投资，设计采用在竖炉间顶部设 30m³ 水箱，以确保竖炉的安全供水。

浊循环水系统对煤气洗涤污水处理的浊水，采用沉淀、冷却、加药、污泥压滤、固化处理等措施。设平流式沉淀池、热水集水池、W′I200 双曲线自然通风冷却塔、冷却池、机械搅拌澄清池、澄清集水池、泵房、过滤池、污泥池、压滤机、搅拌机等水处理设施。

3.2.4 生产组织

为保证生产顺利进行，1998 年 4~9 月，球团厂先后组织了 117 名职工分别到杭州钢铁公司炼铁厂球团车间、郑州白鸽集团动力分厂、南京钢铁公司球团厂、山西峨口球团厂进行球团工艺、球团岗位操作、煤气工艺及操作等培训。

1999 年初，球团厂学习引进杭钢、南钢等厂家先进管理经验，创新生产管理模式，成立甲、乙、丙、丁 4 个工班，实行"四班三运转"的作业方式，负责整个工艺流程的生产任务，厂部根据矿下达的各项生产标指，统筹安排，下达到工班，合理组织生产。同时球团厂建立制气、配料、烘干、造球、竖炉、成品、电工、钳工、装运、护厂、检验等 11 个班组，班组长主管设备日常点检及厂部下达的各项日常性工作，形成了点线结合、纵横交错的管理模式。

1999~2000 年，球团厂以"严管理、创优质、夺高产"为宗旨建立健全了《生产异常情况分析制度》、《产品质量监控制度》、《工序间质量保证体系》等 50 余项制度标准，逐步完善了各项管理制度，理顺了管理职能、协调了工序衔接，并大力开展群众性技术创新工程。1999~2000 年前共组建 QC 小组 21 个，其中"竖炉小烟罩承载梁改造"、"改进竖炉操作工艺"获"湖北省优秀自主管理成果奖"。1999 年试生产期间，球团厂实际生产 18.0718 万吨，达年计划 126%。2000 年，球团厂年产球团矿 30.14 万吨，超过设计能力 1387t，比设计提前一年达产，成品球平均抗压强度达 2500N/个以上，高于全国同行业平均水平 12.6%。

3.3 竖炉生产

3.3.1 竖炉结构

竖炉本体结构如图 3-5 所示。

竖炉的主要构造有：烟罩、炉体钢结构、炉体砌砖、导风墙、干燥床、卸料排矿系统、供风和煤气管路等。

3.3.1.1 烟罩

烟罩安装在竖炉的顶部，一般由6～8mm钢板焊制而成，它与除尘下降管连接，炉顶烟气（炉底冷却风和煤气助燃风燃烧后产生的废气）经烟罩，通过除尘器而引入风机，然后从烟囱排放。烟罩还是竖炉炉口的密封装置，可以防止烟气和烟尘四处外逸。

3.3.1.2 炉体钢结构

炉体钢结构主要有炉壳及其框架。炉壳可分燃烧室和炉身两部分，一般采用6～8mm钢板制成，炉壳钢板外面有许多钢结构框架，与炉壳焊在一起，用来支撑和保护炉体，承受炉体的重力和抵御因炉体受热膨胀的推力；另外煤气烧嘴、人孔和热电偶孔都固定在框架或炉壳上。炉壳的下部有一水梁（俗称竖炉大水梁），用较大的工字钢、槽钢和钢板焊制，主要是承受炉身砌砖和炉身钢结构的重量。炉体的全部重量由下部的支柱支承（燃烧室除外）。

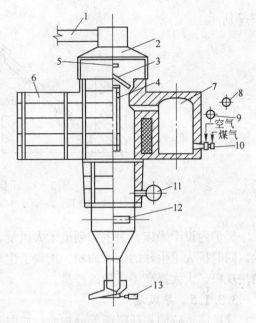

图3-5 竖炉的构造

1—烟气除尘管；2—烟罩；3—烘床炉箅；4—导风墙；5—布料机；6—炉体金属结构；7—燃烧室；8—煤气；9—助燃风管；10—烧嘴；11—冷却风管；12—卸料齿辊；13—排矿电振机

3.3.1.3 炉体砌砖

炉体砖墙包括燃烧室和炉身两部分。燃烧室设置在炉身长度方向的两侧，燃烧室的内层一般用耐火黏土砖砌筑，外层用保温性能较好的硅藻土砖，砖墙与钢壳之间填石棉泥和水泥的混合物。目前我国竖炉燃烧室有矩形和圆形两种。圆形燃烧室不仅受力均匀，又不存在拱脚的水平推力，而且容易密封，寿命长。经过使用，效果很好。目前圆形燃烧室有立式和卧式两种，如图3-6所示。炉身砌砖上部为黏土砖，下部为高铝砖，中部喷火道部位采用异形黏土砖。

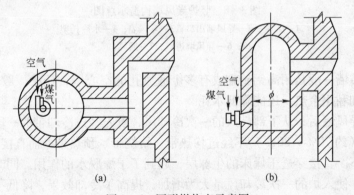

(a)   (b)

图3-6 圆形燃烧室示意图

(a) 卧式剖面；(b) 立式剖面

3.3.1.4 干燥床

干燥床主要由"人"字形盖板、"人"字形支架、炉箅条和水冷钢管横梁组成，如图

3 – 7 所示。

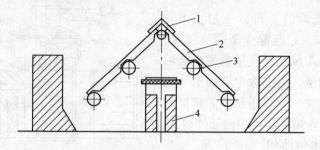

图 3 – 7　干燥床构造示意图

1—烘床盖板；2—烘床算条；3—水冷钢管；4—导风墙

竖炉内设干燥床，为生球创造了大风量、薄料层的干燥条件，生球爆裂的现象大为减少，同时扩大了生球的干燥面积，加快了生球的干燥速度，消除了湿球相互黏结而造成的结块现象，大大提高了竖炉的产量。

3.3.1.5　导风墙

导风墙由砖墙和托梁两部分构成，如图 3 – 8 所示。

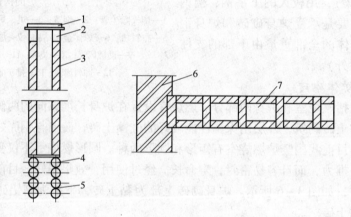

图 3 – 8　竖炉导风墙构造示意图

1—盖板；2—导风墙出口；3—导风墙；4—水冷托架；

5，6—导风墙进口；7—通风口

导风墙的砖墙一般是用高铝砖砌成有多个通风孔的空心墙，托梁一般采用汽化冷却，不仅可以回收和利用余热，还能降低水耗。

竖炉增设导风墙后，从下部鼓入的一次冷却风，首先经过冷却带的一段料柱，然后绝大部分换热风（约70% ~80%）不经过均热带、焙烧带、预热带，而直接由导风墙引出，被送到干燥床下。直接穿透干燥床的生球层，起到了干燥脱水的作用。同时大大地减小了换热风的阻力，使入炉的一次冷却风量大为增加，提高了冷却效果，降低了排矿温度。

3.3.2　竖炉工作原理

竖炉是一种按逆流原则工作的热交换设备。在炉顶通过布料设备将生球布入干燥床，燃烧室内的热气体从喷火口喷入炉内，自下而上运动，预热带上升的热废气和从导风墙出来的热废气在干燥床下混合，穿过干燥床与自干燥床顶部向下滑的生球进行热交换，达到使生球干燥的目的。干燥后的干球进入炉内，预热氧化（指磁铁矿球团）；然后进入焙烧带，在高温下发生固结；经过均热带，完成全部固结过程；固结好的球团与下部鼓入炉内后上升的冷却风进行热交换而得到冷却；冷却后的成品球团从炉底排出。

3.3.3 竖炉正常炉况的特征

（1）下料顺利，东西南北四面下料均匀，快慢基本一致，排矿均匀；

（2）燃烧室温度稳定，压力适宜稳定，燃烧室温度要求在（1050±50）℃；

（3）煤气、助燃风、冷却风的流量和压力稳定；

（4）烘干床气流分布均匀、稳定，生球不爆裂，干球均匀入炉，烘干床温度350～580℃；

（5）炉身各点温度稳定，竖炉同一平面两端的炉墙温度差小于60℃；

（6）链板机排出的球中大块少，成品球发瓦蓝色，排出球温度较低且稳定；

（7）成品球强度高、返矿量少，FeO含量低且稳定。

3.3.4 竖炉事故处理

3.3.4.1 下料不匀

下料不匀的征兆是：

（1）排料不匀，局部过快；

（2）干燥速度相差较大，局部气流过大；

（3）炉膛温度变化无规律。

下料不匀的原因是：

（1）炉内发生偏料；

（2）形成管道或悬料，处理不及时，在下料块处湿球入炉，产生粉末，更加恶化炉况，形成堆积黏结现象，造成结大块的事故。

下料不匀的处理办法是：

（1）调节两个排矿槽的下料量，加大下料慢的一侧的排矿量，或减少下料快的一侧的排矿量；

（2）调整齿辊，下料慢的一侧多开一些，下料快的一侧少开一些；

（3）调整助燃风的流量，增加下料快的一侧的助燃风的流量，或减少下料慢的一侧的助燃风的流量。

3.3.4.2 球团矿呈暗红色，强度低、粉末多

球团矿呈暗红色，强度低、粉末多的原因有：

（1）焙烧温度低；

（2）矿粉粒度粗；

（3）下料过快；

（4）生球质量差。

处理办法有：

（1）增加煤气量，提高燃烧室温度；

（2）通知原料，注意原料粒度；

（3）减少入炉的生球，减少排矿量；

（4）提高生球质量；

（5）减少生球爆裂和入炉粉末，以改善料层透气性。

3.3.4.3 成品球团矿生熟混杂，强度相差悬殊

成品球团矿生熟混杂，强度相差悬殊的原因有：

（1）下料不均；

（2）炉内温度相差较大，焙烧不均匀。

处理办法有：

（1）提高生球强度，减少粉末入炉，以改善透气性；

（2）布料均匀；

（3）调整排矿齿辊运行速度及采取"坐料"等手段，以松散炉内物料，使炉料均匀下降，并检查竖炉喷火口是否堵塞。

3.3.4.4 成品球温差较大

成品球温差较大的原因有：

（1）炉料产生偏析；

（2）排矿量不均，料球温度相差较大，炉膛两侧温度明显不同。

处理办法有：

（1）调整两溜槽的下料量，多开下料慢一侧的齿辊；

（2）提高下料快一端的煤气烧嘴温度；

（3）必要时采取坐料操作（即停止排矿一定时间后，再突然大排矿，亏料以熟料补充）。

3.3.4.5 燃烧室压力升高

煤气和空气量未变，而燃烧室压力突然升高，两燃烧室压差大，炉顶烘干速度减慢，造成这种现象的原因是：湿球入炉，粉末增加，喷火口上部位产生湿堆积粘连现象，造成炉内透气性变差。

处理办法有：

（1）如果是烘床湿球未干透下行造成，可适当减少布料生球量或停止加生球（减少或停止排矿），使生球得到干燥后，燃烧室压力降低，再恢复正常生球量；

（2）如果是烘床生球爆裂严重引起，可适当减少冷却风，使燃烧室压力达到正常；

（3）如果是炉内有大块，可以减风减煤气进行慢风操作，待大块排下火道，燃烧室压力降低后，再恢复全风操作。

3.3.4.6 结块

结块的征兆是：

（1）烘干床下料严重不均，长时间料面不动；

（2）燃烧室压力明显上升，冷风压力持续上升，冷却带温度过高或过低；

（3）排矿处出现较多的葡萄黏结块，排矿量减少；

（4）成品球抗压明显降低，亚铁升高；

（5）油泵压力高；

（6）齿辊转不动。

其原因是：

（1）焙烧温度超过球团软化温度，当原配料比改变，而焙烧温度未加调整，以至高于软化温度，产生熔块。若原料特性未变，则往往是由于操作失误，煤气热值增大以及仪表指标偏差而引起的燃烧室温度过高。

（2）燃烧室出现还原气氛，使焙烧带的球团产生硅酸铁等低熔化物而造成炉内结块。

（3）因设备故障或停电造成停炉，没有松动料柱（无法排矿与补加熟球），物料在高温区停留时间过长，有时也因停炉后没能及时切断煤气，或因阀门不严，煤气窜进炉内所致。

（4）湿球入炉，造成生球严重爆裂，产生大量粉末，而使生球粘连。如果出现在交接班时没有及时处理，或者再发生突然停炉，黏结物料逐渐堆积，便形成大熔块，造成严重后果。

（5）配料错误，如果球团使用的原料中混入含碳物质，也可导致炉内结块。

（6）违反操作规程，交接班制度不严，交班掩盖矛盾，甚至为交出好炉况，而在交班前停止排矿，造成假象，接班后见炉况良好，加快排料，提高产量，而造成炉况失常。

（7）炉内结块也往往出现在竖炉经常开、停的过程中。因此为竖炉创造良好的连续生产条件，是避免炉内结块的有效办法。

处理办法有：

（1）一般结块时，应降低上球量，减风减煤气进行慢风操作并不断活动料柱，严格布料操作，不空床、不红床，避免生球爆裂产生粉末和湿球入炉。

（2）严重结块时，应停止上球，降低料面，停炉排空炉料，打开竖炉人孔，破碎大块，清理干净后重新装炉，并调整工艺参数，严格控制生球量，防止再次发生结块事故。

3.3.4.7 塌料

塌料的原因有：

（1）排矿过多；

（2）炉况不顺而引起生球突然排到炉算以下。

处理方法有：

（1）减风、减煤气或竖炉暂时放风；

（2）迅速用熟球补充，直加到烘床炉顶；

（3）加风、加煤气转入正常生产。

3.3.4.8 管道

炉内局部气流过分发展称为管道。

管道形成的原因有：下料不顺、悬料、结块。

处理方法有：慢风或暂时放风停烧，必要时可采取"坐料"操作，待管道破坏后用熟球补充亏料部分，然后恢复正常生产。

3.3.4.9 结瘤

结瘤主要是由于操作不当引起湿球大量下行，热工制度失调等引起的。

结瘤的征兆是：下料不顺，严重时整个料面不下料，燃烧室压力升高，排出熔结大块多，而且料量偏少，油泵压力升高，甚至造成齿辊转不动。

处理方法有：可减风、减煤气进行慢风操作，并减少生球料量。严格控制湿球下行，在炉箅达到 1/3 干球后才排料，结瘤严重时，要停炉把料排空，把大块捅到齿辊上，人工和齿辊破碎，处理干净后再重新装炉恢复生产。

3.3.4.10 紧急事故

在遇到突然停电、停水、停煤气、停燃风和冷却风机、停竖炉除尘风机时，应做紧急停炉操作。

3.4 球团安全生产

3.4.1 生产过程中的危险、有害因素

球团项目投产后，生产过程涉及的主要危险、有害物质主要有柴油、煤粉、二氧化硫烟气、烟尘、生产过程产生的粉尘等，另外高温热辐射、用电设备、噪声、机械运转设备、起重设备、现场行走等也可能对人身安全造成一定危险。

3.4.1.1 火灾、爆炸

(1) 煤存储时间过长，可能蓄热自燃，造成火灾事故；

(2) 制、喷煤粉过程中如控制不当，煤粉可能发生爆炸事故；

(3) 油泵房存储的柴油，可能遇激发能源发生火灾、爆炸事故；

(4) 燃烧室燃料（柴油或烟煤）压力低熄火或点火不当，发生爆炸。

3.4.1.2 尘毒

焙烧系统在干燥、预热、氧化焙烧过程中的烟气中二氧化硫含量达 $1300mg/m^3$，具有毒性，人员吸入过量二氧化硫烟气会导致中毒事故；由于布袋除尘方式的灰尘回收效果不佳，煤尘或烟尘的泄漏可能对人体造成危害。

3.4.1.3 灼烫

球团生产过程中的人员处在高温设备（燃烧室、竖炉等）、物料、烟气环境中，最高温度可达 1200℃ 左右，窑外温度也可达 300℃ 左右，与之接触或站位不当都可能会导致灼烫事故。

3.4.1.4 放射性伤害

由于球团生产过程中的物料存储仓较多，为保证生产连续性，及时准确地掌握生产信息，对料仓的物料检测采用了 3 枚 Cs137 放射源（已经过国家安全部门鉴定），作为料仓的料位检测仪使用，若是存放或使用不当可能造成放射性伤害。

3.4.1.5 机械伤害

球团生产工艺涉及大量转动、运动的机械设备（如皮带机、给料机、干燥机、混合机、造球机、筛分机、热辊筛、卸煤机等），操作不当或站位不当易发生机械性伤害事故。

3.4.1.6 坠落

由于生产需要，球团的厂房及物料的运输高低落差较大，行走通道狭窄，在生产和检修过程中进行高处作业时，如注意力不集中，防护不当会造成坠落事故。

3.4.1.7 触电

球团厂区设有高、低压配电室，配电盘、机旁操作箱、各种电机纷繁复杂，高压电机电压达 6kV，在日常生产和检修作业时，人员触及带电设备、物体会造成触电事故。

3.4.1.8 噪声

球团生产所使用的大部分动力设备（如各种风机、干燥机、混合机、造球机等），虽

然在设计上附有消音设施，但这些设备所产生的高噪声会对人体造成一定的伤害。

3.4.1.9 其他伤害

由于自然原因（如洪水、地震、雷电）、作业环境原因（地面积水、楼梯高度不够）、设备固有缺陷原因、人为的原因等可能造成伤害。

3.4.2 突出安全管理标准化和现代化

以管理标准化为基础，完善管理体系，防范管理缺陷；以现场标准化为条件，整改现场隐患、改善现场秩序、提高现场本质安全水平，为职工作业创造舒适安全环境；以操作标准化为核心，引导职工对照操作标准，规范作业，杜绝不安全行为。

现代化安全管理是现代科学管理的重要组成部分，其基本思想是：坚持事故可控观点和预防为主的方针，建立起拥有现代化信息系统的高水平安全管理信息系统，充分调动全体职工（尤其是岗位操作人员）的积极性，依靠科学技术以控制危险为核心，实施科学管理。

其基本内容及要求为：规章制度健全，职责分工明确，纵横关系脉络清楚，工作软件完备，拥有现代信息系统，信息传输网络结构合理、信息处理功能齐全；领导机构能及时把握时机，正确运用各种控制机智运作安全管理系统，尤其强调生产及检修过程危险辨识技术。具体包括以下几个方面。

3.4.2.1 建立健全安全生产规章制度，强化安全生产责任制

安全生产规章制度的健全完善并严格执行是企业安全生产的重要保证。组织专门人员编制生产岗位的安全操作规程、技术操作规程以及有关规章制度，为生产运行安全提供基础条件。

安全生产责任制是各级管理人员从事安全生产管理的行动指南，内容应明确具体，尤其要强调各级干部对危险控制管理的职责。同时要做到各级职能部门权责明确，各司其职，各负其责。

3.4.2.2 强化危险源辨识，充分利用危险源辨识信息，实施危险控制管理

现代化安全管理的基本观点是：危险是可以认识的，事故是可以避免的。危险辨识实质上是危险认识的过程，对安全管理具有战略意义，是现代化安全管理的基础。

危险源辨识应包括以下几个方面内容：危险源类型；可能发生的事故模式及波及范围；事故严重程度；本质安全化程度；人为失误及后果；已有安全措施的安全可靠性等。

通过危险辨识，摸清系统危险分布及特点，便可根据轻重、缓急，有针对性的部署安全工作，制定危险控制方案。如根据缺陷信息，管理部门可按人力、财力状况分轻重、缓急组织整改；根据严重程度信息，可了解危险波及范围，为制定防护对策提供依据，对于基层班组的危险控制管理，事故模式可作为岗位日常安全学习内容以及作为确定岗位安全检查内容的依据。

危险源辨识工作不应是一劳永逸，应每隔一段时间重新开展一次，以发掘新的危险形态，这一点应形成制度。

3.4.2.3 全面开展以班组危险控制为重点的危险预测预控活动

班组危险控制以提高岗位工人安全素质，控制人为失误为宗旨，主要包括班组危险预知活动、标准化作业、安全检查科学化等内容。

危险预知活动是班组安全教育改革的重要措施，是控制人为失误，提高职工安全素

质，落实安全操作规程和岗位责任制，进行岗位安全教育，真正实现"三不伤害"的重要手段。针对球团生产特点，危险预知活动一般采用以下形式：利用班组安全活动日或固定时间进行的危险预知训练活动；集体作业或每日班前短时间的危险预知训练活动。

标准化作业是一种科学的优化的作业方法。实践证明，它对作业程序性强的，如起重作业、停送电作业、开炉点火作业等，更为适用。

标准化作业要求对作业程序，动作标准相互动作配合和信号联络以及工作质量要求等项加以科学规定。

安全检查是对系统实施动态反馈控制的前提，其作用在于掌握系统中设备、人员、管理及环境等状态变化，及时发现事故隐患，为隐患整改提供动态信息。

3.4.2.4 注重设备抢修、检修安全管理，重点突出工序危险控制

球团设备的大型化、连续化、自动化和高速化，对生产的高效率、高产量、高质量和低消耗、低污染起到了根本保证作用。然而连续化、高速化的生产，也使设备事故具有突发性，一旦发生事故处理不当，将引起重大事故，造成停机、停产，甚至全线停机，人员伤亡。从所掌握的资料看，越是先进的生产设备工艺，检修伤亡事故所占比例越大。如宝钢 1986 年、1987 年死亡、重伤事件中检修事故所占比例达 42.1%。

设备的抢修、检修安全管理，应以检修工序为重点，实施危险辨识、危险预知活动（含工前五分钟活动）、标准化作业等现代化安全管理内容。

3.4.2.5 强化隐患整改的管理，疏通隐患整改渠道

系统中存在的诸多危险因素和事故隐患，是导致发生事故的直接物的因素，消除隐患，提高设备本质安全状况是有效预防事故的根本途径。球团工程设计、施工过程中，因工期及周边条件的限制，遗留了一些隐患，在热负荷试车以及投产运行中也会暴露一些问题。这些对安全生产构成很大威胁。

为保证存在的隐患能及时得到整改或者有效控制，应建立科学的隐患传递网络，疏通隐患传递通道。同时，应根据隐患整改难易程度，轻重缓急，分级进行。对不能及时整改的重大隐患，在整改前要制定可靠的临时措施。

3.4.2.6 加强系统的前馈控制

系统的前馈控制是通过检查和检测，及时发现进入生产工艺过程有关因素发生的变化，对之进行调节，保证系统的安全运行。下列因素可能通过前馈控制技术阻止进入生产工艺系统：

(1) 人的不安全状态；

(2) 可能引起事故的原材料；

(3) 即将投入使用的有缺陷的设备、器材、工具、附件等；

(4) 异常的能量；

(5) 错误的规程和指令。

3.4.2.7 建立职业安全健康管理体系，形成企业安全管理的自我约束机制

建立职业安全健康管理体系是健全企业自我约束机制，标本兼治，综合治理，把安全生产工作纳入法制化、规范化轨道的重要措施之一，也是建立现代企业制度，贯彻"安全第一，预防为主，综合治理"方针，提高企业竞争力的重要内容。

4 生产操作规程与规范

【本章提要】 本章主要介绍选矿厂与球团厂生产组织，选矿与球团工艺岗位操作规程、主要设备维护、安全规程等内容。

4.1 选矿安全规程

选矿操作规程（GB 18152—2000）以中华人民共和国原冶金工业部 1988 年 3 月 12 日颁布实施的《选矿安全规程》为基础，增补了"范围"、"引用标准"、"定义"、"防火"和"工业卫生"等部分，涵盖了化工、建材等行业选矿厂所特有的内容，而且在总体内容上也作了较大的充实，是全国统一的选矿安全标准。本节节选该标准介绍选矿安全规程。

4.1.1 范围

选矿操作规程（GB 18152—2000）对选矿厂的厂址选择及厂区布置、选矿工艺和尾矿设施、运输、起重、电气、防火等的安全技术及工业卫生要求，作出了规定。

该标准适用于冶金（含有色）、化工、建材等行业的选矿厂，部分采用选矿工艺的企业，也可参照执行，不适用于选煤厂和核工业铀矿冶厂。

4.1.2 定义

该标准采用下列定义：

（1）选矿（ore dressing），利用不同矿物的物理、物理化学或化学性质上的差异，在特定的工艺设备条件下使矿石中的有用矿物与脉石矿物分离，或使共生的各种有用矿物彼此分离，得到一种或几种相对富集的有用矿物的作业过程。

（2）选矿厂（ore dressing plant），包括具有独立法人的选矿厂和隶属于矿山企业的选矿车间，系指被用作或可以被用作选矿的土地、建筑物和作业场所。

4.1.3 管理

（1）选矿厂应建立、健全安全生产责任制。

（2）厂部应设置安全机构或专职安全员，由厂长直接领导；车间应设置专职或兼职安全员；班组应设置兼职安全员。

专职安全员由学历不低于中等专业学校毕业（或具有同等学历）、具有必要的安全专业知识和安全工作经验、从事选矿厂专业工作 5 年以上并能经常下现场的人员担任。

（3）建立、健全安全检查制度，厂每季度至少检查一次，车间每月至少检查一次，对查出的问题应限期解决。

（4）应开展安全生产宣传教育，普及安全知识和安全法规知识，加强技术业务培训，并对所有职工定期进行培训考核。

（5）特种作业人员，应取得操作资格证书或执照，方可上岗。

（6）新工人进厂应首先进行安全教育，经考试合格后，由熟练工人带领工作至少四个月，熟悉本工种操作技术并经考核合格，方可独立工作。

对劳动、参观、实习人员，入厂前也应进行安全教育。

（7）调换工种或脱离本岗位半年以上的人员，应重新进行岗位安全技术教育。采用新工艺、新技术、新设备时，应对有关人员进行专门培训。

（8）应按规定向职工发放劳动防护用品。入厂人员，应按规定穿戴劳动防护用品。

（9）危险区域应设照明和警示标志。

（10）作业人员上班前不应饮酒或服用麻醉性药物，当班期间不应擅自离岗、换岗、脱岗。

（11）对易燃易爆物品、有毒有害药剂、化验用药剂、放射性元素，应建立严格的储存、发放、配制和使用制度，并指派专人管理，发现丢失应及时报告有关部门。

（12）安全设施应与主体工程同时设计、同时施工、同时投产使用。

（13）发生伤亡或其他重大事故时，厂长或其代理人应立即到现场指挥组织抢救，采取有效措施，防止事故扩大。

有关事故的调查、报告、处理，应按国家有关规定执行。

4.1.4 厂址选择及厂区布置

4.1.4.1 厂址选择

（1）选择厂址，应有完整的地形、工程地质、水文地质、地震、气象及环境影响评价等方面的资料作依据。

（2）选择厂址，宜避开岩溶、流砂、淤泥、湿陷性黄土、断层、塌方、泥石流、滑坡等不良地质地段；否则，应采取可靠的安全措施。

（3）厂址不应选择在地下采空区塌落界限和露天爆破危险区以内，也不应选择在炸药加工厂、爆破器材库及油库最小安全距离范围内。

（4）厂址应避免选在地震断层带和基本烈度高于 9 度的地区；否则应按国家有关抗震规定进行设防。

（5）厂址应避免洪水淹没。场地的设计标高，应高出当地计算水位 0.5m 以上。

（6）在居民区建厂时，厂址应位于居民区常年最小风频方向的上风侧。在山区建厂时，应根据当地小区气象，确定厂区与居民区的位置。

（7）选厂一般建构筑物地基土的承载力标准值，应大于 150kPa；主要建构筑物地基土的承载力标准值，应大于 250kPa。如地基土承载力不满足要求，应对地基进行妥善处理。

（8）尾矿库应尽可能远离人口稠密区或有重要设施的地方，尾矿不应直接排入江、河、湖、海。

4.1.4.2　厂区布置

（1）确定建构筑物位置时，应遵守下列规定：

1）荷载较大的主要建筑物（破碎间、磨矿间、精矿仓等），布置在地质条件较好的地段；

2）产生烟尘及有毒有害气体的车间，布置在厂区的边缘和不产生有毒有害气体的车间最小风频方向的上风侧；

3）焙烧厂房及煤气发生站，布置在厂区最小风频方向的上风侧。

（2）建构筑物之间的防火间距和消防车道的布置，应符合 GBJ 16 的有关规定。存放易燃易爆物品的仓库，应布置在建筑物最小风频方向的上风侧，及经常喷出火花和有明火火源的建筑物的最小风频方向的下风侧。

（3）应设置通达厂房、仓库和可燃原料堆场的消防车道（也可利用交通运输道路），其宽度应不小于 3.5m。尽头式消防车道，应设回车道或不小于 12m×12m 的回车场。

（4）应避免将建构筑物的一部分布置在河滨或低洼处，而另一部分布置在高处。

（5）厂内铁路、道路的布置，应符合 GB 4387、GB 146.1、GB 146.2、GBJ 12 和 GBJ 22 的有关规定。

（6）采用架空索道运输时，索道不应通过厂区、居民区；索道通过铁路和道路的上方时，应采取安全措施。

索道与高压线路交叉时，应执行国家有关规定。

（7）浮选药剂库、油脂库到进风井、通风机扩散器的距离，应不小于下列规定：

储药、油容积小于 $10m^3$ ——20m；

储药、油容积 $10 \sim 50m^3$ ——30m；

储药、油容积 $50 \sim 100m^3$ ——50m；

储药、油容积大于 $100m^3$ ——80m。

4.1.5　基本规定

（1）车间的楼板和地面，应有适当的坡度；楼板应设地漏，地面应设排水沟。

（2）厂房应设地坪冲洗设施。冲洗厂房平台和通廊等的供水点，应按方便冲洗的原则布置，以间距不超过 30m 为宜。冲洗污水宜自流排泄，并在全厂标高最低处设置汇总污水池、排污泵站和相应的安全防护设施。

（3）平台四周及孔洞周围，应砌筑不低于 100mm 的挡水围台；地沟应设间隙不大于 20mm 的铁算盖板。

（4）地下室及暗道应设置照明、水沟、水池及排污泵，且应定期检查。

（5）布置在地震区的建构筑物，其抗震等级应符合国家有关规定。

（6）厂房不宜布置悬臂结构；工艺布置须设悬臂结构时，悬臂长度应小于 2.0m，悬臂部分不应布置重量较大和振动较大的设备。

（7）荷载较重和振动较大的设备，其基础不应坐落在平台上，而应坐落在地基上。操作平台有集中荷载时，应采取特殊加固措施。

（8）长度超过 60m 的厂房，应设两个主要楼梯。主要通道的楼梯倾角，应不大于 45°；行人不频繁的楼梯倾角可达 60°。楼梯每个踏步上方的净空高度应不小于 2.2m。楼梯休息平台下的行人通道，净宽不应小于 2.0m。

（9）厂房内主要操作通道宽度应不小于 1.5m，一般设备维护通道宽度应不小于 1.0m，通道净空高度应不小于 2.0m。

（10）通道的坡度达到 6°~12°时，应加防滑条；坡度大于 12°时，应设踏步。经常有水、油脂等易滑物质的地坪，应采取防滑措施。

（11）高度超过 0.6m 的平台，周围应设栏杆；平台上的孔洞应设栏杆或盖板；必要时，平台边缘应设安全防护板。

（12）天桥、通道及走梯，宜用花纹钢板制作。直梯、斜梯、栏杆及平台的制作，应分别符合 GB 4053.1、GB 4053.2、GB 4053.3 和 GB 4053.4 的要求。

（13）应定期检查、维护和清扫栏杆、平台和走梯。

（14）走梯、通道的出入口，不应设于铁路和车辆通行频繁的地段；否则，应设置防护装置，并悬挂醒目的警告标志。

（15）道口和有物体碰撞、坠落危险的地点，均应设醒目的警告标志和防护设施。

（16）设备裸露的转动部分，应设防护罩或防护屏。防护罩、防护屏应分别符合 GB 8196、GB 8197 的要求。

（17）设备的开关和操作箱，应设在设备附近便于操作的位置。相互联系的设备开关和操作箱，宜集中放置。主要设备电机的安装高度，应便于操作人员检查、维护；如难以满足，应设局部操作平台。

（18）厂内各类管线、溜槽，不应妨碍操作和行走。

（19）高于 10m 的建筑物，屋顶如有可燃材料，应在室外安设离地 3m 宽度不小于 500mm 的固定式消防钢直梯。

（20）屋面须检查或经常清灰的厂房，高度大于 6m 的，应设检修用固定式钢直梯；多层厂房两屋面高差大于 2m 的，应设直梯；房檐高大于 10m 的，应在檐边设防护栏杆，小于 10m 的，可设安全挂钩，挂钩间距应不大于 6m。

（21）厂房应有足够的、供设备（部件）装配和检修用的场地。

（22）设备的检修空间、通道应符合下列规定：

1）根据检修部件的各种装卸方向、部件的大小和位置确定合理的检修空间，在检修空间范围内不应设置其他设备和构筑物。

2）起重机吊运最大部件时，部件与固定设备、设施最大轮廓之间的净空尺寸，应不小于 400mm。

3）用起重机吊装、检修的设备及部件，应布置在起重机吊钩能垂直起吊的空间范围内。

4）检修用起重机的提升高度，应满足设备检修工作的需要。

5）起重机提升设备及部件需要通过平台或墙壁的，平台或墙壁应设置吊运通道口，通道口周边与设备或部件的间隙不小于 300mm。

6）设备吊装孔应设活动盖板或保护栏杆，且每层吊装孔设备进出的一边应做成活动栏杆。

7）建筑物第二层及其以上的墙壁设有吊装拉门的，应在拉门处设高 1.05m 的隔墙或装设可拆卸的保护栏杆，起重梁伸出墙外应不大于 2m。

（23）检修场地的梁板荷载，应按满荷载考虑；整体装配重型设备有可能出现集中荷载时，应采取加固措施。

（24）检修设备的同时应检修安全装置和除尘设备，检修后应立即重新安装好，不得随意弃置。

（25）设备大、中修后，应经厂（车间）主管技术负责人、主管安全负责人和设备使用者验收，不合格应返修。

（26）检修设备应事先切断电源，用操作牌换电源牌，在操作箱上挂好"禁止开动"标志牌，方可开始作业。

（27）在光线不足的场所或夜间进行检修，应有足够的照明。

（28）多层作业或危险作业，应有专人监护，并采取防护措施。

（29）浇灌锌合金时，现场不应有水，浇注件应干燥并预热到 80～120℃，雨天不应露天浇灌。

（30）进行高处作业（包括 45°以上的斜坡），应系安全带。

（31）遇到 6 级以上大风时，不应进行露天高处作业。

4.1.6 工艺

4.1.6.1 一般规定

（1）运转设备的下列作业，应停车进行：

1）处理故障；

2）更换部件；

3）局部调整设备部件；

4）调整皮带松紧；

5）清扫设备。

（2）人员不应进入矿石流动空间。

（3）人员进入停止运转的设备内部或上部，事前应用操作牌换电源牌，切断电源，锁上电源开关，挂上"有人作业，严禁合闸"的标志牌，并设专人监护。

（4）原矿、精矿及尾矿的取样点，应设在便于取样、安全稳妥的位置。

4.1.6.2 破碎与筛分

（1）停车处理固定格筛卡矿、粗破碎机棚矿（囤矿或过铁卡矿）以及进入机体检查处理故障时，应遵守下列规定：

1）作业人员应系好安全带，其长度只限到作业点；

2）设专人监护；

3）进入机体前，预先处理矿槽壁上附着的矿块或有可能脱落的浮渣。

（2）固定格筛和粗破碎机受矿槽的周围（给矿侧或翻车侧除外），以及螺旋分级机的槽体靠近磨矿机的排矿端，均应设栏杆。

（3）粗破碎机无给矿设备的，翻车机应在正常运转状态下翻矿，或按设备运转规程操作，不应在停车状态下翻矿。

（4）用吊车吊大块矿石时，矿石应绑好挂牢，并由专人指挥缓慢起吊，吊物下不应有人。

（5）需停机调整圆锥破碎机排矿口时，应先用铅锤或其他工具测定，然后停车和切断电源，方可进行调整。若需进入机内测定排矿口，应有必要的安全防护措施。

（6）清理粗破碎机翻车场地积矿时，作业人员应系安全带，并应设专人监护。

（7）处理颚式破碎机围（堵）矿时，应首先处理给矿机头部的矿石，然后从上部进入处理；不应采取用盘车的方向处理或从排矿口下部向上处理。进入颚式破碎机进料口作业时，应系安全带，并设专人监护。

（8）处理颚式破碎机下部漏斗堵塞时，应与上下作业岗位联系好，断开设备电源开关，并设专人监护。

（9）干式筛分作业应有除尘设施，并在密封状态下工作。密封装置应有便于检修、观察的门洞。

（10）筛子因超负荷被压住时，应先停车，然后以专用的器械压三角皮带处理，不应手持棍棒压三角皮带处理。

4.1.6.3 磨矿与分级

（1）磨矿机两侧和轴瓦侧面，应有防护栏杆。磨矿机运转时，人员不应在运转筒体两侧和下部逗留或工作；并应经常观察人孔门是否严密，严防磨矿介质飞出伤人。封闭磨矿机人孔时，应确认磨矿机内无人，方可封闭。

（2）检修、更换磨矿机衬板时，应事先固定滚筒，并确认机体内无脱落物，通风换气充分，温度适宜，方可进入。起重机的钩头不应进入机体内。

（3）处理磨矿机漏浆或紧固筒体螺钉时，应固定滚筒；若磨矿机严重偏心，应首先消除偏心，然后进行处理。

（4）球磨机"胀肚"时，应立即停止给料，然后按"前水闭，后水加，提高分级浓度降返砂"的原则处理。

（5）用专门的钢斗给球磨机加球时，斗内钢球面应低于斗的上沿；用电磁盘给球磨机加球时，吸盘下方不应有人；不应用布袋吊运钢球。

（6）棒磨机添加磨矿介质，应停车进行。采用装棒机添加介质时，应事先检查装棒机的各部件，确认完好，方可进行。装棒机应有专人操作，应与起重机密切配合，并由专人指挥。

（7）磨矿机停车超过 8h 以上或检修更换衬板完毕，在无微拖设施的情况下，开车之前应用起重机盘车，盘车钢丝绳应事先经过检查；不应利用主电动机盘车。

（8）检查泥勺机的勺嘴磨损情况时，作业人员应站在勺嘴运转方向的侧面，不应站在正面。

（9）处理分级设备的返砂槽堵塞时，不应攀登在分级机、直线振动筛或其他设备上进行。

（10）清除分级设备溢流除渣算上的木屑等废渣时，不应站在除渣算子上进行。

4.1.6.4 采砂

（1）运作中的采砂船应浮态正常，船体稳定，倾角小于 0.5°。

（2）采砂作业期间，在采砂船的首绳和边绳的岸上设置区内，不应进行其他作业。过采区应采取防止滑坡、塌方和泥石流等灾害的措施。

（3）采砂船各层甲板不应有未固定的物件，操作平台、楼梯、人行道应保持畅通。

（4）不应随意增加采砂船载荷，人员不应聚集船体一侧或一端，无关人员不应上船。

（5）采砂船的安全水位和最小采幅，应在设计中规定。采砂船工作时，干舷高不应小于0.2m；采砂船过河时，河面标高与采池水面标高之差，不应大于0.5m；采砂船过河段水位低于安全水位时，应筑坝提高水位，而不应采用超挖底板开拓法过河。

（6）地表建筑物到采池边的距离，不应小于30m；设备到采池边的距离，不应小于5m；人员到采池边的距离，不应小于2m。

（7）采砂船作业时，在其回转半径范围内，一切人员和船只不应停留或经过。

（8）动力电缆应保持绝缘良好；敷设在地表的部分，应有警戒标志；水上的部分应敷设在浮箱或木排上。

（9）驾驶室各控制开关、仪表以及卷扬机行程开关，应灵敏可靠。长期未启用的或受潮的电机，应经电工测试绝缘良好，并征得电工同意方可开动。

（10）在大风、大雾及洪水期间，除非有可靠的安全措施，不应行船和调船。

当风速超过15m/s时，应停车并采取防风措施；风速超过20m/s时，应采取措施防止翻船或重大设备事故。

（11）采砂船上应设置水位警报、照明、信号、通讯和救护设备。

4.1.6.5 选别

A 重力选矿

（1）螺旋溜槽应按高度每2~2.5m设一分层操作平台。

（2）离心选矿机运转时，不应将头伸入转筒察看。调整给矿鸭嘴、洗涤喷嘴及卸矿水喷嘴的位置和角度，应停车进行。

（3）离心选矿机的给矿漏斗箱及电磁阀出现堵塞故障时，应用三角折梯去处理。

（4）跳汰机床层应每周清理一次，清除筛板筛孔上的杂物，并检查筛板及其固定情况。

B 磁电选矿

（1）调整干选磁滑轮下料分料板时，作业人员应站在磁滑轮侧面进行，以防矿物进出伤人。

（2）干选磁滑轮的皮带与滚筒之间进入矿块或其他物体时，应在他人监护下进行处理；不应在磁滑轮运转的情况下用铁棍、铁管或其他工具清除。

（3）强磁选机运转前，应将一切可能被磁力吸引的杂物清除干净；铁棍、手锤等能被磁力吸引的物体，不应带到设备周围。

（4）电选机应安装在干燥、通风地点，运行时操作人员应避免接触高频电缆。

（5）电选机主机与高压静电发生器，应尽量靠近配置。高压静电发生器和电选机主机前，可铺设橡胶绝缘地板。

（6）电选机采用圆辊给料或电磁振动给料时，给料装置的传动电机或电磁振动器，应与高压静电发生器构成连锁。接入高压之前，给料传动电机或电磁振动器不能启动；高压跳闸后，给料传动电机或电磁振动器应立即停止工作。

（7）电选机主机和高压静电发生器，应用单独支线分别与接地干线连接，不应串联连接。

（8）高压电断开后，应用接地放电器将电选机高压电极上的残余电荷放掉，方可与这些部件接触或进行检修。

C　浮选

（1）开动浮选设备时，应确认机内无人、无障碍物。运行中的浮选槽，应防止掉入铁件等杂物或影响运转的其他障碍物。

（2）更换浮选机的三角带，应停车进行。三角带松动时，不应用棍棒去压或用铁丝去钩三角带。

（3）更换机械搅拌式浮选机的搅拌器，应用钢丝绳吊运，不应用三角带、磨绳吊运。

（4）不应跨在矿浆搅拌槽体上作业。溅堆到槽壁端面的矿泥，应经常用水冲洗干净。

（5）浮选机进浆管、回砂管、排矿管和闸阀等，应保持完好、畅通和灵活，发现堵塞、磨损应及时处理。

（6）浮选机槽体因磨损漏矿浆或搅拌器发生故障必须停车检修时，应将槽内矿浆放空，并用水冲洗干净。

（7）浮选机突然停电跳闸时，应立即切断电源开关，同时通知球磨停止给矿。

（8）使用杯式给药机调整给药量，应停机进行。

（9）配药间应单独设置，并应设通风装置。人工破碎固体药剂时，正面不得有人。

（10）采用有毒药剂或有异味药剂的浮选工艺，或工艺过程产生大量蒸汽的，应设通风换气装置。

D　焙烧

（1）使用煤气，应按 GB 6222 的有关规定执行。

（2）焙烧竖炉点火，应按下列程序进行：

1）开动抽风机 10~15min；

2）打开本炉的加热煤气末端放散管放散 5min；

3）进行煤气爆发试验合格后，用火把点燃加热烧嘴；

4）开始加热时应少给煤气，待正常后再逐个加大煤气量。

（3）焙烧竖炉应在负压状态下工作，不应漏风。

（4）进入焙烧炉检修，应先将加热、还原煤气管堵上盲板。检修煤气管道，应事先用蒸汽或氮气把煤气排净方可进行。

（5）挠火眼完毕，应用磁块将火眼堵上，防止煤气泄漏。

（6）在炉前、炉顶平台、燃烧室平台、搬出机平台，无关人员不应逗留。

（7）烘炉应遵守下列规定：

1）不应进入炉内点燃烘炉管、还原煤气喷射塔（小庙）；

2）打开炉顶烟道盖；

3）架设烘炉管，并用火把点燃烘炉管（点火程序与开炉点火相同）；

4）按烘炉升温曲线要求进行。

（8）煤气作业区，应悬挂醒目的警告标志牌。

（9）在煤气作业区人员聚集的值班室和作业场所，应装有煤气泄漏自动警报装置。警报装置应处于良好状态，每 10 天应至少校验一次。

（10）煤气作业区的作业人员，应掌握煤气中毒的现场急救知识。

（11）煤气工应熟练掌握防毒面具、氧气呼吸器的使用方法。防毒面具应定期检查，确保处于良好状态。

(12) 发现煤气泄漏时，应立即向有关人员报告；有关人员接到报告后，应立即进行处理。

(13) 焙烧竖炉的水封盖板，应坚固、完整、齐全并盖严，人员不应在上面休息或取暖。

(14) 焙烧厂房搬出机跨的顶部，应设有排雾天窗。

(15) 回转窑点火时，应先将煤气管道系统通入蒸汽，以清除残余煤气，同时开动抽风机 10min，然后用火把点燃煤气火嘴（先点火把，后开阀门）；如果点不着，应查明原因，间隔 10~15min 后再点。

(16) 点火前应做煤气爆发试验，试验不合格不应点火。

(17) 进窑检修应搭好踏板，窑内应用安全灯（低压、防爆）照明；窑转动时，内部不应有人；抢修时应申请作业票。

(18) 窑内检修打砖时，应从里向外打，并应有人监护。

E　浸出

(1) 浸出车间应备有一定数量的解毒药剂、防毒用具，并应妥善保管和定期检查其效能。每个职工都应学会解毒药剂、防毒用具的使用方法与急救措施。

(2) 浸出车间应设通风排毒设施，并保持其完好正常。

(3) 进入浸出槽等有毒容器检修时，应首先排毒达到规定安全值后，穿戴好防毒面具和防护用品，在专人监护下进入操作。

F　药品（剂）储存、使用与管理

(1) 化学药品应按其性质（剧毒、易爆、易燃、易潮、怕光等）进行分类储存、液体与固体应分开储存。

(2) 易燃、易爆药品应远离火源，分别储存于低温、干燥地点。

(3) 从大瓶内取用药品，用剩部分不应倒回原瓶，应另装小瓶储存，并加贴标签。

(4) 对于易燃及易发生泡沫的药品，不应在密闭的情况下剧烈摇晃，以免发生爆炸。

(5) 储存药品，应有明显的标签，对有毒、易爆药品还应有特殊标识。不应随意弄掉标签，以免错用药品发生危险。

(6) 对无标签而又不明性质的药品，应经化验确认，方可使用。

(7) 工作室内经常使用的易燃、易爆或有毒药品，应分别妥善保存在药品柜内，以红色标签注明药品名称规格，并加注"易燃"、"易爆"、"有毒"等字样。

(8) 剧毒药品应严加管理，经有关部门批准签字限量领用；用后剩余部分，领取人应亲自办理归库手续，或交指定的专人处理。

(9) 使用有毒、易燃、易爆、易挥发、麻醉性和有刺激性气味的药品，应遵守下列规定：

1) 应事先了解其化学性质、使用方法和注意事项，并掌握操作方法；

2) 开瓶口应朝向无人处，以防药品崩溅伤人；

3) 对剧毒、刺激性和麻醉性以及挥发性的药品，应在通风条件良好的通风橱内操作；

4) 取用有毒或剧毒液体药品时，应使用移液管，不应用口直接吸取；

5）加热或配制易燃、易爆药品时，应在安全地点进行；

6）使用有毒、剧毒药品时，操作结束，应立即将器皿冲洗干净，擦净试验台。

（10）搬运、使用强酸、强碱时，应遵守以下规定：

1）搬运桶装或坛装的强酸、强碱，应两人进行；

2）应用专用的架子或车辆进行搬运，并应放置牢固，不应肩扛、背驮或徒手提运；

3）搬运前应检查所使用的工具、材料，如有损坏不应使用；

4）劳动防护用品穿戴齐全；

5）使用坛装、桶装的浓酸、浓碱时，不应直接倾倒，而应用虹吸法注入器皿中；

6）加热浓酸、浓碱时，应在通风良好的通风橱内进行，操作人员不应靠近；

7）配制酸碱溶液时，应将浓酸、浓碱缓慢倒入量好的水中，而不应将水倒入浓酸、浓碱里；

8）浓酸、浓碱一旦溅到眼中或皮肤上，应迅速用棉纱吸干，并用大量水冲洗，严重时应立即送医院急救。

4.1.6.6　脱水

（1）操作过滤机应保持均匀给矿，分矿箱和管路应畅通。

（2）大型内滤式真空过滤机内的人行板道，应设安全装置。

（3）通往周边传动式浓缩机中心盘的走桥和上下走梯，应设置栏杆。

（4）夜间检查周边传动式浓缩机中心盘或开关流槽闸板，应有良好照明，并在他人监护下进行。

（5）浓缩机的溢流槽外沿，应高出地面至少0.4m；否则，应在靠近路边地段设置安全栏杆。

（6）浓缩机停机之前，应停止给矿，并继续输出矿浆一定时间；恢复正常运行之前，应注意防止浓缩机超负荷运行。

（7）超粒径、超比重的矿物、各种工业垃圾等，不应进入矿浆浓缩池。

（8）需浓缩而未经浓缩的尾矿浆，除非事故处理需要，不得任意送往泵站和尾矿库。

（9）浓缩池的来矿流槽进口和溢流槽出口的格栅、挡板装置，及排矿管（槽、沟）等易发生尾矿沉积的部位，应定期冲洗清理。

4.1.7　尾矿设施

4.1.7.1　尾矿输送

（1）砂泵站（特别是高压砂泵站）应设必要的监测仪表，容积式的砂泵站应设超压保护装置。静水压力较高的泵站应在砂泵单向阀后设置安全阀或防水锤。

（2）事故尾矿池应定期清理，经常保持足够的储存容积。事故尾矿溢流不得任意外排，确需临时外排时，应经有关部门批准。

（3）间接串联或远距离直接串联的尾矿输送系统上的逆止阀及其他安全防护装置应经常检查和维护，确保完好有效。

（4）矿浆仓来矿处设置的格栅和仓内设置的水位指示装置，应经常冲洗清理与维护。

（5）尾矿输送管、槽、沟、渠、洞，应固定专人分班巡视检查和维护管理，防止发生淤积、堵塞、爆管、喷浆、渗漏、坍塌等事故；发现事故应及时处理，对排放的矿浆应妥善处理。

（6）金属管道应定期检查壁厚，并进行维护，防止发生漏矿事故。

（7）寒冷地区应加强管、闸、阀的维护管理，采取防冻措施。

4.1.7.2 尾矿车

（1）尾矿库的设计，应遵守《选矿厂尾矿库设施设计规范》的规定。

（2）尾矿库及其附属设施的施工和验收，应遵照有关施工验收规范和设计要求进行。

（3）尾矿库的生产管理，应遵守《冶金矿山尾矿设施管理规程》的规定。

4.1.8 运输与起重

4.1.8.1 矿仓及给矿机

（1）矿仓口周围（进出车处除外），应设防护栏杆。

（2）翻车作业应遵守下列规定：

1）事先检查并确认翻车机及矿车内和周围无人、无障碍物，方可翻车卸矿；

2）检修翻车机（尤其是在翻车机或矿槽内工作）时，应有可靠的安全措施；

3）空车自溜运行，应有可靠的阻车装置；

4）采用自卸汽车卸矿，应设坚固的挡墙，挡墙高度不应小于轮胎直径的五分之二。

（3）槽式给矿机堵塞和棚矿的处理，应遵守下列规定：

1）捅矿时应站在设备一侧的安全位置，避免矿石滚出伤人；

2）采用爆破方法处理时，应有专人负责，并严格执行 GB 6722 的有关规定。

（4）下矿仓检查供矿、矿位情况及排除故障时，应系好安全带（其长度只限到作业点），不应站在矿石斜面上，且应有人监护，必要时下部应停止排矿。

4.1.8.2 带式输送机

（1）带式输送机运输，应遵守 GB/T 14784 的有关规定。

（2）带式输送机操作人员应经过安全技术培训，持证上岗。

（3）通廊墙壁与输送机之间的距离，经常行人侧不小于 1.0m，另一侧不小于 0.6m。人行道的坡度大于 7°时，应设踏步。

（4）带式输送机应具有相应的防止逆转、胶带撕裂、断绳、断带、跑偏及脱槽的措施，并应有制动装置及清理胶带和滚筒的装置，线路上应有信号、电气连锁和停车装置。

（5）带式输送机运送的物料，温度不应超过 120℃。

（6）带式输送机运行应遵守下列规定：

1）人员不应乘坐、跨越、钻爬带式输送机，带式输送机不应运送规定物料以外的其他物料；

2）不应从运行中的带式输送机上用手捡矿石（手选皮带除外）；

3）输送带、传动轮和改向轮上的杂物，应及时停车清除，不应在运行的输送带下清矿；

4）运行中的带式输送机，不应进行检修、打扫和注油，不应用手摸托辊、首尾轮等转动部件。

（7）有卸料小车的带式输送机，其轨道应有行程限位开关。

（8）更换栏板、清扫器（刮泥板）和托辊，应停车、切断电源进行，并应有专人监护。

（9）带式输送机不能启动或打滑时，不应用脚蹬踩、用手推拉或压杠子等办法处理。

4.1.8.3 车辆运输

（1）车辆运输应遵守 GB 4387 的有关规定。

（2）机动车驾驶人员应经过安全技术培训考核，持证上岗。实习人员驾驶机动车、操作信号以及进行行车作业等，应在正式值乘、值班人员监护下进行。

（3）横穿铁路（或道路）及在其附近施工（检修），应事先通知运输部门，并采取防护措施；所用的器具和材料，不应妨碍行车安全。

（4）站场、道岔区、料场、装卸线以及建筑物的进出口，均应有良好的照明设施。

（5）不应搭乘矿车。

（6）不应在铁路上行走、逗留，不应抢道、钻车和在车辆下休息。

（7）雾天及粉尘浓度较大时，应开亮警示灯行驶；视线不清时，应减速行驶；在弯道、坡道上和接班出车时，不应超车。

（8）装卸时，驾驶员不应将头和手臂伸出驾驶室外，不应检查维护车辆。

（9）在厂区和车间行驶，应遵循规定的道路，不应从传送带、工程脚手架和低垂的电线下通过。

（10）不应超重、超长、超宽、超高装运，装载物品应捆绑稳妥牢固。载货汽车不应客货混装。

4.1.8.4 起重

（1）起重机械的金属结构、主要零部件、电气设备、安全防护装置的使用与管理，应符合 GB/T 6067 的有关规定。

（2）起重机械操作人员，应经过安全技术培训考核，持证上岗。

（3）起重机械应装设过卷、超载、极限位置限制器及启动、事故信号装置，并设置安全连锁保护装置。

（4）轨道式起重机的运行机构，应有行程限位开关和缓冲器。轨道端部应有止挡或立柱。同一轨道上有两台以上起重机运行时，应设防碰撞装置。

（5）在有可能发生起重机构件挤撞事故的区域内作业，应事先与有关人员联系，并做好监护。

（6）操作起重机应遵守下列规定：

1）烟雾太浓，视线不清或信号不明，均应停止作业。

2）不应斜拉斜吊、拖拉物体、吊拔埋在地下且起重量不明的物体。

3）起吊用的钢丝绳应与固定铁卡规格一致，并应按起重要求确定铁卡的使用数量。

4）被吊物体不应从人员上方通过。

5）不应利用极限位置限制器停车。

6）起重机工作时，吊钩与滑轮之间应保持一定的距离，防止过卷。

7）在同一轨道上有多台起重机运行时，相邻两台起重机的突出部位的最小水平距离应不小于 2m，两层起重机同时作业时，下层应服从上层。

8）吊运物体时不应调整制动器，制动垫磨损不正常或磨损超过一半应立即更换。

9）起重机吊钩达到最低位置时，卷筒上的钢丝绳应不少于三圈。

10）不应用电磁盘代替起重机作业。

（7）工作人员应在指定的地点上下起重机，不应在轨道旁行走。

（8）桥式起重机司机室，应布置在无导电裸滑线的一侧，并设置攀登司机室的梯子。若布置在导电裸滑线的同一侧，应采用安全型导电滑线，并在通向起重机的梯子和走台与滑线之间设防护板。厂房设有双层起重机的，下层起重机供电滑线应沿长度方向设置防护装置。

（9）不应从一台起重机跨越到另一台起重机上。不应用一台起重机撞移另一台起重机。

4.1.9 电气安全

4.1.9.1 一般规定

（1）选矿厂电力装置，应符合 GB 50070 和其他有关规范、规程的要求。

（2）电气作业人员应经过专门的安全技术培训考核，持证上岗。

（3）电气作业人员应熟练掌握触电急救方法。

（4）所有电气设备和线路，应根据对人的危害程度设置明显的警示标志、防护网和安全遮栏。

（5）电气作业人员作业时，应穿戴防护用品和使用防护用具。修理、调试电气设备和线路，应由电气作业人员进行。

（6）电气设备可能被人触及的裸露带电部分，应设置安全防护罩或遮栏及警示牌。

（7）供电设备和线路的停电和送电，应严格执行操作票制度。

（8）在断电的线路上作业，应事先对拉下的电源开关把手加锁或设专人看护，并悬挂"有人作业，不准送电"的标志牌；用验电器验明无电，并在所有可能来电线路的各端装接地线，方可进行作业。

（9）在带电的导线、设备、变压器、油开关附近，不应有损坏电气绝缘或引起电气火灾的热源。

（10）在带电设备周围，不应使用钢卷尺和带金属丝的线尺。

（11）熔断器、熔丝、熔片、热继电器等保险装置，使用前应进行核对，不应任意更换或代用。

4.1.9.2 供电、变电所设施

（1）厂区供配电系统，应尽量减少层次；同一电压的配电系统，级别不宜超过两级。

（2）变电所应有独立的避雷系统和防火、防潮及防止小动物窜入带电部位的措施。

（3）油浸变压器室为一级耐火等级，应用耐火材料建筑，门应采用阻燃材料，且应向外开。

（4）油浸变压器室应设有适当的储油坑，坑内应铺上卵石，地面应向坑边倾斜；油浸变压器室墙下方应设通风孔，墙上方或屋顶应有排气孔；通风孔和排气孔都应设铁丝网。

（5）变压器室的门应上锁，并在室外悬挂"高压危险"的标志牌。室外变压器四周应有不低于 1.7m 的围墙或栅栏，并与变压器保持一定距离。

（6）倒闸操作应有值班调度或值班负责人的指令，受令人应复诵无误方可执行。倒

闸操作由操作人填写操作票，操作时应由一人操作，一人监护；如有疑问，应向值班调度报告，查明情况再行操作。

（7）线路跳闸后，不应强行送电；应立即报告调度，并与用户联系，查明原因，排除故障，方可送电。

（8）变压器及其他变配电设备的外壳，均应可靠接地。保护接零的低压系统，变压器低压侧中性点应直接接地；保护接地的系统，中性点应通过击穿保险器接地。

（9）高低压配电室配电柜（屏）前、后、两端的操作维护通道宽度，应满足 GB 50053 的有关规定。

（10）长度大于7m的配电室，应设两个出口，并宜布置在配电室的两端；长度大于60m时，宜增加一个出口。

4.1.9.3 动力机械控制

（1）破碎设备应按逆生产流程方向连锁启动。

（2）破碎机和球磨机可不参加连锁而预先启动，但如因事故停车，应立即停止给矿机及其他有关设备。

（3）电动机应设有短路保护、过载保护与缺相保护。易于过负荷的电动机（如浓缩机），应装设过载保护信号；破碎机、磨矿机等高压电机，还应有延时低电压保护。

（4）连锁局部操作的带式输送机长度超过40m时，应有启动预示信号。

（5）带式输送机，应在侧面设置紧急使用拉线开关。

（6）贯通多层操作平台的设备，应在各层都能执行停车；若连锁设备开车或停车顺序有误，还应能制动和自动停车。

（7）启动机器的装置，应位于能看到机器周围情况的地点，停车开关应设在该机器附近；如在启动装置处看不到被启动的机器，则应有启动预示信号（电铃或指示灯），而且应在得到允许开车的信号后，方可开车。

（8）容易造成输电系统和电动机短路的高导电、易飞扬的矿物（如石墨），其加工生产车间应采用封闭式电动机和启动装置。

（9）若厂房内存在爆炸危险的气体或粉尘，应采用防爆式电动机。

4.1.9.4 厂房照明

（1）选矿厂生产车间应有充足的照明，人工照明的照度应不小于表4-1的规定。易燃易爆工段应采用防爆灯。选矿厂生产车间人工照明的照度要求见表4-1。

表4-1 选矿厂生产车间人工照明的照度要求

照明地点	最小照度/lx
中间矿仓上面的房间、梯子、通廊	10
储矿仓上面的房间、固定筛、干磨机、带式输送机、砂泵	15
振动筛、破碎机、磨矿机、分级机、洗矿机、带式输送机传动装置、药剂存放处	20
跳汰机、摇床	25
磁选机	30
浮选机、真空泵、鼓风机	35
化验室、实验室	50

（2）降压变压器应用双线圈的，不应使用自耦变压器。变压器的外壳、铁芯和次级线圈，均应接地或接保安零线。

（3）有触电危险的场所，照明应采用36V以下的安全电压。

4.1.9.5 防雷与接地

（1）选矿厂建筑物的防雷设计，应按第三类防雷保护的要求，根据选矿厂所在地的雷电活动情况、地形、地物等采取相应的措施。

（2）对于建筑物，除应考虑防止直接雷击的措施外，还应考虑防止高电位从各种管线传入的措施。直接雷击的防护，一般采用重点保护方式。

（3）为防止高电位传入而引起雷击，应在低压架空线向建筑物引接分支线处或直接在进线处，将所有相线的绝缘子铁脚及零线接地。进线段100m内的绝缘子铁脚都应接地，接地电阻应不大于30Ω。在轻雷电活动区，可只将建筑物进线处的绝缘子铁脚接地。

（4）电气设备及装置的金属框架或外壳、电缆的金属包皮，应可靠接地，接地电阻应不超过2Ω。

（5）接地线应采用并联方式，不应将各个电气设备的接地线串联接地。

（6）下列地点应重复接地：

1）设有变压器的低压配电室电缆受电处的零线；

2）建筑物的动力配电箱电缆受电处的零线；

3）架空专用线终端进户处的零线；

4）架空干线各支线进户处的零线。

重复接地电阻应不超过10Ω。

（7）接地电阻应每年测定一次，测定工作宜在该地区地下水位最低、气候最干燥的季节进行。

4.1.10 防火

（1）选矿厂的建构筑物和大型设备，应按国家有关消防法律法规及GBJ 16的规定，设置消防设备和器材。

（2）应按生产的火灾危险性分类，合理选择建构筑物的耐火等级，并采取相应的消防措施。

（3）厂房、库房、站房、地下室，应按国家有关规定设置适当数量的安全出口。安全疏散距离和楼梯、走道及门的宽度应符合防火规范，安全疏散门应向外开启。

（4）厂区及厂房、库房应按规定设置消防水管路系统和消防栓，消防栓应有足够的水量和水压。

（5）库房内的物品应分类存储，并按不同要求采取相应的消防措施。

（6）易燃易爆物品的使用、储存和运输，应执行有关易燃易爆物品的安全管理规定。

（7）有火灾危险的场所，不应动用明火；必须动用明火时，应事先向主管部门办理审批手续，并采取严密的防范措施，方可进行。

（8）任何单位和个人，不应擅自将消防设备和消防工具挪作他用。

（9）应经常对职工进行消防安全教育和培训，使其熟练使用灭火器材。

4.1.11 工业卫生

（1）招收新职工应经过健康检查，按国家有关规定不适合从事选矿生产的人员不应录用。

（2）接触粉尘及有毒有害物质的作业人员，应定期进行健康检查。应按照卫生部规定的职业病范围和诊断标准，定期对职工进行职业病鉴定和复查，并建立职工健康档案。体检鉴定患有职业病或职业禁忌症，经确诊不适合从事原工种工作的，应及时调离。

（3）作业地点空气中的粉尘和有毒有害物质浓度，不应超过《工业企业设计卫生标准》的规定，并应按照国家有关规定进行测定。

（4）对产尘作业点，应采取密闭除尘、喷雾洒水、湿式作业等综合防尘措施。

（5）粉尘、有毒有害物质的浓度和噪声严重超标的作业场所，应设置与作业环境隔离并有空调和空气净化设施的观察休息室。

（6）散发有毒有害气体、蒸汽及大量余热的厂房，应采用机械通风。

（7）作业场所的噪声不应超过 85dB(A)；否则，应采取综合防噪措施。

（8）厂区生活饮水和生产卫生用水，其水源选择、水源卫生防护及水质标准，应符合 GB 5749 和《工业企业设计卫生标准》的有关规定。

应每月进行一次水质检验，水质不合格的不应作为饮用水源。

（9）生产车间应设饮水站，及时供给职工符合卫生标准的饮用水。户外作业的人员，应发给随身携带的水壶。

（10）距医院较远的选矿厂，应设保健站或医务室，并备有电话、急救药品和担架。

（11）应根据气候特点采取防暑降温或防冻避寒措施。

（12）放射防护：

1）作业场所辐射管理与防护，应遵照 GB 4792 和 GB 8703 的有关规定；有伴生放射性矿物（如铀、钍）的选矿厂，应遵守《铀矿冶辐射防护规定》的有关规定。

2）从事放射性工作的人员应经过专门的安全技术培训考核，持证上岗。

3）选矿厂应制定放射源使用、管理办法，明确各级人员的职责。

4）选矿厂生产用的放射源，应采用专用容器统一存放在放射源库，并设专人保管，建立放射源使用档案。

5）在高活性放射性物料岗位，应采取隔离操作的方式作业。存在放射性危害的作业场所，工作人员应配备必要的个人防护用品和辐射监测仪器。对在操作放射源的过程中可能出现的事故，应制定相应的应急措施和处理办法。

6）放射性工作场所，应采取有效措施，防止无关人员进入。

7）放射源的安装、拆卸与使用，应由专人负责，其他人不应擅自拆卸、修理、调整放射装置。应保证有连锁装置的射线装置的完好，不应擅自拆除连锁装置。连锁装置有问题的射线装置，应修好方可使用。

8）怀孕、哺乳及未婚女职工和未满 18 岁的职工，不应安排从事放射源检修工作。

9）从事放射源工作的人员，应建立个人剂量监测档案，每年至少体检一次，遇有应急事件应立即体检。

10）对于放射性废物，应按照国家有关放射性废物的管理规定处理。

11）受辐射后的防护用品和工作衣物，应按规定妥善保管和处理。

12）放射源使用完毕，应用仪器探测，以保证放射源收入保存容器。

13）放射源的运输，应按 GB 11806 的规定进行。

14）运输或暂不使用放射源时（检修、拆装前），应将其闸门置于关闭位置并锁紧。

15）安装、拆卸放射源时，不应利用安全闸门杆提吊放射源整体，以免损坏安全控制闸门。

16）修理探头，应避免放射源装置处在"射线开"的位置；并应避免探头窗口直接对着检修者的任何部位；工作完毕，应用肥皂清洗身体裸露部分。

17）拆卸分解 Cs137 放射源的检修人员，一个月内的累计工作时间应不超过 8h；拆卸分解 Pu238、Am241 放射源的检修人员，一个月内的累计工作时间应不超过 50h。

18）卸下的辐射装置，辐射面应朝下，放置在金属板下或开口容罐内，离有人员活动的地方 2m 以外。对 Pu238、Am241 放射源，应用铅塞将窗口屏蔽，铅塞厚度不应小于 6mm；或用厚 6mm 铅板做容器盛装。

19）浸入矿浆的探头窗口一旦破裂，应立即将探头提出矿浆外，并将其屏蔽，以防放射源盒进水受潮渗漏，造成放射性物质扩散污染。

4.2 选矿岗位操作规程

4.2.1 颚式破碎机操作规程

4.2.1.1 启动前的准备工作

（1）认真检查破碎机的主要零部件是否完好，紧固螺栓等连接件是否松动，皮带轮外罩是否完整，传动件是否相碰或有障碍物等。

（2）检查辅助设备如给矿机、皮带运输机、电器设备和信号设备是否完好。

（3）检查破碎腔中有无物料，若破碎腔中有大块矿石或杂物，必须清理干净，以保证破碎机在空载下启动。

（4）有的破碎机电动机启动能力小于破碎机的需要，可将飞轮用吊车转过一定角度，使连杆处于最有利于启动的位置，即偏心在偏心轴回转中心线的最上部。

（5）对大、中型颚式破碎机，在启动前应检查润滑油箱的油量，必要时补充润滑油。然后启动油泵，向破碎机各轴承润滑部供油，等回油管有回油（通常需要 5～10min），以及油压表指针在正常工作压力数值以后，才能启动。破碎机在冬季，若厂房内无取暖设备，则应先合上油预热器开关，使油预热到 15～20℃后再启动油泵。

（6）在偏心轴承等润滑部位通有冷却水装置的颚式破碎机应预先开启循环冷却水阀门。

（7）做好上述准备工作后，发出要开车的信号，取得下一工序同意后方能开车。

4.2.1.2 启动和操作中注意事项

（1）破碎机启动后，要经过一段时间才能达到正常同转速度。启动电机时应注意控制台上的电流表，通常经 30～40s 的启动高峰电流后就降到正常工作电流值；在正常运转过程中，也要注意电流表的指示值，不允许较长时间超过规定的额定电流值，否则容易发生烧毁电机的事故。

（2）破碎机正常运转后，方可开动给矿设备向破碎机给矿。给矿时应根据矿块的大小和破碎机的工作情况，及时调整给矿量，保证给矿均匀，避免过载。通常，破碎腔中的物料高度不应超过破碎腔高度的2/3。

（3）破碎机在运转中，要经常注意大矿块卡住给矿门现象。如卡住，要用铁钩翻动，使其排除，如矿石太多或堵塞破碎腔，应停止给矿，待矿块破碎完后再开给矿机。绝对禁止从破碎机破碎腔用手取出矿块或用手整理矿石。如有大矿块需要取出时，应停车后用专门的器具取出。

（4）要严防电铲的铲牙、纽带板、钻头、钢球等金属块进入破碎机，这些非破碎物将使破碎机损坏。如有非破碎物进入破碎机又被通过时，应立即通知运输岗位的操作人员，防止进入下道工序，造成事故。

（5）当电器设备自动跳闸后，若原因不明，严禁强行连续启动。

（6）破碎机在运转中，应经常检查各润滑点的润滑是否良好，并注意轴承的温度。特别是偏心轴承的温度不允许超过60℃。经常检查润滑油的油温，或用手摸轴承的办法检查温度升高的情况，如油温超出允许范围，或机器有不正常的声音，应立即停机检查，找出原因并采取相应的消除措施。

4.2.1.3 停车注意事项

（1）先停给矿机，待破碎腔中全部物料破碎完毕后再停破碎机和皮带运输机。应当注意，当破碎腔中还有物料时不得关闭破碎机电动机，以免再次启动时造成困难。

（2）必须在破碎机停确后，方准停止油泵供油。在冬季应放掉轴承的循环冷却水，以避免轴承被冻裂。

（3）停机后应检查机器各部分并做好清理卫生工作。

4.2.2 中细碎破碎技术操作规程

4.2.2.1 设备性能

中细碎破碎技术设备性能见表4-2。

表4-2 中细碎破碎技术设备性能

名称 类别	直径2100mm 标准型 圆锥破碎机中破机	直径2100mm 矩头型 圆锥破碎机中破机
可动锥底直径/mm	2100	2100
给矿口宽度/mm	350	90
最大给矿粒度/mm	300	75
排矿口宽度/mm	35～55	5～15
与排矿口相应的生产能力/t·h⁻¹	450～750	100～290
电机型号	JSQ1510-12	JSQ1510-12
容量/kW	280	280
转数/r·min⁻¹	490	490
质量（不带电机）/t	63.5	63.4
最大件质量/t	15	15
偏心轴转数/r·min⁻¹	200	200

4.2.2.2 技术指标

中细碎破碎技术技术指标见表4-3。

表4-3 中细碎破碎技术技术指标

名 称 类 别	中破机	细破机
最大给矿粒度/mm	300	75
最大排矿粒度/mm	75	25
排矿口/mm	30~35	8~12
生产能力/t·h^{-1}	570	180

4.2.2.3 操作规程

（1）开车前必须检查各部件连接地脚螺丝是否松动，弹簧是否完好，长短是否一致，是否有杂物、矿石夹入，若有弹簧损坏时，应及时更换。

（2）开车前应先开油泵，给油3~5min，并注意油压及油管各接头有无问题。

（3）开车前应先给水，待回水量适宜，方能启动破碎机。

（4）破碎机启动后，才允许给油管的冷却水，水压要低于油压49kPa。油泵工作压力88.2~147kPa。

（5）不能在带负荷情况下启车。

（6）停车时要先停止给矿，待破碎腔内矿石排空后，才能停止破碎机开头，关闭防尘水、冷却水，最后停止油泵。

（7）中破7天、细破10天调正一次排矿口，确保小于规定的排矿粒度。

4.2.3 干式磁选工技术操作规程

4.2.3.1 设备性能

型号CRD-650干式磁选机的设备性能如下：

选别粒度：10~100mm

磁选强度（距筒表面50mm）：750~800 Oe。

激磁功率：17kW

直流电压：110V

交流电压：380V

传动功率：2.2kW

皮带速度：1~1.2m/s

线圈规定电流：15~17A，生产实用电流20A

磁滑轮直径：650mm，皮带宽650mm

生产能力：100t/h

4.2.3.2 技术经济指标

给矿粒度：12~75mm

原矿品位：Fe（30±2）%

精矿品位：Fe 50%以上

尾矿品位：Fe 8%以下

4.2.3.3 操作规程

(1) 开车前必须做到精、尾矿皮带和防尘通风启动后方能给矿。

(2) 根据矿石性质及时调正给矿量，精尾矿隔板角度和磁场强度。

(3) 根据观察给矿粒度，发现粒度过大时应及时反映，调正中碎机排矿口。

(4) 发现矿石含水过多，影响精、尾矿质量，应及时与水洗筛联系，并向调度报告。

(5) 精、尾分矿板可调时，应合理控制精尾分矿板。

4.2.4 直线筛工技术操作规程

4.2.4.1 准备工作

(1) 检查设备润滑状况，查看油标刻度和油量，油杯应有足够油脂，减速机箱内有足够油量。

(2) 查看前班的记录情况，明确生产指标及设备故障处理情况。

(3) 检查筛面是否平整，有无破损，万向节是否完好，给矿槽是否畅通。

4.2.4.2 操作步骤及注意事项

(1) 启车。

(2) 给矿。给矿要均匀，不允许超负荷给矿，防止筛上产品脱水不干净。

(3) 每间隔半小时对直线筛按点检内容进行点检，并做好记录。筛面变形破损应及时修补或更换，压条等螺丝松动要及时坚固，防止跑粗，做到筛面压条螺丝坚固无松动，无堵塞、破漏，筛网托条完好，钢梁无磨损。

(4) 开车过程中要勤观察飞轮及万向节情况，防止飞出伤人。

(5) 停车。未接到大班长、集控停止通知，不得私自停车，不得有负荷停车。

(6) 停车后必须清洗检查筛面，保持筛面清洁良好。

4.2.5 圆振筛工技术操作规程

4.2.5.1 准备工作

(1) 检查、坚固各部位螺丝，检查筛体两端润滑油道是否通畅。

(2) 人工盘车，确认筛网无破损。

4.2.5.2 操作步骤及注意事项

(1) 启车前通知泵房送水。

(2) 开启润滑油泵。

(3) 启动圆振筛，待其运行正常后开始均匀给矿，不得超负荷运行。

(4) 观察矿石冲洗情况，及时通知泵房调整水量，注意击振力是否满足要求，不够要及时调整，每半小时点检一次。

(5) 停车时，先停止给矿，待筛面冲洗干净后再停水、停车。

(6) 停车后，及时检查筛网有无破损，破损的要及时修补或更换。

4.2.5.3 操作中注意事项

(1) 运行过程中要随时观察飞轮运行情况，防止飞出伤人。

(2) 更换筛网时，要将筛网下筛体连接紧，不得有相对运动，以免磨损筛网和下面托条的缓冲皮。

4.2.6 湿式磁选工技术操作规程

4.2.6.1 准备工作

（1）检查设备润滑状况，查看油标刻度和油量，油杯应有足够油脂，减速机箱内有足够油量。

（2）查看前班的记录情况，明确生产指标及设备故障处理情况。

（3）检查各部电源电源开关是否良好及槽体内是否有杂物。

4.2.6.2 操作步骤

（1）砂泵、环水、过滤、球磨岗位进行联系，待一切准备工作正常后通知送电，启动磁选机。

（2）打开各部水管使槽体内注满水，进行空车试运转，试车正常后，通知球磨给矿。

（3）每隔1h对磁选机按点检内容进行点检，并做好点检记录。

（4）停车时，当分级机停止来矿后，继续运转3~5min，然后打开放矿闸门，将槽体内矿浆放空，清洗各部积矿，关闭水管停车。

4.2.6.3 操作中注意事项

（1）在生产中，操作人员必须根据矿石品位、含泥量、给矿量、粒度粗细，做到勤检查、勤分析、均匀给矿，顺利排矿，确保品位，回收率双提高。

（2）发现废品应及时分析，找出原因，采取措施。

4.2.6.4 技术指标

（1）一段磁精含铁61%以上，磁尾含铁8%以下。

（2）一段磁精含铁63%以上，磁尾含铁9%以下。

（3）一段磁精含铁66.5%以上，磁尾含铁13%以下。

4.2.7 细筛工技术操作规程

4.2.7.1 准备工作

（1）查看前班记录，明确生产指标及设备故障处理情况。

（2）检查筛面是否平整、给矿管是否畅通。

4.2.7.2 操作步骤及注意事项

（1）给矿要均匀，不允许超负荷给矿，防止筛上产品恶性循环。

（2）每间隔半小时对细筛按点检内容进行点检，并做好记录，做到管道畅通，无堵塞、破漏，筛算无变形，在矿流运动方向无逆台阶。

（3）停车后必须清洗检查筛面，保持筛面清洁良好。

（4）系统出现破漏、筛面变形破损时应及时更换。

4.2.7.3 技术指标

细筛台时产量：5~8t/h

筛给浓度：50%~60%

筛下产品：-0.074mm含量占75%以上

筛上产品：-0.074mm含量占30%以上

4.2.8 过滤工技术操作规程

4.2.8.1 铁过滤技术操作规程

A 准备工作

（1）检查设备润滑状况，查看油标刻度和油量，油杯应有足够油脂，减速机箱内有足够油量。

（2）查看前班的记录，明确生产指标及设备故障处理情况。

B 操作步骤

（1）启车前必须与砂泵、磁选、真空泵、223号皮带岗位联系，与值班调度取得联系，待有关岗位启动正常，经确认后方可启动过滤机。

（2）开停车顺序：

开停车顺序用箭头表示——→表示开、——→表示停）：

精矿皮带←——→中心皮带←——→高差排液←——→真空泵←——→过滤机←——→吸风闸←——→给矿

（3）停车必须先停给矿，待机内矿浆全部滤完，方可停车，并冲洗滤布，严禁带负荷停车。

C 操作中注意事项

（1）操作中，经常与球磨、磁选、真空泵联系互通情报，做到协调，给矿稳定合理，做到真空适度，排液正常，水分不超标。

（2）出现给矿管堵塞、过滤布破损、压条掉落、电机有异常响声、中心皮带尾轮不转等异常情况应停车处理。

D 技术指标

（1）铁精矿水分不高于10%。

（2）过滤机利用系数0.7~0.8，即每小时处理精矿0.7~0.8t以上。

4.2.8.2 硫过滤技术操作规程

A 准备工作

检查设备润滑状况，油杯内应有足够的油脂，减速机箱内有足够的油量。

B 操作步骤

（1）按如下顺序启动部分电机：1）皮带电机→2）搅拌电机，然后打开调速器电源开关，通过旋转调速旋钮，调整电机转速到合适的转速→3）主轴电机，调整电机到合适的转速，方法同2）→4）润滑电机。

（2）当状态开关处在自动工作状态时，只需按下自动启动按钮完成各部电机的启动，然后按上述顺序及要求调整搅拌机和主轴电机的转速。

（3）设备运转正常后，再向槽体内给入矿浆，直至出现溢流。然后再接通真空及反吹风管路，开始过滤作业。

（4）停车时，应首先停止给矿及真空，反吹风，打开排矿口阀门，排空矿浆洗净槽体后，按如下顺序停止各电机运转：1）润滑电机→2）把主轴电机转速调到"0"，关闭调速器电源开关，按下"停止"按钮，停止主轴电机运转→3）搅拌电机，方法同主机→4）皮带电机。

（5）在自动状态时，应按前述要求将主轴和搅拌电机的转速调至"0"，然后按下自动停止按钮即可完成各电机的停止作业。

C　操作中注意事项

（1）高速电机启动前，要求调速旋钮应置于"0"位，调速电源开关应处于"关闭"。只有先启动电机后，才可以打开电源开关，然后从零转速逐步调到需要的转速。停止运转时，应先将转速调到"0"，再关闭电源开关，然后停止电机运转。

（2）搅拌电机必须空负荷启动运转。任何原因导致停转 2～5min 以上，也应排空矿浆后，才可启动运转搅拌电机。

（3）只要槽体内有矿浆，就不允许停止搅拌轴的运转。

D　技术指标

滤饼水分不高于10%。

4.2.9　真空泵工技术操作规程

4.2.9.1　准备工作

（1）检查设备润滑状况，查看油标刻度和油量，油杯应有足够油脂，减速机箱内有足够测量。

（2）查看前班的记录情况，明确生产指标及设备故障处理情况。

（3）紧固各部松动螺丝，加注润滑油，检查调整盘根线。

4.2.9.2　操作步骤

（1）开车前先给入循环水保持有溢流排出，然后关闭吸气大阀门，打开放气阀，使真空泵在无负荷情况下启动，待电流正常后，关闭放气阀，打开吸气大阀门至真空度达到要求。

（2）停车时应先停盘根水，打开放气阀，关闭吸气大阀门，最后停泵。

4.2.9.3　操作中注意事项

（1）经常检查真空泵，并做好记录，如发现异常，则与过滤机岗位联系，查出原因，清除故障。

（2）经常观察溢流，若混浊，应及时检查高差排液装置工作是否正常，有问题要及时采取措施处理，必要时打开放气阀放风，但时间不能超过 10min，以免影响滤饼水分。

4.2.9.4　技术指标

真空度为 500～600mm 汞柱。

4.2.10　皮带运输机技术操作规程

本节所介绍的皮带运输机技术操作规程适用于大冶铁矿皮带运输机岗位。大冶铁矿使用皮带运输机运送矿产品及建筑物料的单位有选矿车间、球团厂、地下采矿破碎系统等单位。本节仅就选矿破碎、脱水工序皮带配置作如下说明。

4.2.10.1　主要技术性能

A　破碎工段皮带运输机技术性能

破碎工段皮带运输机技术性能见表 4－4。

表 4 - 4 破碎工段皮带运输机技术性能

编号	皮带机主要性能				电动机			减速机	
	带宽 /mm	机长 /m	带速 /m·s⁻¹	倾角 /(°)	型 号	容量 /kW	转速 /r·min⁻¹	型号规格	减速比
1、2	1400	95.43	1.5	15	仿 AO94 - 6	75	984	цд₂115 - 7 - Ⅱ	34.317
3、4	1200	7.2	1.02	0	JO - 73 - 6	20	970	цд₂60 - 5 - Ⅱ	40.165
5	1200	36.8	1.30	0	JO - 73 - 6	20	980	цд₂60 - 10 - Ⅱ	26.91
6	1200	24	1.30	0	JO - 73 - 6	20	980	цд₂60 - 10 - Ⅱ	26.91
抛6	800	16.7	1.00	0	内装式电磁滚筒 WD - 75 - 100 - 120 × 63N，功率为15kW				
7	1400	117.13	1.47	16	JS - 126 - 6	155	980	цд₂170	56.56
8	1400	99.1	1.47	16	JS - 128 - 6	215	980	цд₂170	56.56
15	1200	20.05	1.20	0	JO - 73 - 6	20	980	цд₂65 - 7 - Ⅱ	34.317
17	1400	111.65	1.56	16	JSL - 128 - 6	215	980	цд₄130 - 7 - Ⅱ	34.317
18	1200	168.37	1.63	18	JC - 117 - 6	115	980	цд₄130 - 5 - Ⅰ	40.165
19	1400	71.75	1.40	14.5	AO94 - 6	75	982	цд₄130 - 2 - Ⅱ	54.034
20	1400	97.38	1.77	0	JC - 117 - 6	115	980	цд₄130 - 5 - Ⅰ	40.165

B 破碎工段皮带运输机使用种类

破碎部分中，3 号、4 号、5 号皮带为可逆式皮带运输机；18 号皮带为带卸矿小车皮带运输机；6 号为带有磁力滚筒的干式磁选抛尾设备；1 号、2 号皮带装有检铁装置；7 号皮带为气垫皮带机。

C 脱水工段皮带运输机技术性能

脱水工段皮带运输机技术性能见表 4 - 5。

表 4 - 5 脱水工段皮带运输机技术性能

编号	皮带机主要性能				电动机			减速机	
	带宽 /mm	机长 /m	带速 /m·s⁻¹	倾角 /(°)	型 号	容量 /kW	转速 /r·min⁻¹	型号规格	减速比
1	800	18.5	1.25	0	JO2 - 61 - 6	10	970	PM500 - Ⅲ - 2LS	34.317
4	800	22	1.0	0	JO2 - 61 - 6	10	970	PM500 - Ⅲ - 2LS	29.05
5	800	22	1.0	0	JO2 - 61 - 6	10	970	PM500 - Ⅲ - 2LS	31.5
6	800	22	1.0	0	JO2 - 61 - 6	10	960	PM500 - Ⅲ - 2LS	31.5
7	800	22	1.0	0	JO2 - 61 - 6	10	970	PM500 - Ⅲ - 2LS	31.5
8	800	22	1.0	0	JO2 - 52 - 6	7.5	960	PM500 - Ⅳ - 2LS	23.34
9	800	22	1.0	0	JO2 - 52 - 6	7.5	960	PM500 - Ⅳ - 2LS	23.34
13	1000	165.29	1.5	18	仿 AO94 - 6	75	984	цд₂100 - 6 - Ⅱ	36.862
14	1000	165.29	1.5	18	仿 AO94 - 6	75	984	цд₂100 - 6 - Ⅰ	34.317
15	650	105.35	0.85	18	Y160L - 6	11	970	цд₂50 - 10 - Ⅰ	26.91
16	800	147.4	1.2	0	仿 AO83 - 6	40	984	цд₂75 - 7 - Ⅰ	34.317
17	800	147.4	1.2	0	仿 AO83 - 6	40	984	цд₂75 - 9 - Ⅱ	29.05
18	650	36.95	1.25	0	Y160L - 6	11	970	цд₂40 - 13 - Ⅰ	17.775

D 脱水工段卸矿装置使用种类

脱水部分中，16 号、17 号皮带卸矿装置为犁式卸料器（俗称摆子）。

4.2.10.2 安全作业条件

（1）信号不明严禁开车，开车前应检查设备的润滑及防尘状况是否良好，以及周围有无障碍物。

（2）皮带与刮泥板接触不应太紧，拦板胶皮与皮带间无矿石卡住。

（3）换托辊、支架、刮泥板、漏斗衬板和各部件螺丝等都要停车，并换电源牌方可处理。

（4）可反转皮带及各卸矿车需反转时，应先停车，后开启换向。

（5）有分料器或卸料器设置的皮带，分料器高度调整要适当，料流分布要合理。

（6）检铁器岗位有事离开时，必须找人顶替，否则不准离岗。

（7）在一般情况下，皮带不得带负荷启动。

（8）设备运转时，严禁以任何方式触摸其传动部件。

（9）不准随意拆除安全防护装置，及时检查安全设施并反馈。

（10）更换零部件时，电源开关必须加锁，生产工人维修设备时，必须换电源牌。

4.2.10.3 技术操作方法与步骤

（1）精心操作皮带运输机，保证皮带正常运转，负责检查原矿中夹带的铁块、杂物等。

（2）皮带按下列顺序停车（开车则相反）。

1）破碎工段皮带停车顺序如图 4-1 所示。

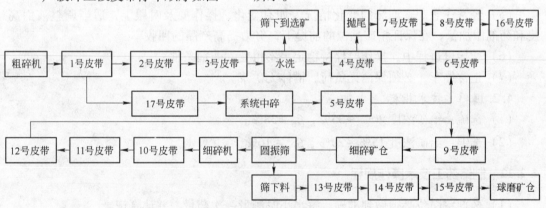

图 4-1 破碎工段皮带停车顺序

2）脱水工段铁精矿皮带停车顺序如下：

16 号（或 17 号皮带）→ 13 号（或 14 号）皮带→ 2~9 号皮带

（3）保持皮带正常运转，严防跑偏。如跑偏时，要迅速查明原因进行处理。

（4）皮带与刮泥板接触不应太紧，拦板胶皮与皮带间无矿石卡住。

（5）有卸矿车的皮带岗位要注意供矿和换矿信号，信号不明，严禁要矿。

（6）破碎 18 号皮带要经常与记录室联系，分矿种储矿，严禁混矿，并随时向记录室报告储矿情况，保证球磨机均衡供矿。脱水精矿放矿皮带要经常与记录室联系，精矿按质堆放，保证装车合格。

（7）气垫皮带机启动前应首先启动风机，待风压到一定值后方可启动皮带，严禁无风压状态下启动气垫皮带，以免严重磨损或撕裂皮带，甚至烧坏传动电机，停气垫皮带时先停皮带，再停风机。

4.2.11 浮选工技术操作规程

4.2.11.1 准备工作
对设备进行详细检查，逐台盘车。

4.2.11.2 操作步骤及注意事项
（1）将浮选槽内注满清水后，从最后一台浮选机依次向前逐台启动设备，待运转正常后给入矿浆。

（2）根据矿石性质、给矿量，由本岗位工控制加药机，合理添加浮选药剂。药剂加到搅拌桶内，加药量不得超过规定范围。

（3）加药量控制：

1）选硫：2 号油 35 ~ 60mL/min；

黄药 800 ~ 1200mL/min（浓度 10%）。

2）铜硫分离浮选：石灰 1 ~ 3kg/min，pH = 11 ~ 12；

活性炭 1000 ~ 2000mL/min（浓度 5%）；

Z - 200 号 4 ~ 6g/min。

（4）保证矿浆面稳定，根据快速样化验指标严格控制泡沫刮出量，粗选精选尽量少刮，稳定操作，不得跑槽和掉槽。

（5）经常注意观察泡沫的变化情况，如有变化，操作要及时跟上，适当调整液面高度和药剂添加量，在保证精矿品位的前提下，努力提高产品的回收率。

（6）交接班过程中，操作要保持稳定，不得变动药剂条件。

（7）正常停车，必须保证无负荷，槽体无矿浆。

4.2.11.3 技术指标
（1）选硫：给矿浓度 20% ~ 35%，$\beta_S \geqslant 38\%$；

（2）选铜：给矿浓度 15% ~ 20%，$\beta_{Cu} \geqslant 16\%$。

4.2.12 制给药工技术操作规程

（1）药剂室岗位必须做到准确，每半小时测量一次药量，并认真记录。

（2）浮选药剂的添加，不得超出允许的浓度范围，浮选岗位需要变更药量时，必须通过药剂室，自己不得随便调整。

（3）药剂稀释浓度要准确，黄药浓度为 10%，2 号油原质使用。

（4）黄药若变质严禁使用，在稀释或搬药时，应认真检查，稀释后的黄药超过 24h 后，不能再使用。

（5）给药制度：黄药 600 ~ 1200mL/min（浓度 10%）。

4.2.13 浓缩机工技术操作规程

4.2.13.1 准备工作
（1）检查润滑点，注入足够的油量。

（2）打开浓缩池底部高压水，冲动中心盘、排矿闸门和积砂。

（3）打开浓缩池排矿闸门。

（4）手动盘车，使小车行走 0.5m。

（5）接到开车通知后，ϕ30m、ϕ53m 浓缩机与浮选、泵房联系好开车准备，ϕ45m 浓缩机与尾矿坝联系。

4.2.13.2 操作步骤及注意事项

（1）砂泵启动正常后，关闭高压上升水闸门启动小车。

（2）根据尾矿含泥情况，掌握排矿深度，保证环水清洁和水量。

（3）随时观察小车运行电流，及时调整排矿闸门。

（4）定时测定浓度，并做好记录。

（5）停车，当主厂房停止来矿后，小车要继续运转两圈以上（约 1h），才能停止小车，小车停止后应向泵内补充清水 10～15min，冲洗管内矿浆。

4.2.13.3 技术指标

ϕ30m 浓缩机排矿浓度：15% 左右

ϕ45m 浓缩机排矿浓度：15%～25%

ϕ53m 浓缩机排矿浓度：（30±5）%

4.2.14 砂泵工技术操作规程

4.2.14.1 准备工作

（1）检查坚固各部位螺丝，轴承润滑情况，缺油的要求加油，检查盘根线，若磨损漏矿必须更换。

（2）进行人工盘车，确认泵体内无障碍物，转动灵便。

（3）打开水封水，1 号泵房水压要保持在 539kPa 以上方能开车，否则通知拦河坝泵站或浮船泵站送水。

（4）关闭放泥闸门。

4.2.14.2 操作步骤及注意事项

（1）开车时，打开顶部清水闸门往泵内给水，启动电机，待其正常后，逐渐打开吸矿闸门，待其正常后，关闭清水闸门，使其达到额定负荷运转。

（2）经常检查排矿管路情况，保证砂泵吸排矿畅通无阻，如发现管路堵塞，盘根线磨漏严重等情况，应及时启动备用泵，然后分析事故，查出原因，并将事故泵处理好，确保备用。

（3）各泵房立式砂泵，要经常检查清理，使之保持良好自动状态。

（4）各进矿槽的隔渣栅栏杂物要及时清理，以防进入大井，造成堵管、卡泵等事故发生。

（5）停车：

1）砂泵房在球磨停开后，必须继续运行 1h 以上方能停车。

2）各泵房在停止给矿时，必须给泵内加清水继续扬送 15min 以上。将管内矿砂冲走，防止堵塞。

3）打开放泥闸门，将管内矿浆放空。

4.2.15 选矿水泵工技术操作规程

4.2.15.1 环水泵（和浮船泵）工技术操作规程

A 准备工作

（1）要认真检查坚固各部位螺丝，检查轴承润滑情况，缺油的要求加油，检查盘根线，磨损漏水要更换，以免漏气启车时不能抽真空引水。

（2）手动盘车。

（3）检查排水闸门，若是打开的关闭后启车。

B 操作步骤及注意事项

（1）先开真空泵，待真空泵排气管稳定地排出清水，方能启动环水泵。

（2）在电流正常下，开动排水闸门，不允许在排水闸门关闭情况下运行超过2～3min。

（3）调整排水闸门时，水压不能下降太快，若降到零时，证明水泵不吸水，应停车重开。

4.2.15.2 二浊泵工技术操作规程

A 准备工作

（1）要认真检查坚固各部位螺丝，检查轴承润滑情况，缺油的要求加油，检查盘根线，磨损漏水要更换，以防影响上水量。

（2）手动盘车。

（3）检查进水闸门，若是关闭的打开后启车。

B 操作步骤及注意事项

（1）打开排气闸门，待其稳定地排出清水时，方能启动二浊泵。

（2）在电流正常下开动排水闸门，不允许在排水闸门关闭的情况下运行超过2～3min，然后关闭排气闸门。

（3）调整排水闸门时，水压不能下降太快，若降到零时，证明水泵不上水，应停车重开。

4.2.16 压风机工技术操作规程

4.2.16.1 开车前准备工作

（1）必须检查设备部件，润滑冷却系统，三角皮带松紧情况，坚固松动螺丝。

（2）将冷却水通入水套和冷却器。

（3）打开压风机和风包进排气阀门。

（4）将压力调节器调到一个大气压的位置，或打开与大气相通的旁通闸门，保证能空载启动。

（5）向润滑系统加注润滑油。

（6）手动盘车，使压风机回转1～2rap。

4.2.16.2 启动电动机

当压风机正常运转后，将压力调整到工作压力，并关闭与大气相通的旁通闸门。

4.2.16.3　停车

（1）将压力调整到使压风机空转的位置。

（2）停止电动机。

（3）停止供给冷却水，在冬季超过 4h 以上必须放掉冷却器和水套等积水，以防冻坏设备和管道。

（4）必须在浮选柱停车放完矿浆后才停压风机。

（5）事故停车时要及时通知浮选柱放矿以免压放生器。

4.2.17　衬板、过滤布工技术操作规程

4.2.17.1　准备工作

接到任务后做好所需物品的准备工作。

4.2.17.2　操作步骤

（1）更换球磨衬板：

1）拆旧衬板；

2）装新衬板。

（2）更换过滤布：

1）拆旧过滤布；

2）装新过滤布。

4.2.17.3　操作中注意事项

（1）更换衬板时必须将钢球全部倒干净，用铁锹清理衬板上积矿，再用清水冲洗干净。

（2）拆衬板时必须按顺序进行拆卸。

（3）装新衬板时必须按规格置换衬板，不得自行改动。

（4）筒体与衬板之间必须垫三合板。

（5）衬板螺丝加垫坚固严密。

（6）置换过滤布前必须将布冲净，除去毛刺。

（7）装过滤布时一定要穿软底鞋。

（8）新过滤布上不准放置工具和材料。

4.2.18　球磨技术操作规程

4.2.18.1　技术指标

球磨台时产量：(50 ± 5)t/h（一段）

球磨排矿浓度：80% ~85%（二段）

分级机溢流浓度：(30 ± 2)%

分级机溢流粒度：-200 目（<0.074mm）占 55% 以上

分级机返砂量：200% ~300%

球磨机给矿粒度：-13mm

再磨机球磨排矿粒度：-100 目（<0.147mm）占 65% 以上

4.2.18.2　操作规程

（1）开车前准备：

1）必须认真检查球磨机及所有设备润滑系统，润滑点，坚固各部松动螺丝，排除周围杂物进行球磨盘车（停车 8h 以上者）。其他设备均应无载试车。

2）必须与 1 号泵房、环水泵房、过滤、磁选等岗位联系，并打开球磨排矿端的水闸门，待以上岗位启动正常后，才可启动球磨机。

3）油泵启动后，油压稳定在 147 ~ 196kPa 时，方可启动球磨机。

（2）开停车顺序：

1）开车：油泵→球磨机→分级机→降分级机提升机（下托架落入托架槽内）→给矿皮带→给水→摆式给矿机。

2）停车：摆式给矿机→给矿皮带→停止给水→分级机→球磨机→油泵→提升螺旋。

（3）每半小时测量一次球磨排矿浓度，分级机溢流浓度及时调整水量，确保磨矿效率及分级粒度，并记入交接班本。

（4）要按时按量每班补加 80mm 钢球 150kg，再磨机每班补加 30mm 钢球 450kg，并记入交接班本。

（5）球磨运转时，要做到均匀给矿，台时产量稳定，一般按(50 + 5)吨/(台·时)，如果矿石易磨粉矿多，在保证粒度的条件下，尽可能提高产量，但要与过滤、磁选联系好后才能进行。

（6）每小时把皮带称号码、台时产量记入交接班本中。

（7）球磨发声沉闷，电流下降、排矿粒度粗、返砂量增大时，这是胀肚现象，应及时采取少给矿，少给水，以及提升分级机螺旋、减少返砂量等办法消除。

4.2.19　旋流器工操作规程

4.2.19.1　工作前

（1）入料管线接头、阀门不漏水，阀门应灵活、好用，无堵塞现象。

（2）水介质旋流器各部位，特别是入料口、排料口的磨损不能超过要求，无堵塞。

（3）水介质旋流器的可调部件完整、灵活。

（4）系统内各仪表（如压力表等）应灵敏可靠，停车时指示应在相应的位置。

4.2.19.2　工作中

（1）接到开车信号，确认正常，待下道工序正常运行后，即可通知送料。

（2）水介质旋流器给料后，根据排料口排料的形状和浓度，了解其工作效果。

（3）水介质旋流器的操作因素有入料压力、入料浓度、入料量。一般数据如下：

1）入料压力通常取 0.05 ~ 0.3MPa。提高入料压力，可使流量增加，改善分级效果，提高底流浓度，但底流口磨损大，动力消耗增加。

2）入料浓度对分级效率和底流浓度有很大影响。分级粒度越细，入料浓度应越低，低浓度能获得较好的分级效果。分级时给料浓度一般控制在 250g/L 以下。

3）底流的排放方式对分级效果影响很大，以使底流连续呈伞状旋转排出为好；底流呈柱状甚至间断排放，表明旋流器中部的空气柱被破坏，从而使溢流跑粗，分级效果降低。

4）处理微细原料时，应采用较高给料压力或多开几台小直径旋流器并联工作。

（4）根据水介质旋流器的用途，检查底流、溢流的浓度、粒度组成和灰分，以判断旋流器的工作效率。

（5）入料压力可通过调整入料管上阀门进行控制。

（6）与来料泵司机保持密切联系，随时通报入料压力、浓度等变化情况，力求稳定旋流器的工艺参数，以保持良好的工作效果。

（7）发现旋流器底流中含过多粗粒度时，应及时与上道工序分级设备的司机联系，促使其提高分级效果，减轻旋流器不必要的负荷和损失。

（8）根据原料的数量和旋流器工艺参数要求，决定水介质旋流器的开动台数。

4.2.19.3 特殊情况的处理

（1）必须定期检测水介质旋流器各主要部件的磨损情况，发现超限应及时更换。

（2）水介质旋流器上的检测仪表（如压力表等）显示不准或不动，应及时维护或更换。

（3）水介质旋流器排料口有时被杂物堵塞而断流，应及时将杂物排除，以保证其正常工作。

4.2.19.4 停车操作

（1）接到停车信号后，即通知来料泵司机停车。

（2）检查清理旋流器入料口、排料口的杂物。

（3）检查有关管道、阀门有无漏水、堵塞、开启不灵的现象，发现问题及时处理。

（4）定期检查入料口、排料口、中心管及内衬的磨损情况，应通过实测来确定其磨损是否超限，严格按规定更换磨损部件。

（5）检查各仪表，发现不正常，应及时处理。

（6）利用停车时间按"四无"、"五不漏"要求，对设备进行维护保养，并清理设备和环境卫生。

（7）按规定填写岗位记录，做好交接班工作。

4.2.20 尾矿坝工技术操作规程

4.2.20.1 准备工作

（1）检查主管是否有破损，闸门是否完好。

（2）观察沉积滩面，确定放矿点。

4.2.20.2 操作步骤及注意事项

（1）按顺序及时均匀放矿，放矿支管至少有3处同时工作，主管尾端应经常保持开放。尾矿排放要求达到：沉积滩面均应平整，沉积滩必须有足够的安全长度（不少于250m），放矿矿浆的流量和深度应保持稳定。

（2）必须在坝前放矿，不得随意从库后放矿。如当班处理故障需要从库后、库侧放矿时，由看坝人负责处理，并及时报告。因特殊情况，确需从库后、库侧放矿3天，由选矿车间领导批准，3天以上由矿领导批准。在库后、库侧放矿时，须保证坝前滩长不少于250m，确保坝前滩沉积上升速度。放矿点必须远离坝顶，且应在两侧岸边轮换放矿。不得开成反坡，而导致矿浆倒流至坝前，威胁坝体的安全。

（3）尾矿坝的正常水位，必须严格控制，保证干坡滩长250m。在汛期应保证干坡滩长320m，确保蓄洪库容，适应暴雨袭击。若暴雨时间过长，导致坝前干坡滩长少于250m或急剧减小时，应立即组织人员，拆卸溢洪塔上弧形盖板，确保坝堤安全。子坝升高后，不得马上升高水位，应待形成一定的沉积护坡，当澄清水深度够时，才能升高正常水位。

（4）各子坝的排水沟、溢洪道应经常进行检查，保持畅通，如有杂物应及时清除，以免堵塞，影响排洪。暴雨季节等特殊情况应加强检查，密切注意水位上升速度，每班水位必须报车间调度。

（5）非暴雨季节，当水位上升到一定高度后，要及时给溢洪塔加弧形盖板，防止清水外排。加盖板时，首先必须把盖板放稳，加填水泥，然后覆盖一层土工布，用4mm铁丝捆扎好，不得有任何地方渗漏尾砂。

（6）妥善保管防洪防汛的材料物资、工具和用具以及尾矿坝检查的记录本。

4.2.21　充磁工技术操作规程

（1）充磁机主要由自耦变压器、充磁线圈、引燃管、充磁电容、表计和开关等组成。它的输入电源~220V，输入电流小于1A，充磁电压为0~250V，充电电流小于0.8A。

（2）工作前，必须作好一切准备工作，一定要检查设备的各部位，确认没有问题后，再接上线圈。自耦调压器必须置于"0"位，操作开关置于"充电"位，然后送上自动开关。电源批示灯亮后，缓慢地调节自耦调压器，使充电电流不超过0.8A，待电容充至230V左右时，将操作开关打到"充磁"位，开始充磁。充磁过程不到1s就完成。再收自耦调压器于"0"位，操作开关置于"充电"位，重复上述过程，使其连续进行第二次"充磁"。

（3）被充磁块必须磨平贴结，其贴结涂料越薄，磁阻越小，贴结强度越大则磁块不易退磁。

（4）"充磁"暂告一段落时，将自耦调压器置于"0"位，停下自动开关。操作开关由"充磁"位扳到"放电位"，约1min后，再扳到"放尽"位3min后再放到"停止"位。

（5）充磁过程中，凡听到"放炮"声，见到"闪光"，闻到"糊味"时，必须立即扳断自动开关，请有关人员检查处理。

（6）充磁过程中，电容柜门必须关闭好。不准移动充磁线圈及磁块和导磁铁。

（7）充磁时，磁块在充磁线圈中必须叠放整齐，互相要接触好，导磁铁要盖严密，以减小气隙，否则，因磁阻过大而充不上磁。

（8）由于引燃管怕振动，并不可翻倒。充磁操作柜也不得振动和翻倒。

（9）工作前，必须检查电容，发现脱线、胀肚、爆开等现象时，严禁使用，并请有关人员检查处理。

（10）工作完后，必须认真清扫设备及环境卫生，保证设备完好。

4.2.22　尾矿再选工技术操作规程

4.2.22.1　准备工作

开车前做好磁选机的润滑和坚固。

4.2.22.2 操作步骤

(1) 打开磁选机各部水管，使槽体充满水开空车，运转正常后，开始给矿。

(2) 调节前溢流口排尾量，使后溢流口有适量尾矿排出。

(3) 调节磁偏角，使磁性物向上带矿顺畅。

(4) 调节精矿卸矿水量及冲水角度，使精矿能及时卸掉。

(5) 停车时，选停给矿，继续运转 3~5min，然后打开放矿闸门，将槽体内矿浆放空，并清洗各部积矿，关闭水管停车。

4.2.22.3 操作中注意事项

(1) 开车时保持均匀给矿。

(2) 生产中出现跑矿时，及时报告调度。

(3) 严禁带负荷停车，停车前必须将分选区矿砂冲洗干净。

4.2.22.4 技术指标

再选给矿品位：TFe 6%~9%

粗磁精矿品位：TFe 40%~50%

二磁精矿品位：TFe 55%~60%

最终尾矿品位：TFe 5%~7%

4.2.23 振动放矿工技术操作规程

4.2.23.1 准备工作

开车前应首先检查各部连接螺栓是否松动，振动台板焊缝是否有裂纹，待确定无松动和完好后方可开车。

4.2.23.2 操作步骤及注意事项

(1) 振动台面应保留 100~200mm 厚的垫矿层，以减少台面直接承受矿石的冲击。

(2) 所用振动机的振动力线，应固定在 3 级（60°）使用，1~2 级不满足放矿要求，如遇矿石流动性差时，可将力级加大到 4 级（30°）处理，一般不得随意调动。

(3) 先点动开车，确认无异常现象，可正常开车。

(4) 运转中，如有异常声响，应立即停车。

(5) 严禁空振，振动给矿机运转时，操作人员不允许擅自远离操作的设备，当大块矿石卡堵出料口或出料口放空时，务必迅速切断电源，特殊情况下空振不得超过 2min。

(6) 放矿结束检查振动给矿机时，必须切断电源，防止非操作人员开启振动给矿机。

(7) 用爆破方法处理大块矿石卡堵时，一次用药量应少于 60g。严禁炸药与振动台面直接接触。

4.2.24 选厂工序取样检查工技术操作规程

4.2.24.1 准备工作

(1) 进班取样前检查所有样桶、样勺、样铲是否完好无损，数量是否齐备。

(2) 检查取样机是否正常工作。

4.2.24.2 操作步骤

A 干选取样

（1）取样地点：老1号、20号、17号皮带。

（2）取样时间：开车后半小时，每隔2h取一次样。

（3）取样方法和重量：用样铲横截皮带矿流取样，每次取样质量不小于2.5kg，送样量不小于1.5kg。

（4）将所取原矿样放进破碎机中破碎，出料粒径直径不大于13mm。

（5）将破碎后的样品进行缩分（采用对角线四分法缩分）。

B 湿选、浮选、尾矿再选取样

a 分级溢流、磁精、磁尾、铁精取样

（1）取样地点：分矿箱、磁选给矿箱、精矿槽、尾矿槽、23号皮带。

（2）取样时间：每隔2h取一次样。

（3）取样方法和取样重量：分溢用样勺在分矿箱内取，每次取20~30g，用二分法缩分，送样量不小于100g（下同）。磁精、二磁精、再磨磁精、三磁精，每次取样一勺，约25g。一磁尾、二磁尾、再磨磁尾、三磁尾，每次取样五勺。铁精每隔1h检查一次（为自动取样机，每分钟18~20rap）。

（4）不定时对岗位进行取样检查。

b 硫原、硫精、硫尾、铜原、铜精、铜尾取样

（1）取样地点：分矿箱、25号皮带、硫尾矿槽、6R浮选机精矿槽、铜精矿槽、铜尾矿箱。

（2）取样时间：每隔2h取样一次。

（3）取样量：每次取2勺，送样量不小于80g。

（4）不定时取样检查。

c 再选一磁尾、再选二磁精取样

（1）取样地点：尾矿槽、精矿槽。

（2）取样时间：每2h一次。

（3）取样方法及取样量：再选一磁尾取样，用样勺取8勺/次，送样量不小于80g。再选二磁精取样，用样勺取1勺/次，缩分，送样量不小于80g。

C 送样分类

a 综合样

（1）送样时间：每12h送一次样。

（2）送样种类：干原、干精、干尾、三磁尾、湿尾、硫原、硫精、硫尾、铜原、铜精、铜尾、铁精、再选一磁尾、再选二磁精。

b 快速样

（1）送样时间：每4h送一次样。

（2）送样种类：分溢、一磁精、一磁尾、二磁精、二磁尾、再磨磁精、再磨磁尾、三磁精、三磁尾。

4.2.24.3 操作中注意事项

（1）取样过程中，样勺不能混用，若要用同一样勺取多个样，则必须将样勺清洗

干净。

(2) 在浮选取样过程中，要注意取样深度控制，既不能只取泡沫，也不能全取矿浆，应保持适当深度控制泡沫和矿浆的比例。

(3) 干选取样过程中应横截矿流方向取样，每次取样不少于2.5kg，大块和粉矿兼顾取样。

4.2.24.4 其他

取样原则：取样必须有代表性，如实反映客观实际，减少人为误差，为生产提供可靠数据。

4.2.24.5 技术指标

原矿取样一般误差不大于2%，原矿取样一般误差不大于1%，尾矿取样一般误差不大于0.5%。

4.2.25 快速测定技术操作规程

4.2.25.1 准备工作

(1) 检查电炉是否完好。

(2) 检查快速测定仪及试管、样盘等工具是否完好。

4.2.25.2 操作步骤

A 试样加工

(1) 过滤后的试样经搅拌均匀后，置于样盘中，用低温烘到恰干，不能过于烘烤。

(2) 试样烘干后，将结块全部碾碎，要求颗粒分离无结块。

B 粒度的测定

(1) 将烘干后的分级机溢流样及再磨后的磁精样，按点取缩分法取50g倒入200目 (0.074mm) 筛中，用水冲洗（即 -200目 (<0.074mm) 细粒完全通过，经烘干后不黏样盘为止），筛上 -200目 (<0.074mm) 物料不得超过筛上物总量的2%，筛上物烘干后称其质量，其计算公式如下：

$$粒度 = (①_1 - ②_2)/①_1 \times 100\%$$

式中　①$_1$——所取试样总质量；

　　　②$_2$——筛选后筛上试样质量。

(2) 每次称完重量后，将天平及砝码恢复原状，使天平保持平衡状态。

C 全铁的测定

(1) 将烘干后的试样，用感量0.1g的药物天平准确称量30g，倒入规定的试管内，每个样须振紧，振到发出"达达"声为止。

(2) 称样顺序须由低到高，即磁尾→分溢→磁精→一磁精→二磁精→三磁精。

(3) 测定顺序同称样顺序。

(4) 将试样放入测量腔内，测出最高电位值记下，取出与试样电位值相近的标样，测出电位值记下，然后计算出试样与标样差值，查表即得铁的品位。

(5) 测定后的试样和原始记录要保留一周，经抽查后方可丢弃。

(6) 每次测定完后，及时填写大账，填写报告单或向选厂电话报结果。

4.2.25.3 操作中注意事项

（1）测定过程中，每次首先要对测定仪进行调整，使之保证无测量物时处于零电位状态。

（2）装样入试管，必须保证装平振紧。

4.2.25.4 其他

应建立质量抽查制度，通过化学分析，如发现误差超过 ±1% 而且形成系统误差时，要及时更换标样。

4.2.25.5 技术指标

（1）快速测定仪测定全铁品位范围 4% ~ 68%。

（2）快速测定仪测定允许误差范围不大于 ±1%。

4.2.26 化验工技术操作规程

4.2.26.1 全铁（TFe）的测定（无汞—重铬酸钾容量法）

A 准备工作

（1）分析用仪器、器皿、工具的准备。

（2）试剂的配备：

1）硫、磷混酸（2 + 2 + 1）：取 H_2SO_4 200mL，缓缓注入 100mL 水中，混匀，冷后加 H_3PO_4 200mL 混匀。

2）HNO_3：比重 1.42。

3）HCl（1 + 3）。

4）$SnCl_2$（6%）：取 $SnCl_2 \cdot 2H_2O$ 6g，加热溶于 24mL HCl 中，用水稀至 100mL，摇匀，加锡粒少许，装于棕色瓶中备用。

5）$TiCl_3$（2.25%）：取三氯化钛（市售）25mL，加盐酸 25mL，用水稀至 100mL，摇匀，煮沸后，加锌粉少许，过夜备用。

6）Na_2WO_4（5%）：取 $Na_2WO_4 \cdot 2H_2O$ 5g 溶于水，加磷酸 5mL，加水到 100mL。

7）$CuSO_4$（0.5%）。

8）二苯胺磺酸钠（0.5%）。

9）$KMnO_4$（1%）。

10）$K_2Cr_2O_7$ 标准溶液 0.008334mol/L，每毫升相当于 0.0028g 铁。

B 操作步骤

（1）称 0.2000g 试样于 200mL 锥形瓶中，以少许水润湿，加硫磷混酸（2 + 2 + 1）10mL 浓 HNO_3 3mL。

（2）先低温，后高温加热分解至 SO_3 浓白烟离开瓶底至瓶中上部，取下。

（3）稍冷，加（1 + 3）HCl 10mL，加热。

（4）趁热滴加 $SnCl_2$ 至浅黄色。

（5）冷却至室温，加 1mL Na_2WO_4，滴加 $TiCl_3$ 至蓝色刚现，过加 1 ~ 2 滴。

（6）加水 50mL，$CuSO_4$ 1 ~ 2 滴，摇匀。

（7）放置到蓝色褪尽，加二苯胺磺酸钠 2 ~ 3 滴用 $K_2Cr_2O_7$ 标准溶液滴定至紫色为终点。

（8）计算：

$$TFe = [6 \times (55.85/1000)MV/G] \times 100\%$$

式中　TFe——全铁，%；

　　　M——$K_2Cr_2O_7$标准溶液物质的量浓度；

　　　V——$K_2Cr_2O_7$标准溶液消耗量，mL（必要时减空白）；

　　　G——试样量，g；

　　　55.85——Ar（Fe）。

C　操作中注意事项

（1）溶样温度要控制好，分解温度一般以300～350℃，冒烟450℃为宜，浓烟要与瓶底分离，至瓶中部即可。

（2）$SnCl_2$只能滴至浅黄色，不可过量。如过量，应滴加$KMnO_4$溶液至浅黄色，加热煮沸。滴加$TiCl_3$过量不可太多，应小心还原至蓝色刚现，再过加1～2滴。

（3）加水、$CuSO_4$催化氧化过量$TiCl_3$，使钨蓝褪色，应在蓝色褪尽后立即滴定。过早，蓝色未褪，结果偏高；蓝色褪后放置时间过长，结果偏低。

（4）氧化还原和滴定时，溶液温度控制在20～40℃较好，滴定在1min内完成。

（5）含铜量大于1%，含钒量大于0.5%，不适宜此法分析，应分离处理。

（6）必要时应同时做空白实验：按"操作步骤"同时操作，还原前准确加入0.05000mol/L硫酸亚铁铵5mL，用$K_2Cr_2O_7$标准溶液滴至终点，耗量V_1（mL），然后，再准确加入0.05000mol/L硫酸亚铁铵5mL，再用$K_2Cr_2O_7$标准溶液滴至终点，耗量为V_2（mL），空白耗量V（mL）$= V_1 - V_2$。

D　其他

a　方法提要

试样以硫、磷混酸分解，硝酸氧化硫化物，加入适量的HCl破坏铁的磷酸络合物，以$SnCl_2$和$TiCl_3$联合还原，用Na_2WO_4作指示剂，将Fe^{3+}全部还原为Fe^{2+}，稍过量的$TiCl_3$在铜盐的催化下，以水（溶解氧）氧化，以二苯胺磺酸钠作指示剂，用重铬酸钾标液滴定。

b　主要反应

（1）测铁反应：

$$FeS + 4HNO_3 = Fe(NO_3)_2 + S + 2NO_2\uparrow + 2H_2O$$
$$Fe(NO_3)_3 = FeO + 3NO_2\uparrow + O_2$$
$$FeSiO_3 + H_3PO_4 + HNO_3 = FePO_4 + H_2SiO_3 + NO_2\uparrow + H_2O$$
$$FeO + H_2SO_4 = FeSO_4 + H_2O$$
$$2FeO + 4H_2SO_4 = Fe_2(SO_4)_3 + SO_2\uparrow + 4H_2O$$
$$6FeSO_4 + 2HNO_3 + 3H_2SO_4 = 3Fe_2(SO_4)_3 + 2NO\uparrow + 4H_2O$$

（2）还原反应：

$$2FeCl_3 + SnCl_2 = 2FeCl_2 + SnCl_4$$
$$FeCl_3 + TiCl_3 = FeCl_2 + TiCl_4$$
$$Fe^{3+} + Ti^{3+} + H_2O = Fe^{2+} + TiO^{2+} + 2H^+$$
$$2Na_2WO_4 + 2TiCl_3 + 6HCl = 2TiCl_4 + W_2O_5 + 3H_2O + 4NaCl$$

$$2Ti^{3+} + 2WO_4^{2-} + 2H^+ == 2TiO^{2+} + H_2O + W_2O_5$$

（3）氧化过量的 Ti^{3+}（Cu^{2+} 催化作用下）：

$$4Ti^{3+} + O_2 + 4H^+ == 4TiO^{4+} + 2H_2O$$

$$2W_2O_5 + O_2 + 4H_2O == 4WO_4^{2-} + 8H^+$$

（4）滴定反应：

$$6Fe^{2+} + Cr_2O_7^{2-} + 14H^+ == 6Fe^{3+} + 2Cr^{3+} + 7H_2O$$

c 允许误差

全铁测定的允许误差见表 4-6。

表 4-6 全铁测定的允许误差

TFe/%	允许误差/%
≤10.0	0.21
10.01~25.00	0.28
25.01~50.00	0.42
>50.00	0.49

4.2.26.2 磁性铁（MFe）的测定（WFC-2 型物相分析仪磁选—无汞—重铬酸钾容量法）

A 准备工作

（1）仪器及用具的准备。

（2）试剂的配置：

1）HCl（1+1）。

2）硫、磷混酸（$H_2SO_4 + H_3PO_4 + H_2O$）（2+1+7）。

3）$K_2Cr_2O_7$ 标准溶液 0.004178mol/L。

4）其他参见"全铁的测定"。

B 操作步骤

（1）称取 0.1000g 试样（尾矿称 0.1400g）于 50mL 小烧杯中，调整 WFC-2 型磁选仪各参数，进行磁性矿物分离，以除去夹带的非磁性矿物。主要工作参数见 WFC-2 型物相分析磁选仪设计、使用说明书。

（2）将磁性矿物转入 250mL 锥形瓶中，加 20mL HCl（1+1）。

（3）盖上瓷坩埚盖，用水吹洗，趁热滴加 $SnCl_2$ 至浅黄色。

（4）冷却至室温，加 1mL $NaWO_4$，滴加 $TiCl_3$ 至蓝色刚现，过加 1~2 滴。

（5）加水 20mL，硫、磷混酸 15mL，$CuSO_4$ 1~2 滴，摇匀。

（6）放置至蓝色褪尽，加二苯胺磺酸钠 2~3 滴，用 $K_2Cr_2O_7$ 标准溶液滴定至紫红色为终点。

（7）计算：

$$MFe = [6 \times (55.85/1000)MV/G] \times 100\%$$

式中 MFe——磁性铁；

　　　M——$K_2Cr_2O_7$ 标准溶液物质的量的浓度；

　　　V——试样消耗 $K_2Cr_2O_7$ 标准溶液的体积，mL（必要时减空白）；

G——试样量，g；

55.85——Ar（Fe）。

C 操作中注意事项

（1）磁性矿物应与非磁性矿物完全分离，分解试样应完全溶解。

（2）若测定样品中磁性铁占有率，可分别测定同一样品中的 TFe 和 MFe，（MFe/TFe）×100% 即为磁性铁占有率。

（3）计算选矿过程磁性铁回收率，可分别测定原矿、精矿、尾矿中磁性铁含量，按下式计算：

$$\Sigma_m = [\beta_m(\alpha_m - \theta_m)]/[\alpha_m(\beta_m - \theta_m)] \times 100\%$$

式中 Σ_m——磁性铁回收率，%；

α_m——原矿中磁性铁百分含量，%；

β_m——精矿中磁性铁百分含量，%；

θ_m——尾矿中磁性铁百分含量，%。

（4）必要时应同时做空白试验，同"全铁的测定"。

（5）其余参见"全铁的测定"。

D 其他

a 方法提要

本方法借助于应用 WFC-2 型物相分析磁选仪将铁矿试样中磁铁矿等强磁性铁矿物与其他弱、非磁性铁矿物，如赤铁矿、褐铁矿、菱铁矿、黄铁矿以及各种硅酸铁定量分离，然后用重铬酸钾容量法测定磁性矿物中的铁即为磁性铁（MFe）的含量。

b 允许误差

磁性铁测定的允许误差见表 4-7。

表 4-7 磁性铁测定的允许误差

MFe/%	允许误差/%
≤1.00	0.20
1.01 ~ 3.00	0.30
3.01 ~ 5.00	0.40
5.01 ~ 10.00	0.50
10.01 ~ 20.00	0.60
20.01 ~ 30.00	0.70
30.01 ~ 40.00	0.80
40.01 ~ 50.00	0.90
>50.00	1.00

4.2.26.3 硫的测定（燃烧碘量法）

A 准备工作

（1）所需仪器、用具的准备。

（2）试剂的配备：

1）吸收液：称 50g 可溶性淀粉，以少量水调成"糊状"，加 90mL 沸水溶解，再煮沸

1 ~ 2min，冷却后加入浓 HCl 200mL 稀释至 1000mL。

　　2）碘酸钾标准溶液（0.005200mol/L）：称量经 120 ~ 140℃烘 2h 的 KIO₃ 1.128g，溶于含碘化钾 20g、氢氧化钾 1g 的 100mL 水中，移入 1000mL 容量瓶中，用水稀释至刻度摇匀，阴凉处储存。

　　B　操作步骤

　　（1）称取试样 0.5000g（含量大于 5%，0.2500g；大于 10%，0.1000g；大于 25%，0.0500g）于瓷舟中，加纯铜片 0.2g。

　　（2）待炉温升至 1250 ~ 1300℃，检查密封程度和气流畅通状况。

　　（3）向吸收杯中注入 60 ~ 80mL 吸收液，通入空气，调节气流速度（每秒 4 ~ 5 个气泡），滴加 KIO₃ 标液至浅蓝色不变，作为起始终点。

　　（4）将盛有试样的瓷舟推入炉内高温处，立即塞紧橡皮塞，预热约 30s，缓缓通入空气，使生成 SO₂ 导入吸收杯，用 KIO₃ 标液滴定（使吸收液始终保持浅蓝色）至蓝色不变（与起始终点色泽一致）为终点。

　　（5）计算：

$$S = [3 \times (32.06/1000)MV/G] \times 100\%$$

式中　　M——KIO₃ 标准溶液浓度，mol/L；

　　　　V——碘酸钾标液消耗量，mL；

　　　　G——试样重，g。

用标样标定时：

$$S = CV/V_0$$

式中　　C——标样硫的百分含量，%；

　　　　V_0——标样消耗 KIO₃ 标准溶液的量，mL；

　　　　V——试样消耗 KIO₃ 标准溶液的量，mL。

　　C　操作中注意事项

　　（1）测定时，应严格检查有无漏气现象，每次测定前必须做标样。

　　（2）瓷舟预先应在 1000℃灼烧 1h，使用前作空白试验。

　　（3）气流速度对结果影响极大，务必严格控制。气流太快，二氧化硫吸收不完全，且硫酸盐来不及分解，使结果偏低；气流太慢，二氧化硫在管中停留过久，以致部分氧化为三氧化硫，也使结果偏低。测定时，气流开始宜慢，1min 后宜快。

　　（4）装置中所用胶管，胶塞最好预选用 25% NaOH 煮沸处理，吸收液要始终保持浅蓝色。

　　D　其他

　　a　方法提要

　　将试样置于 1250 ~ 1300℃的管式炉中，通入空气（氧气）燃烧，将硫转化为二氧化硫被水吸收，以淀粉为指示剂，用 KIO₃ 标准溶液滴定，借以测硫。

　　b　主要反应

　　主要反应如下：

$$IO_3^- + 5I^- + 6H^+ \longrightarrow 3I_2 + 3H_2O$$

$$SO_2 + 2H_2O + I_2 \longrightarrow SO_4^{2-} + 2I^- + 4H^+$$

c 允许误差

硫测定的允许误差见表 4 - 8。

表 4 - 8 硫测定的允许误差

S/%	允许误差/%
≤0.300	0.01
0.301 ~ 0.500	0.02
0.501 ~ 1.000	0.04
1.001 ~ 2.500	0.05
2.501 ~ 4.000	0.07
4.001 ~ 5.000	0.13
5.001 ~ 12.500	0.20
12.501 ~ 25.000	0.35
>25.000	0.70

4.2.26.4 铜的测定（无氟碘量法）

A 准备工作

(1) 分析用仪器、器皿、工具的准备。

(2) 试剂的配备：

1) 硫、磷混酸（1 + 1 + 2）。

2) 氨水（3 + 2）。

3) 焦磷酸钠 - 磷酸溶液：取焦磷酸钠 120g，溶于水中。加磷酸 130mL，用水稀释至 1000mL，混匀。

4) 酒石酸 2%。

5) 缓冲溶液：pH 值为 3.8，取乙酸钠（三水）150g，溶于水中。加冰乙酸 500mL，用水稀释至 1000mL，混匀。

6) 碘化钾 50%：加少许氢氧化钾（1000mL 加 4g）。

7) 硫氰酸钾—乙酸钠溶液：①硫氰酸钾 1g、乙酸钠 15g，溶于水，用水稀释至 100mL；②硫氰酸钾 2g、乙酸钠 6g，溶于水，用水稀释至 100mL。

8) 淀粉 1%。

9) 0.0197mol/L、0.00394mol/L 硫代硫酸钠溶液：1000mL 标准溶液加碳酸钠 0.3g，加三氯甲烷 1mL。

B 操作步骤

(1) 称取试样 0.1250g 于 250mL 锥形瓶中，用水润湿。

(2) 加硫磷混酸（1 + 1 + 2）5mL，硝酸 3mL。

(3) 在电炉低温处加热至开始冒白烟，移至电炉高温处，白烟至离液面 1 ~ 2cm 并控制溶液量 1.5 ~ 2mL。

(4) 取下稍等片刻，加水 5mL，溶解盐类，趁热滴加氨水（3 + 2）中和至出现白色沉淀（铜含量 3%，以刚出现白色沉淀，摇动不复溶解为好，pH 值为 2.5 左右）立即加入焦磷酸钠—磷酸溶液 5mL（铜含量大于 3%，8mL），2% 酒石酸 1mL（铜含量大于 3%，不加）。

　　（5）加入 pH 值为 2.5 缓冲溶液 10mL（铜含量大于 3%，8mL），摇匀。

　　（6）放置片刻，加入 50% 碘化钾 3mL（铜含量大于 3%，5mL），摇匀。

　　（7）静置片刻，（铜含量大于 3%，静置 5min），用硫代硫酸钠标准溶液滴定至浅黄，加入硫氰酸钾—乙酸钠溶液 ① 4mL（铜含量大于 3% 则加 ② 3mL）。

　　（8）继续滴定至微黄，加入新酸淀粉（1%）1mL，继续滴定至蓝色消失为终点。

　　（9）记下硫代硫酸钠标准溶液消耗毫升数，按下式计算：

$$Cu = (0.06355MV/G) \times 100\%$$

式中　M——硫代硫酸钠标准溶液的物质的量的浓度；

　　　　V——硫代硫酸钠标准溶液的消耗量，mL。

　　C　操作中注意事项

　　（1）溶解后加水要趁热，不能太冷，这对盐类溶解、中和控制 pH 值、焦磷酸掩蔽、酒石酸消除干扰等有影响，否则结果不稳定。

　　（2）本法关键是酸度。氨水中和，一般含铜低的试样中和至出现较多白色沉淀，含铜高的试样中和出现稳定的少量白色沉淀。

　　（3）为了达到掩蔽铁，而不络合铜的目的，含铜高（>3%）试样，加焦磷酸钠 8mL；加入酒石酸消除钒的干扰，不可改变酒石酸加入顺序和浓度，否则影响分析结果，试样不含钒或含铜量高时可不加酒石酸。

　　（4）本法可测定含铜 0.2% 以上的试样。

　　D　其他

　　a　方法提要

　　试样用硫磷混酸分解，用氨水中和游离酸，用焦磷酸钠掩蔽铁。少量酒石酸消除钒（V）的干扰，在乙酸—乙酸钠溶液中，用碘化钾将 Cu^{2+} 还原为 Cu^+，以淀粉为指示剂，用硫代硫酸钠标准溶液滴定析出的游离碘。

　　b　主要反应

　　主要反应如下：

$$2Cu^{2+} + 4I^- \longrightarrow Cu_2I_2 + I_2$$

$$I_2 + 2S_2O_3^{2-} \longrightarrow 2I^- + S_4O_6^{2-}$$

　　c　允许误差

　　铜测定的允许误差见表 4-9。

表 4-9　铜测定的允许误差

Cu/%	允许误差/%
≤0.05	0.005
0.051~0.100	0.01
0.101~0.300	0.02
0.301~0.500	0.03
0.501~1.00	0.05
1.01~2.00	0.07

Cu/%	允许误差/%
2.01~3.00	0.07
3.01~10.00	0.20
10.01~15.00	0.25
15.01~20.00	0.30
20.01~30.00	0.35
>30.00	0.40

4.2.26.5 油脂分析(参阅国标)

油脂分析方法参阅相关国家标准。

4.2.26.6 试样制备

A 准备工作

制样前,按照送样委托单将试样名称、编号等核对清楚,然后分门别类编号登记,编写样袋(样袋上,应注明试样名称、编号、分析编号、分析项目、送样、制样日期等)

B 操作步骤及注意事项

(1)试样按烘干、破碎、混合、缩分、过筛等几个步骤进行,块样粗破粒度小于10mm,中破粒度小于3mm,分析样品粒度不大于160目(0.096mm),分析样量不得少于20g,副样不小于200g。

(2)试样混合方法有堆锥法、环锥法、滚移法;缩分方法有四分法、二分法、点取法。

(3)缩分使用切乔特公式:

$$Q = kd^2$$

式中 Q——平均试样最小重量,kg;

d——物料中最大颗粒直径,mm;

k——物料特性系数,铁矿石 $k=0.2$。

缩分次数按 $Q \geqslant 2^n kd^2$ 进行。

(4)加工过程中,矿粉允许损失量见表4-10。

表4-10 矿粉允许损失量

原始重量/kg	允许损失量/g
<2	20~30
2~5	30~70
5~10	70~150
>10	150~300

(5)加工中所用的设备、工具、容器、仪器等应保持清洁。每完成一个试样的制备,必须将这些器具清扫干净,加工时,严防粉样飞扬损失和带入异物。

(6)吸附水的测定:称取试样(粒度小于20mm)50~100g(原矿全部称取)于干燥箱(105~110℃)中,烘1~2h,取出冷至室温,称量,再计算水分含量:

$$吸附水 = (W_1 - W_2)/G \times 100\%$$

式中　W_1——烘前试样和盛样盘质量，g；

W_2——烘干后试样和盛样盘质量，g；

G——试样量，g。

C　其他

（1）铁矿石的化学组分常不均匀，制样过程是将大量不均匀的物料，经过烘干、破碎、混匀、缩分、粉磨、过筛等一系列过程，将原始试样制成与全部物料的化学组成极为相近而以数量不多的具有代表性的试样。

（2）吸附水：固体表面从周围空气环境中吸附的水是确定矿石净重、计算产量的依据，通过 105 ~ 110℃烘干失重计算吸附水的含量。

4.3　球团岗位操作规程

4.3.1　干燥工技术操作规程

4.3.1.1　准备工作

（1）开机前确认设备周围无人和障碍物、设备无隐患、环境无危害，事故开关、警铃等安全装置齐全、灵敏、可靠。

（2）检查设备润滑状况，确保符合要求。

（3）检查、维护、清扫设备时，严禁触及转动部位，禁止用水冲刷电气设备，电气故障找电工处理。

4.3.1.2　操作步骤

A　开机操作

（1）接到配料集控"要料"开机信号，检查电源电压，检查皮带运输和圆筒干燥机，确认符合投运要求。

（2）先启动运输皮带机，再打开回热风机，待其温度调好，正常后启动圆筒干燥机。

（3）根据造球要求及时调节风机阀门，保持原料水分稳定。巡回检查各电机，每小时对干燥机的技术参数做好记录。

B　停机操作

（1）接到配料集控"停料"停机信号后，等皮带走完料，先停风机，再停运输皮带和圆筒干燥机。

（2）若配料系统短时间（2h 以内）停车，则待干燥机内快走完时，立即调小风机阀门；若停止配料时间需超过 2h 以上，应做停机操作。

（3）遇停电时，应将电源开关断开，立即通知配料集控或向主控汇报，等待主控指令。

C　操作人员点检、维护规定

（1）操作人员应按点检顺序和标准进行，并认真填写好点检记录，在点检时不允许开动设备。

（2）点检时发现的故障缺陷，操作人员及时处理，处理不了的及时向车间有关人员汇报。

(3) 设备点检表见表 4 – 11。

表 4 – 11 设备点检表

点检项目	点检方法	点 检 标 准	点检周期
炉 体	看	耐火砖有无脱落烧损	每月一次
	看	烟囱有无严重锈蚀、穿孔	每月一次
	看	炉体外壳有无变形、严重锈蚀	每月一次
热风引风机	听	有无异响	每班
	试	转动是否灵活	每班
	看	螺栓有无松动、脱落	每班
炉体地脚螺栓	看、敲	是否松动	每班

4.3.1.3 操作中注意事项

(1) 非本岗位操作人员,不得开启操作机电设备。

(2) 设备运行时,禁止在转动部位加油和擦拭。

(3) 脱落的物料板应及时停机钩取。严禁运转中将头、手伸入人孔检查或钩取物料板。

(4) 操作时要勤观察,勤调节,尽量把混合料水分控制在 7% ~ 8%,满足造球的要求。

(5) 有漏料及时清理,严格执行工艺纪律,做好上下工序之间的配合。

(6) 精矿过湿,应该加大风量,保持温度不增高,一般用大风低温干燥好。

4.3.1.4 技术指标

(1) 干燥后精矿水分应控制在 7% ~ 8%。

(2) 热风炉热风或者回热风的温度应控制在 800℃ 以下。

4.3.1.5 作业记录

(1) 本岗位人员必须认真负责地填写危险源点控制卡和交接班记录、设备运行台账、点检卡及相关记录。

(2) 工具、仪表、备品备件和有关资料要及时清点,当班工作当班完成,特殊情况必须由接班者认可。

4.3.2 辊筛工技术操作规程

4.3.2.1 准备工作

(1) 接到开机信号后,检查梭式皮带、大球辊筛、宽皮带机和梭式布料器上面是否有异物,如有异物及时清除,防止磨损皮带和刮卡辊筛。

(2) 确认设备周围无障碍物和人,检查设备状况处于完好,方可开机。

4.3.2.2 操作步骤

A 开机操作

(1) 得到主控室允许后,分别挂上操作牌,将各选择开关指向"非连锁"位置,首先按梭式布料器各组筛辊启动按钮将梭式布料器启动,然后按宽皮带机启动按钮。

（2）待宽皮带机运转正常后，按大球辊筛各组筛辊启动按钮，将大球辊筛启动正常后，按梭式皮带启动按钮。

（3）筛分布料系统操作程序：返 - 3 皮带→返 - 2 皮带→返 - 1 皮带→小球辊筛筛辊→小球辊筛机旁操作箱→宽皮带布料机→大球辊筛筛辊→大球辊筛机旁操作箱→梭式布料器皮带→梭式布料器小车

（4）大小球辊筛必须所有辊筛全部启动后，方可启动机旁操作箱。

B　停机操作

需要停机时，按物流方向逆向顺序停机，将各选择开关指向"零"位，摘下操作牌。

4.3.2.3　操作中注意事项

（1）开机做到及时准确，保证生球筛分质量。

（2）接班后交班前应对大球辊筛和梭式布料器筛辊磨损情况和辊间隙进行详细检查，发现辊间隙不符合规定，及时汇报调度长找有关人员调整，对于磨损严重的筛辊及时更换。

（3）保持宽皮带带面生球料层均匀稳定，根据带面生球料层实际情况及时适当调整宽皮带机带速；当带面上的生球料层"之"字形明显时，可降低带速，使料层变厚，但不宜使料层超过 65mm，避免使下层生球压坏。

（4）根据料层厚度的实际情况，及时通知造球岗位调整下料量，保证链算机布料均匀、稳定。

（5）根据宽皮带带面上物料宽度的实际情况，及时汇报调度长找修理人员调整梭式皮带运行幅度，达到合适的布料宽度，防止链算机两侧料层偏薄。

（6）随时检查大球辊筛、梭式布料器不合格球下料情况，保证下料的畅通。

（7）非球形物料或硬杂物进入筛面，因其滚动困难，极难排出，会磨损或挤坏筛辊，应经常检查及时排出，保持筛辊完好。

（8）链算机紧急停机时立即通知造球岗位停止造球，防止物料埋压辊筛和宽皮带机。

（9）随时检查筛辊和宽皮带机的运行情况，发现异常及时通知造球岗位减少料量或停机。

（10）随时检查筛分辊的粘料情况，发现粘料及时处理。

（11）及时清除辊筛流料板粘料，防止料层拉沟、露算板。

（12）严禁重负荷停机，发生事故可切断事故开关。

4.3.2.4　技术指标

（1）链算机布料厚度达到（220 ± 5）mm。

（2）宽皮带机料层厚度 45 ~ 80mm，不超过 85mm。

（3）设备空转时间不超过 15min。

（4）生球筛分能力 200t/h。

（5）生球粒度 8 ~ 16mm 占 65% 以上。

（6）辊式布料器的磨损量，轴径不超过 2mm。

（7）其他以月生产经营作业计划为准。

4.3.2.5 作业记录

(1) 记录内容包括设备运行情况、开停机时间及原因、作业量、作业率、工具使用损坏情况及各级领导通知。

(2) 记录完整全面，清晰明确，禁止涂改原始记录。

4.3.3 配料工技术操作规程

4.3.3.1 准备工作

(1) 检查圆盘下料口、皮带及料库是否畅通，工具是否完好。

(2) 目测精矿水分，品位是否符合要求。

(3) 检查膨润土质量是否有杂物、结块。

(4) 对设备进行点检、润滑、清扫及清除积料。

4.3.3.2 操作步骤

A 集中连锁操作

(1) 接到集中开机指令后，挂上操作牌，指向"连锁"位置，等待开机。

(2) 接到停机指令后，待混1或配2皮带无料，连锁停机后，将选择开关指向"零位"。

(3) 摘下操作牌。

B 局部连锁操作

(1) 接到开机指令后，挂上操作牌，将选择形状指向"连锁"位置，通知集控按启动按钮开机。

(2) 接到停机指令后通知集控，按停机按钮停机，将选择开关指向"零"位，摘下操作牌。

C 手动操作

接到集控开机指令后，挂上操作牌，将选择开关指向"非连锁"位置，按开机按钮开机。

4.3.3.3 操作中注意事项

(1) 皮带运转中，不得重负荷停机。

(2) 正常生产中，严禁使用非连锁操作。

(3) 皮带压停时，禁止脚踏手拉。

(4) 随时检查精矿圆盘和膨润土下料情况，发现问题及时处理。

(5) 随时观察、反馈精矿和膨润土的库容及下料量，建议及时进料，发现无料和料量大及时进行调节处理。

(6) 非专业人员，不允许调称。

4.3.3.4 技术操作方法

(1) 每班接班后，根据上矿量要求对精矿料层进行标定：

$$料层(kg/m) = \frac{小时上矿量(t/h) \times 1000}{皮带速度(m/s) \times 3600}$$

(2) 班中如果精矿水分和使用料仓发生变化时要及时对精矿料层进行标定并做好记录。

(3) 输灰皮带运转后要随时观察皮带上的灰量，防止断料。

（4）每次上料前，根据标准要求计算出综合矿品位、水分、粒度和 SiO_2 含量，保证综合指标达到标准要求：

$$综合指标 = \frac{各仓指标 \times 各仓料层}{总料层}$$

（5）每次上料完毕，按料层计算出上矿量并与集控室核对。

（6）接班后，核实膨润土品种和仓位。

（7）每次上料完毕，用电子秤数值按下述公式计算出返矿配比：

$$返矿配比 = \frac{返矿量}{精矿量 + 返矿量} \times 100\%$$

（8）每次上料完毕，要按实际使用的膨润土重量按下述公式计算出本次上料的实际配比，如超出规定范围要查出原因加以调整：

$$实际配比 = \frac{膨润土重量}{精矿量 + 膨润土量} \times 100\%$$

4.3.3.5　技术指标

A　技术操作标准

（1）按物料配比要求精心配比。

（2）及时开停机，确保供料。

（3）掌握膨润土仓内存量。

B　技术操作定额及质量、效率、消耗指标

（1）精矿膨润土料层误差 ±0.2%。

（2）湿返矿配比误差 0.5%。

（3）设备空运转不超过 15min。

（4）掌握膨润土每班消耗吨数。

4.3.4　强力混合技术操作规程

4.3.4.1　准备工作

（1）必须持有操作牌。

（2）检查电机、液力偶合器、减速机等传动部位的润滑情况。

（3）检查各部位各连接螺丝紧固情况，安全防护装置齐全、可靠。

（4）检查设备周围无障碍物，清除筒体内一切杂物。

4.3.4.2　操作步骤

A　开机

a　连锁操作

（1）接到主控开机指令后，记录指令和时间，挂好操作牌。

（2）将开关位置打到"自动"，并合上安全开关，等待主控连锁启动。

（3）正常运行后进行运行状况检查。

b　手动操作

（1）接到主控指令后，确认下一工序运转正常。

（2）挂好操作牌，启动 1 号混合机，将犁式卸料器打起，启动 2 号混合机，将犁式卸料器落下，并检查犁式卸料器是否到位。

（3）将开关打到手动位置，合上安全开关，再按启动按钮。

（4）启动后进行运转状况检查。

B 停机

a 连锁操作

（1）接到主控指令后，等待混合机自动停车。

（2）停车后做好现场卫生和物料的清理工作。

b 手动操作

（1）接到主控指令后，排空机内所有物料。

（2）按停机按钮，停止混合机工作。

4.3.4.3 操作中注意事项

（1）开机后，如发生振动严重，应及时检查或停车检查。

（2）定期（每周一）详细检查主轴和耙齿，及时汇报集控或调度，进行补焊耙齿或更换。

（3）运行时勤与集控联系，控制小时上料量，在正常情况下，混合机筒体内物料不得超过直径三分之一，防止因超负荷运动造成偶合器喷油及设备发生其他故障。

（4）经常检查强力混合机振动情况，工作声音是否正常，如发现异常应果断通知集控停机处理，或倒机运行。

（5）紧急停机：威胁人身安全或设备事故时立即手动停机，并通知集控室。

（6）紧急停机后，要打开人孔及时清除筒体积料，严禁重负荷启动。

（7）在一台混合机运行过程中发生设备故障先使用临时溜槽，同时清理检查备用混合机。检查清理确认无误后再启动备用混合机，以防液力耦合器喷油。

4.3.4.4 技术指标

（1）设备空运转不超过30min。

（2）轴承温度重负荷应小于55℃，空负荷小于40℃。

（3）设备工作能力180t/h。

（4）其他以月生产经营计划为准。

4.3.5 造球技术操作规程

4.3.5.1 准备工作

（1）开机前全面检查设备周围有无障碍物和人，确认开机系统无误后方可开机。

（2）接到开停机信号后，与前后有关岗位联系好，方可开停机。

4.3.5.2 操作步骤

A 开机操作

（1）得到主控室允许后，分别挂上操作牌。

（2）按稀油站启动按钮。

（3）将造球盘、给料皮带各选择开关打到"非连锁"位置。

（4）待生球输送系统运转正常后，先按Q8、Q9皮带启动按钮，再依次按造球盘给料皮带启动按钮。

（5）启动圆盘给料机并调整圆盘转速至适当位置。

B　停机操作

（1）先按圆盘给料停机按钮。

（2）待给料皮带上无料后，按给料皮带停机按钮。

（3）给料皮带停 3～5min 后，按造球盘停机按钮。

（4）依次按稀油站，加压水泵，Q8、Q9 皮带机停机按钮。

（5）将各选择开关选到"零"位。

（6）摘下操作牌。

4.3.5.3　造球技术要求

A　工艺基本要领

（1）给料量大小与生球粒度及强度的关系：一般来讲给料量越大则生球粒度越小，强度越低。

（2）造球过程中的加水方法：滴水成球，雾水长大，无水紧密。

（3）原料水分的变化对造球的影响：在不超过极限值的范围内水分越大，成球越快；水分越小，成球越慢。

（4）磁铁矿造球的适宜水分为 7.5%～8.5%，造球前的原料水分应低于适宜的生球水分。

（5）皂土的使用。配比过大，生球粒度变小，造球机产量降低，加水量增加，且加水困难；同时还会引起生球不圆和变形，降低生球的爆裂温度和品位。配比过小，生球强度难以保证。大冶铁精矿未经润磨处理，皂土用量为 1.0%～1.5%。

（6）造球时间。总体上来说，延长造球时间对提高生球强度是有好处的，但降低了产量。同时，造球时间还与原料粒度有关，物料过细或过粗，所需造球时间均较长，产量降低。大冶铁矿造球时间为 15min，使用润磨后，造球时间相对减少。

（7）加水位置：必须符合"既易形成母球，又能使母球迅速长大和紧密"的原则，为了实现生球粒度和强度的最佳操作，建议加水点设在球盘上方。

（8）生球尺寸：生球的尺寸在很大程度上决定了造球机的生产率和生球的强度。尺寸小，生产率高，尺寸大，造球时间长，生产率越低，落下强度就低；但尺寸太小，抗压强度就变小，从而影响了料层透气性。因此，合理的生球粒度既是提高造球产量的需要，也是提高生球强度的需要。

B　操作造球盘的方法

（1）控制混合料给料量。当盘内球粒度大于规定要求，且不出球盘时，要增加给料量（根据球盘出球状况，按上述调节量调节加料量至出球正常）。

（2）根据生球机内球料状况调节给水方法和给水量。无法形成母球时，将球盘内加水位置，选在母球区，开加水节门 1/5 圈观察球盘内成球状况，3～5min 后，根据盘内成球状况，按上述调节量调节加水量，直至球盘内生球达到标准要求。

（3）根据生球状况判断原料配比并及时的反馈信息，易出现整盘小球，整盘大球及生球不出球时及时检查混合料中皂土配加和混合料水分，发现皂土过多过少或水分过大过小及时向主控室反馈进行调整。

（4）控制生球质量满足焙烧需要。根据布料速度要求，结合盘内状况，及时调节球盘下料量，以得到正常机速，当料量与机速相差太大时，要通过调整造球盘的开盘数来保证机速要求。

C 判断和控制造球水分

造球工判断混合料水分大小的方法主要是目测和手测两种。

（1）目测：

1）观察来料皮带上的混合料是否有较多个颗粒，如有说明水分较大。

2）观察圆盘下料，如易棚仓，不爱下料，则表明水分较大。

（2）手测：主要是造球工经过长时间实际摸索得来的，来矿水分大，则相应减少或停止球盘打水量，来矿水分小，则相应提高球盘打水量。

（3）根据混合料水分大小，控制给料量和给水量混合料水分大时，根据盘内状况相应增加下料量，减少给水量。混合水分小时，根据盘内状况相应减少下料量，增加给水量。

D 判断及反馈原料粒度与配比

（1）根据成球过程判断原料的变化情况。造球过程中如果出现生球粒度偏大，甩球时夹带粉末多，生球强度不好，生球外观较粗糙时可判断为粒度粗。

（2）根据成球过程判断黏结剂配比大小并反馈到配料。

造球过程中如出现盘内球粒度不稳定，一会儿大，一会儿小，甩出球，无粉末，生球落下强度好，表面光滑，有弹性，则可判断为皂土多。

如出现盘内粉末较多，易粘料板，生球强度差，表面不光滑，无弹性，则可判断为皂土少。

不论皂土多少对生球都不好，要及时与主控室联系，将皂土配比调整到适合造球的范围内。

E 调整造球生产及有关参数

a 根据生球物料变化，调整球机参数

（1）边高：边高增大，则球盘容量增加，物料停留时间长，生球粒度增大。边高减小，则球盘容量减小，物料停留时间短，生球粒度减小。

（2）倾角：增大倾角，则物料在盘内滚动范围缩小，造球机内物料减小，停留时间短，生球粒度缩小，适宜水分大，皂土多的时候，减小倾角，则物料在盘内滚动范围增大，停留时间增大，生球粒度增大，适宜水分少，皂土多的时候。

（3）球盘转速：转速小，物料上升不到圆盘的上部区域，一方面造球盘的面积得不到充分的利用，另一方面球与球相互碰撞的机械作用下，成球慢，生球强度低。

转速大，由于离心力的作用，物料抛向边缘，跟随造球盘旋转，盘中心出现无料区，滚动成球作用受到破坏，甚至无法成球。

b 根据生产要求准确控制球机台时能力

正常生产时应控制开盘数，努力提高球盘台时能力，当出现机速不够时，在不影响生球质量的同时尽可能地提高单盘加料量。

c 控制生球质量，分析质量波动原因

正常生产中，操作工要控制好生球质量，当生球质量出现波动时要及时分析，找出原因进行改正。

影响生球质量的主要原因有以下几方面：

（1）造球设备：当球盘边底刮刀出现磨损老化时，极易造成粘料过厚，造成球盘内正常物料的充填率低，生球在盘内滚动时间缩短降低生球强度，同时，易出现"塌料"现象，易出现大球和粉末。

（2）原料水分：原料含水过低，在造球时可以洒水补充，但是成球速度慢，生产率降低，由于洒水不均匀，使生球脆弱，原料含水过高，给球带来困难，使生球粒度不均匀，互相黏结形成大块，如果水分过多，会使球盘底粘料过厚，造成超负荷运转或底刮刀损坏，因此，原料水分要适宜，水分过高时，必须对原料先进行处理，降低其中的水分。

（3）皂土配加量：皂土越多，生球的落下强度和抗压强度越好，但皂球增多，会影响 TFe 含量，因此皂土配加量要适宜。

（4）原料粒度：一般来说，原料粒度越细，则生球落下强度和抗压强度越高，原料粒度影响着生球的紧密状态，粒度不同时，生球紧密状态的差别也不同，原料粒度越细，矿石粒子间的毛细水产生的毛细力增大，因此，结合力增强，落下强度提高。

4.3.5.4 操作中注意事项

（1）接班前，检查一次球盘边刮刀、底刮刀磨损状况，磨损量大于 10mm，立即更换或调整，使底料床厚度 30～40mm。

（2）为保证减速机润滑良好，每班检查一次油尺油位情况。当低于下限时，及时进行加油。

（3）当球盘需临时停机时，应先停料、停水，再空转 3～5min 后停盘，防止压盘。

（4）造球操作过程中异常现象的处理方法：

1）生球粒度偏大时：首先检查圆盘下料量是否正常，有无卡块现象，如有要及时处理，发现棚仓要及时开启电振器，振打料仓壁，造球增加下料量，其次是检查原料水分是否正常，根据水分大小，调整盘内加水量，并通知原料岗位，若以上两种方法还不能使粒度恢复正常就进行调整角度，缩短生球在盘内的停留时间。

2）物料不出造球盘，盘内物料运动轨迹不清：

①检查盘下料量是否增多，适当调整下料量；

②适当增加盘内加水量；

③检查原料皂土配比是否正常，皂土要通知配料岗位及时调整；

④检查底刮刀是否完好，底料床是否平整，发现刮刀损坏及时更换。

3）造球时盘内物料不成球：

①检查物料的粒度是否合适，粒度大时，延长成球时间；

②检查球盘转速是否过快，若快要降低转速；

③检查水分是否适宜，加水位置是否正常；

④检查皂土配加量是否适宜，多时减皂土，少时加皂土。

4.3.5.5 事故的处理及预防

（1）接班后，观察圆盘下料量，混合料水分、皂土配加量及圆盘内成球状况，保证造球盘排出的生球粒度均匀，强度达到标准要求。

（2）及时调节加压泵水管阀门，保证球盘供水压力稳定在 0.3MPa。

（3）球盘内母球不能长大时，适当减少下料量，加大水节门开度，观察球盘内生球变化3~5min后，根据盘内生球状况，调节加水、加料量直至盘内生球达到标准要求。

（4）如果生球粒度大于规定要求，适当增加下料量或减少打水量，至球盘出球正常。

（5）球盘内大于100mm的大球超过5个时，对大球进行拍打，砸碎等人工整粒措施。

（6）及时检查混合料中皂土配加料及水分，发现皂土过多或过少，或者混合料水分过大过小时，及时向主控室反馈。

（7）料仓发生悬料时，开启电振震动5min，无效时通知Q1岗位处理。

（8）处理停机、停水事故：

1）在运转过程中，如造球盘突然停电要及时停圆盘给料、小皮带，如圆盘给料机停电，则将盘内料往外甩3~5min再停。

2）在运转过程中，如突然停水，要根据盘内来料水分及时减少料量，并及时向主控室反馈，如来料水分过小不成球时要立即停盘。

（9）断料的预防及处理：当发现断料时，首先检查圆盘下料口有无卡物，然后启动电振，振打料仓仓壁，如无料及时通知主控室停盘。

4.3.5.6 技术指标

A 技术操作标准

（1）造球盘倾斜角度范围47°~51°。

（2）生球水分（8.6±0.2）%。

（3）生球粒度10~16mm不少于70%。

（4）生球落下强度不小于4次/0.5m。

（5）造球盘底料厚度30~40mm（瓷砖盘底除外）。

（6）按链算机需要按时、按质、按量供料。

B 技术操作定额及质量、消耗、效率指标

（1）造球盘生产能力56吨/（台·时）。

（2）设备作业率90%以上。

（3）成球率80%以上。

（4）其他消耗以月生产经营计划为准。

4.3.5.7 作业记录

（1）记录内容包括设备运行情况、开停机时间及原因、作业量、作业率、工具使用损坏情况及各级领导通知。

（2）记录完整全面，清晰明确，禁止涂改原始记录。

4.3.6 抓斗吊技术操作规程

（1）司机必须掌握设备的性能构造和工作原理，经安全技术考试合格者方可开车。

（2）经检查吊车轨道上大小及滑线附近没有人或其他障碍物时，将控制器调整到零位，并按电铃警告后方可接通电源。

（3）工作前，对设备进行详细检查，先切断电源，然后检查电气设备，操作盘、抱闸各部的开口销及灵活情况，大小车的运转部分有无问题，及时处理。

（4）检查完后将设备进行无负荷试车，注意机械、电气设备的音响是否正常。特别注意终点开关是否灵活。

（5）开车时缓慢移动控制器，保持吊车机械与电气部分不至于发生猛烈冲击，停车时并同样缓慢转动控制器，至吊车完全停止后才能交换机械方向。

（6）吊车发生故障不能继续运转时，应立即停车处理。

（7）司机应随时注意发出的停车信号，不管谁发出的都应执行，以免发生事故。

（8）两台车同时作业时，其距离不得小于 2m，并随时用信号联系。

（9）抓斗的开闭和提升，是两个完全独立的机构，司机必须正确掌握，调整控制器，使抓斗四根钢绳均匀受力，缓慢提升，严禁抖动，以免断绳。

（10）抓斗装车时坚持"四不装"（车门未关好不装，车内有杂物不装，车底开门不装，车底有破洞不装）。

（11）抓斗装车时必须做到稳、准、快地将矿石均堆于车厢中，每斗不能超过 20t。

（12）吊车工作时，任何人不许靠近或随便进入操作室。

（13）工作完后，应将吊车停在固定场所，小车停在操作室一端，抓斗放在地上成为负荷状态，并将所有控制器转到零位上，按停止电钮，断开总电流。

4.3.7　风机（常温和高温）技术操作规程

4.3.7.1　岗位职责

（1）负责助燃风机、冷却风机的操作。

（2）负责助燃风机、冷却风进出口阀门的操作。

（3）负责本岗位所辖设备、安全装置的点检、润滑、维护及检修后的设备验收。

（4）负责本岗位一般故障的排除和事故状态下的紧急停机。

（5）负责各项原始记录的认真填写。

（6）负责本岗位设备卫生清扫及工作场所、休息室的卫生清理，做到文明生产。

4.3.7.2　开停机程序

A　开机前的准备与检查工作

（1）检查并排除设备周围的不安全因素。

（2）通知电工送高压电。

（3）检查风机、油泵及各阀门等设备是否完好。

（4）检查所要开启风机的进风蝶阀是否完好。

（5）检查油箱油位是否符合要求。

（6）检查冷却循环水量是否正常。

（7）打开电动放风阀和出风蝶阀。

（8）盘车检查机内有无异常。

B　开机程序

（1）开启电动油泵并处于自动位置，保持油压在 0.05MPa 以上。

（2）按启动按钮，即行启动，并关注电流表指针的变化。

（3）接到主控室的送风通知后，关闭放散阀。通知主控室缓慢打开风机进风口电动蝶阀，并随时注意电机电流变化，保证不过载。

（4）送风完毕后，要注意观察各仪表的指示参数的变化，发现问题及时调整，并报告主控室。

C　开机注意事项

（1）开机前必须通知电工、机修工到现场监护。

（2）风机冷启动可连续两次启动，如不能启动，则应通知电工检查处理，待原因查清、故障排除后方可启动。

（3）风机热启动只能启动一次，如再启动，间隔时间必须不低于1h。

（4）风机供油系统压力低于0.05MPa时，风机不准启动，并汇报主控室。

D　停机停风操作程序

（1）打开放散阀，同时通知主控室关闭进口蝶阀。

（2）确认电动油泵保持油压在0.05MPa以上，按停止按钮停机。

（3）通知电工停送高压电。

（4）待风机完全停止后，停电动油泵，关闭出风蝶阀。

4.3.7.3　紧急停电操作

当遇到风机轴承温度急剧上升或冒烟、风机震动剧烈、油位突然升高或下降、突然断水、主体紧急放风等紧急情况时，可进行以下操作：

（1）按下停止按钮，打开放散阀，通知主控室关闭进风蝶阀，通知电工拉开高配柜隔离刀闸。

（2）保持油泵油压在0.05MPa以上，待风机完全停止运转后停油泵。

（3）关闭出风蝶阀。

4.3.7.4　技术操作方法

（1）正常生产时，使用手动操作。

（2）由布料工根据炉况需要调整风量。

（3）服从布料主控生产指令进行放风操作。

（4）检查高位油箱是否在满油位状态，及时补油。

4.3.8　竖炉焙烧工艺操作要求与参数

4.3.8.1　竖炉布料与料层控制

（1）竖炉布料是由布料皮带在炉内往复运动，将皮带上的生球连续而均匀地布到烘干床上。其操作要点是：均匀薄布快干，在不空炉箅的情况下实现薄料层操作，使排料量和布料量基本平衡，做到少排、勤排或连续排矿。

（2）焙烧要求干球入炉，烘干床上有干球才能排矿。因故料面降到烘干床以下时，不准用生球直接入炉来充填，需报告值班作业长，上熟球来补充亏料部分，待烘干床下料正常后再恢复正常生产。

（3）布料操作以竖炉稳定为基础，要求入炉生球量相对稳定，防止炉内热工制度大幅度的波动。根据炉况需要增加或减少入炉生球量时，要通知造球工调整给料量或增减造球机的运转台数，并与焙烧工协调，确保焙烧稳定。

（4）遇有烘干床粘料，要及时疏通，防止下料不均、不畅。

（5）布到烘干床两侧的生球量不均衡时要查明原因，及时调整。

（6）布料工要通过对布料车、齿辊、排矿电振的协调操作，来控制料面，使其下料均匀，确保竖炉炉况稳定顺行。

（7）布料工要密切与焙烧、齿辊、电振等岗位联系，发生变化时要及时调整，发生炉况失常要报告值班作业长组织处理。

（8）因故不能向炉内布料时，要报告值班作业长，并将布料皮带停于炉外。

4.3.8.2　竖炉热工制度的控制与调节

（1）球团竖炉是一个连续性的焙烧炉，要求蓄热稳定，要防止台时产量的大幅度波动和盲目追求产量，避免造成热工制度的大幅度波动。

（2）焙烧用煤气量的确定，应按焙烧每吨球团矿的平均热耗（约 800MJ/t 球）来计算，若竖炉焙烧用高炉煤气热值约 3350kJ/m^3，每吨球团矿需要煤气约 240m^3，若竖炉产量为 60t/h，则煤气用量约 14400m^3/h，当竖炉产量提高或煤气热值下降时，应增加煤气用量，反之则应减少。

（3）燃烧室助燃风量的确定，可根据煤气量、燃烧室温度、气氛及焙烧温度来调节，在每小时球团产量为 60t 时，风的用量约为 11200m^3/h。

（4）竖炉两侧燃烧室的温度与压力基本稳定和一致，是炉况正常的标志。入炉料、煤气、助燃风、冷却风发生较大变化时，都会使燃烧室的热工制度发生改变，焙烧工要及时进行调整，操作中要求助燃风压力稍高于煤气压力，以防止煤气窜入风管内引起爆炸。

（5）燃烧室温度应在 1050～1150℃ 范围内进行调节，正常生产时，燃烧室温度应基本稳定，温度波动不应大于 20℃；焙烧带的温度应根据球团矿的质量和台时产量来调节，一般控制在 1200～1300℃ 的范围内，并保持相对稳定。

（6）竖炉生产氧化球团，燃烧室至少要达到弱氧化气氛以上，根据实际生产要求，燃烧室烟气含氧量不应低于 2%，操作中要避免烧嘴的不完全燃烧现象。

（7）竖炉正常生产时，燃烧室压力约为 10kPa 左右，当压力突然升高或两个燃烧室压力差异较大，烘干速度急剧下降时，应适当降低燃烧室温度和减少燃烧热气量，同时停止生球入炉，改加熟球并继续正常排矿，待燃烧室压力正常后恢复生产。严重时，可大排矿至火道口以下，捅掉粘连物料后再行开炉。

（8）冷却风对热工制度影响很大，适宜的冷却风可促使气流分布均匀，烘干床上生球干燥速度快、不爆裂，一般根据生球干燥情况及排矿温度来调节冷却风量，一般控制在 33000m^3/h 左右。

（9）烘干床下气体温度与炉顶废气温度是热工制度的综合反映，其数值分别为 550℃ 与 120℃ 左右，但炉侧封闭状况对炉顶废气温度影响较大，正常生产时不许开侧炉门。

4.3.8.3　球团矿的筛分

（1）焙烧后的球团矿经链板机运往热振筛进行筛分，其作用是筛出小于 5mm 的粉末，目的是尽量减少成品球团矿中的粉末和改善带冷机的料层透气性及提高冷却效果。

（2）作业中要注意热振筛的接料点应在盲板上，若发现球团直接落在筛板上时要汇报及联系设备人员进行调整。

（3）为了减少球团矿的粉末流失，当筛孔堵塞或筛板损坏及间隙磨大要汇报处理，以保证球团矿的正常筛分。

（4）正常情况下要待链板机及振动筛上的物料卸净后方可停机。

(5) 作业中不准往球团矿、链板机、热振筛中打水，以免破坏球团矿的强度和影响设备寿命及正常生产；作业中经常要检查热振筛的润滑情况。

4.3.8.4 球团矿的冷却

(1) 球团矿采用 $30m^2$ 鼓风带冷机进行冷却，工艺要求带冷机的排矿温度要低于100℃。

(2) 带冷机的操作参数主要控制料层厚度与台车运行速度，其适宜的数值分别为 $(1000 \pm 50)mm$ 与 $(0.35 \pm 0.05)m/min$。

(3) 带冷机的鼓风风量为 $46000 \sim 88000m^3/h$，全压为 $1775 \sim 2668Pa$，操作中可根据竖炉产量及排矿温度进行调整。

(4) 因故临时停机，在60min内不要停带冷鼓风机。

(5) 带冷机漏下的返粉，通过刮板机运入中间仓。

4.3.8.5 竖炉冷却水系统的操作程序与要求

(1) 竖炉用水冷却的部位共有10处，除导风墙水梁采用汽化冷却外，其他9处如下：烘干床水梁、炉口侧板、齿辊卸料器、竖炉下部直料管、竖炉下部大水梁、竖炉下部漏斗、竖炉下部挡板、液压站、小烟罩。

(2) 竖炉冷却水的水质要求：悬浮物小于20mg/L，总硬度小于3.8mol/L，碱度小于2.8mol/L，pH值为 8.0 ± 0.5。

(3) 竖炉点火生产前三天循环水泵站储水池必须充水到高水位。

(4) 竖炉冷却设备必须在供水正常后，才能进行烘炉和生产。

(5) 竖炉供水时，先打开各部进出水阀门，然后再开启水泵供水，水泵运转稳定后，调整各部用水压力至正常，并注意各供水点压力的综合平衡。

(6) 冷却水供水压力不小于0.4MPa，供水量不小于 $200m^3/h$。

(7) 冷却水的回水温度控制在 (50 ± 5)℃，以保证冷却塔的冷却效果。

(8) 储水池下部的污泥要按规定定期排放。

(9) 当竖炉计划停炉或处理冷却设备时，要待竖炉炉内温度降低后方可停水，停水时，先停水泵并关闭进出水阀门，待水温降低后再处理管内残水。若冬季停炉、停水时一定要放净管内残水。

4.3.8.6 竖炉汽化冷却的操作程序与要求

(1) 汽化冷却用于竖炉导风墙水梁，与其配套的有汽包、分汽缸、电动截止阀、供水管及蒸汽管道系统，所产生的饱和水蒸气可供厂房取暖及职工洗浴之用。

(2) 竖炉首次开炉时要求汽化冷却系统做0.625MPa压力试验合格后，方可投入使用。

(3) 汽化冷却对软化水的水质要求：总硬度小于0.03mol/L，含油量小于0.5mg/L，pH值 $7.0 \sim 8.5$；软化水耗约为 $9.5m^3/h$；供水压力不低于 $0.53 \sim 0.85MPa$。

(4) 正常作业时要确保安全阀、排污阀、截止阀灵活好使，出现故障必须汇报处理。

(5) 作业时汽包中的水位要确保达到规定标准：蒸气压不高于0.53MPa，温度不高于179℃，蒸汽不用时，应通入蒸汽管网或向大气中排放。

(6) 供水或蒸汽系统出现故障必须立即通知布料工和主控室做好停炉准备。

4.3.9　煤气系统操作程序与检查维护要求

4.3.9.1　煤气管道的日常检查维护项目

（1）检查 DN600 电动调节蝶阀、楔式双闸板闸阀及其后部的煤气管道本体和附属设备的各处法兰、焊缝、人孔、胀力、开闭器、放散阀、蒸汽管是否完整无缺和处于正常状态，是否有漏水、漏煤气、漏蒸汽现象。

（2）管道系统上的开闭器是否处于正常状态，煤气输送是否正常和满足生产需要。

（3）管道支架是否歪斜，基础是否下沉。

（4）接地线是否完好。

（5）煤气管道及支架附近有无乱挖、乱建或利用煤气设施拴挂起重设备或架设电线等违章现象。

（6）煤气管道附近（安全距离内），有无易燃、易爆、明火作业及其他危险物。

（7）煤气管道及附属设备上有无额外负荷。

（8）检查中发现上述任何一种隐患必须详细记录并向有关领导汇报及按章处理。

4.3.9.2　煤气管道及附属设备的检查维护制度

（1）焙烧工、值班作业长、煤气管道点检工、煤气负责人，必须按职责范围按时进行日常维护检查。

（2）焙烧工、值班作业长要每天检查一次，点检工、煤气负责人要每周检查一次，发现问题要向有关部门汇报并按章处理。

4.3.9.3　煤气作业主要注意事项

（1）在煤气区工作必须 2 人以上，顶煤气作业时必须戴好防毒面具。

（2）进入煤气设备内工作前，必须取样分析 CO 浓度，合格后方可进入，否则要戴好防毒面具方可工作。

（3）煤气设备动火作业需按章办理，难度较大的动火作业和顶煤气作业，必须要有煤气救护站人员到现场监护。

（4）在煤气区域工作时，施工单位需设置监护人员。

（5）要注意检查煤气仪表是否泄漏，必要时应测定仪表室的 CO 浓度。

（6）无关人员禁止在煤气区逗留，防止煤气中毒。

4.3.9.4　竖炉的煤气点火与燃烧

A　引煤气操作程序

a　引煤气前的检查与准备

（1）先与煤气加压站联系，得到同意后方可引煤气操作。

（2）检查竖炉煤气主管前部 DN600 电动调节蝶阀、DN600 楔式双闸板闸阀以及放水阀并关闭。

（3）检查竖炉两侧煤气支管上的 DN400 电动调节阀并打开。

（4）检查燃烧室烧嘴的煤气与空气阀门并关闭。

（5）检查并打开煤气主管末端的 DN150 放散阀。

（6）通知仪表人员将仪表阀门关闭。

（7）检查蒸汽压力是否达到 0.2MPa 以上。

b 引煤气操作程序

(1) 同时在煤气主管 DN600 阀后和烧嘴阀门处往煤气主管和支管内通氮气。

(2) 通知煤气加压站将煤气送到 DN600 阀。

(3) 听见煤气放散阀冒氮气 10min 后,通知加压站打开两个 DN600 阀。

(4) 关闭氮气阀门并拔下胶管,见放散管冒煤气 5min 后,关闭放散阀。此时煤气已引至燃烧室前的煤气支管中。

B 点火操作程序

a 点火规则

(1) 燃气调度和煤气加压站同意后方可点火。

(2) 点火时,煤气的有关仪表、信号、调节装置、事故切断装置必须处于完好状态,发现失灵应立即处理。

(3) 点火前打开放水阀放净积水,放水时要注意防止煤气泄漏。

(4) 点火前先做煤气爆发试验,连续两次合格后才能点火。

(5) 点火时燃烧室必须保持一定的温度或明火,低压高炉煤气应高于 700℃、高压高炉煤气应高于 800℃时,才能直接点火,否则燃烧室要有明火才能用煤气点火(可由烧嘴窥视孔送进点燃的油布或用自动点火器打火)。

(6) 点火时煤气压力和助燃风压力应稳定,如煤气点不着火或点燃后又熄灭时,应立即关闭该烧嘴阀门,放散 5min 后重新做爆发试验,合格后再行点火,如果点不着应查明原因,继续放散和做爆发试验后再行点火,直至点火成功,不准违章操作。

(7) 高压煤气点火必须在低压煤气灭火后,改送高压煤气后再进行。

(8) 竖炉燃烧室点火时作业区其他煤气用户应停止使用高炉煤气,防止点火时煤气压力波动。

b 点火操作程序

(1) 开启助燃风机并放风,打开助燃风 DN400 电动调节阀,稳定风压在 4.2kPa 左右。

(2) 关闭煤气放散阀,调节煤气 DN400 电动调节阀,稳定煤气压力在 4.0kPa 左右。

(3) 指定专人监视仪表,发生压力变化要向值班作业长或主控室报告。

(4) 燃烧室温度低于 700℃时,先将点燃的油布由窥视孔放入燃烧室或用自动点火器打火,略开烧嘴的助燃风阀门,然后缓慢打开烧嘴煤气阀门,见煤气点燃后,再交错开大空气和煤气阀门,点燃一个烧嘴再点对面的烧嘴。

(5) 燃烧室温度大于 700℃时,可直接开启烧嘴的助燃风和煤气阀门点燃煤气。

(6) 待两个燃烧室的烧嘴点燃后,关闭助燃风放散阀,调节好两个燃烧室的煤气量和助燃风量,使其耗量和温度基本保持一致。

(7) 燃烧室温度大于 800℃时,可用高压煤气直接点火。

(8) 点火正常后,可通知作业区其他用户使用煤气。

C 煤气燃烧与灭火操作

(1) 充分利用煤气的热能提高燃烧温度。空气与煤气的比例适当时,火焰呈黄亮色,比例失调会降低燃烧温度。高炉煤气热值变化较大,应勤观察与调节。燃烧室温度一般控制在 1050~1150℃,生产正常时应稳定在一个较小的范围内,上下波动应控制在 ±15℃

的范围之内。

（2）正常生产时，煤气和助燃风压力在 15kPa 左右，煤气压力低于 10kPa 时，要灭火停止生产。

（3）停炉时，可将煤气放散阀打开 1/2，关严烧嘴阀门，灭火后按停炉操作处理。

4.3.9.5 烘干炉的点火与燃烧

A 引煤气操作程序

a 引煤气前的检查与准备

（1）与主控室联系，征得同意后方可引煤气操作。

（2）检查烧嘴的 DN250 手动蝶阀和闸阀并关闭。

（3）打开煤气管道的泄水阀放尽水后关闭。

（4）打开煤气放散阀。

（5）检查氮气压力是否达到 0.2MPa 以上。

b 引煤气操作程序

（1）同时在煤气接点处和烧嘴处往煤气管道内通氮气。

（2）见煤气放散管冒氮气 10min 后，关闭放散阀并停止送氮气，拔下胶管。

（3）打开放散管前部煤气阀门。

（4）见放散管冒煤气 5min 后，准备点火。

B 点火操作程序

a 点火规则

（1）征得动力集控中心同意后方可点火。

（2）点火时，有关仪表、信号、调节与事故切断装置必须处于完好状态，发现失灵要立即处理。

（3）点火前要打开放水阀放尽积水。

（4）点火前先做煤气爆发试验，连续两次合格后才能点火。

（5）燃烧室温度低于 700℃时，不准用低压煤气直接点火，要点火时需用明火。

（6）点火时，煤气和助燃风的压力要稳定，如煤气点不着或点燃后又熄灭时，应立即关闭该烧嘴阀门，放散 5min 后，重新做爆发试验再行点火，如果点不着应查明原因，继续放散和做爆发试验后再行点火直到点火成功，不准违章操作。

b 点火操作

（1）接到主控室点火通知，须检查无问题后，方可进行点火操作。

（2）调节好 DN350 手动闸阀，使煤气压力稳定在 4kPa 左右。

（3）在燃烧室温度低于 700℃时点火，要将点燃的火把从窥视孔伸入燃烧室内（或使用自动点火器），稍开助燃风后，缓慢打开烧嘴前煤气手动蝶阀，然后再缓慢打开手动闸阀，将煤气点燃，点燃后交替开大助燃风和煤气，使火焰稳定。

（4）点燃一个烧嘴后，再点第二个烧嘴。

（5）若燃烧室温度高于 700℃时，可用低压煤气直接点火，点火方法同（3）。

c 烘干煤气燃烧及灭火

（1）充分利用煤气的热能提高燃烧温度，空气煤气的比例适当时，火焰呈黄亮色。

（2）应勤观察与调节，通过调节煤气量、助燃风量及混风风量，以控制燃烧室温度、废气温度和出料水分。在正常情况下，出料水分控制在（7.7±0.3）％，燃烧室温度低于950℃，废气温度低于150℃。

（3）正常生产时，煤气压力为4kPa，助燃风压力为4.5kPa，当煤气压力小于2kPa时，要作灭火处理。

（4）停炉时，切断气动阀门，关严烧嘴阀门，做停炉处理。

d　闷炉操作程序

（1）燃烧室由烘干作业改为备用时，采取闷炉操作（即只用混合不用烘干）。

（2）关掉两个烧嘴中的一个。

（3）调节燃烧火嘴的煤气、空气和混气阀门，将出口温度控制在（175±25）℃。

4.3.10　竖炉的开炉与停炉操作

4.3.10.1　竖炉的烘炉

（1）烘炉应在开炉前的准备工作完成后，按烘炉曲线规定的温度和烘炉方案进行烘炉。

（2）竖炉烘炉主要是烘燃烧室，控制的是燃烧室温度，炉身砌体主要是靠以后缓慢下降的熟球所带的热量进行烘烤。

（3）烘炉点火前，作业区煤气负责人与焙烧工要详细检查煤气系统，达到安全点火的条件。

（4）计器仪表要校正良好，冷却水供水正常，同时准备好点火用各种器具和引火物或自动点火器，清理好现场。

（5）在点火平台和布料平台设置煤气报警器。

（6）配备好烘炉操作人员，由专人指挥烘炉点火工作。

（7）烘炉操作人员必须按照规定的温度、升温速度、烘炉时间控制烘炉，勤观察温度变化，控制炉温的波动范围在±10℃以内。

（8）烘炉必须连续进行，操控人员要认真和详细地做好记录，每一小时记录一次温度并给出烘炉曲线图。

（9）烘炉制度见表4-12。

表4-12　空炉烘炉制度

烘炉温度/℃	升温速度/℃·h⁻¹	烘炉时间/h
环境温度	自然干燥	24
150	恒温	15
150~350	20	10
350	恒温	12
350~600	25	10
600	恒温	18
600~800	25	8
800	恒温	10
800~1000	40	5
1000	恒温	6

（10）炉温600℃以下的烘炉：

1）准备好长6500mm、DN50烘炉用煤气管4根，其中有一头焊堵上并在管道一侧钻ϕ4mm孔，孔距200mm，钻孔的总长度为5000mm；并准备相应的连接胶管若干米（根据现场实际需要而定）。

2）准备好劈柴若干。

3）打开竖炉炉顶烟罩帽的上盖（需保管好上盖及螺栓）。

4）打开两侧燃烧室人孔，放入劈柴后点火烘炉，温度按烘炉制度进行控制，并根据需要往燃烧室内添加劈柴。

5）当用劈柴炉温不能再升高时，将已准备好的烘炉煤气管插入燃烧室（每边2根）并接好煤气，点燃低压煤气进行烘炉，开始时可先点燃一根煤气管，根据升温需要再点燃第二根煤气管，控制煤气量和人孔进风量进行烘炉，并注意煤气火焰不要正对着热电偶。

（11）炉温600~800℃的烘炉：

1）炉温达到600℃并保温18h后，要改用燃烧室烧嘴使用低压高炉煤气烘炉。

2）关闭燃烧室内的烘炉煤气管阀门，撤出烘炉煤气管，封闭人孔。

3）封闭炉顶烟罩帽的上盖。

4）启动电除尘风机，控制适宜风量：开始要小，然后根据情况适当增大。

5）启动助燃风机并打开放风阀。

6）引低压高炉煤气至炉前。

7）按照点火、开炉及煤气操作的有关规定，点燃烧嘴，调稳后关闭助燃风放风阀，再调整好火焰，用煤气和助燃风控制炉温烘炉。

（12）炉温800℃以后的烘炉：

1）炉温达到800℃以后，可继续用低压高炉煤气烘炉。

2）当炉温不能按规定升温时，要灭火并改送高压煤气烘炉，其操作按点火、开炉的有关程序进行。

3）改高压煤气后仍按烘炉制度进行操作，直至烘炉完成。

4.3.10.2 首次开炉

（1）首次开炉是指竖炉建成后第一次开炉或大中修后或炉料排空、长期停产后的冷炉开炉。

（2）首次开炉前应具备的条件：

1）基建工作全面完成，所有设备安装完毕。

2）所有设备必须全面试车并调整正常，有条件的设备还应进行负荷试车，其中高压风机试车时间不得少于24h，特别是造球机，不仅要调整好，而且要造好料衬后方可开炉。

3）计器、仪表、通讯、照明、给排水、管道阀门、热力系统等均应试车完毕并达到规定标准，蒸气压力也达到要求标准。

4）供电、供水达到正常，各水冷设备通水正常。

5）检查炉内、溜槽、电振、冷风管内、各部漏斗等设备内部，有杂物必需清净。

6）准备好无杂物、水分小、粉末少的成品球团矿作开炉料。

7）准备好点火用的劈柴、材料和器具，按点火、烘炉的有关规定进行点火、烘炉。

8）准备好生产用的原、燃料。

（3）装开炉料：

1）装料一般在烘炉后进行，也可根据具体情况在烘炉前装到火道口以下，但往火道口以上装炉料要在高压煤气点燃后进行。

2）开炉料要连续送往熟球上料仓。

3）装料前要将烟罩上盖封好，电除尘及其风机投入运行并调好适宜风量。

4）开启布料车、S5（或S6）皮带、S17（或S18）皮带，控制好熟球上料仓溜槽闸门，往炉内均匀装球。

5）装球过程中要经常检查竖炉两边，料层高度要一致，不许偏料。

（4）活动料柱：

1）熟球装到烘干床下端炉口时，可按逆方向启动成品系统设备并开始倒料，活动料柱。

2）刚开始排料时，可先活动竖炉两端的齿辊和电振排料，此时的排料量要略少于装料量。

3）炉料装满烘干床后可正常进行焙烧操作，调整料面及继续进行排料操作并按需要活动有关齿辊。

（5）开炉操作：

1）开炉时，煤气量可控制在 $7500 \sim 10000 m^3/h$，助燃风 $6000 \sim 8000 m^3/h$，然后可根据情况逐步增加用量，燃烧室温度可控制在 $1000 \sim 1100℃$。

2）待整个烘干床料面下料均匀，烘干床下热气温度升至300℃，焙烧温度升至1000℃（仪表温度900℃）时，可停止上熟球，启动造球机造球并开始布第一批生球。

3）烘干床上布满第一批生球后，可停止造球机、S5（S6）皮带、布料皮带运转，并将布料皮带退至炉外。

4）待烘干床下端生球干燥部分达到1/3时，可启动成品系统进行排料并启动造球系统，再布第二批生球进行干燥。即按布生球—干燥—排料—再布生球—干燥—排矿的操作方法反复进行，其操作原则是确保干球入炉，逐步达到可以连续布生球的生产状态。

5）当排矿温度达到100℃以上（烫手）时，可启动冷却风机，启动后放风，待排矿温度达到300℃时，可逐步关小放风阀，增加炉内的冷却风量，直至竖炉生产正常时即可全部关闭放风阀。在此过程中冷风的控制要与上部的煤气、助燃风及温度的控制有机地结合起来，上下配合好。

6）竖炉刚开炉时，因炉墙有个吸热烘烤过程，需要吸收大量热量，球团焙烧速度缓慢，因此要造好生球并控制生球量，缓慢地组织生产，待炉内形成合理的焙烧制度后才能加大生球量，逐步转入正常生产。

4.3.10.3 一般开炉操作

（1）停炉后，在竖炉内有炉料的情况下重新开炉，即为一般开炉。

（2）各系统设备达到能随时启动状态。

（3）供水系统正常运行。

（4）电除尘器及风机投入运行。

（5）按点火操作程序进行点火，如煤气没问题而点火点不着时可排料点火，必要时可将炉料排至火道口附近再点火。

（6）点火后要根据燃烧室温度情况缓慢升温及装熟球与活动料柱。

（7）在此过程中可逐步加大煤气量，助燃风量及冷却风量。

（8）待烘干床布满熟球，干燥温度达到300℃以上时可开始缓慢上生球组织生产直至达到正常生产水平。

4.3.10.4 停炉操作

A 非计划临时停炉操作

（1）竖炉生产中，设备发生故障或其他原因而不能生产时，若停产时间在30min以内，则不必停火，适当补充熟球即可。若无法补充熟球，并且停产时间约在15min以上时，则需作短时间的放风灭火操作。

（2）灭火后通知布料停止加生球和排矿。

（3）通知风机室打开冷却风放风阀并关小冷却风进风电动蝶阀。

（4）通知煤气加压站降压，同时将助燃风放风，关小助燃风进风电动蝶阀。

（5）打开煤气放散阀，关闭烧嘴阀门及助燃风电动蝶阀。

（6）通知计器、仪表人员做好准备后往煤气管道中通入蒸汽。

（7）不停电除尘风机，但将风机进口阀关闭。

B 计划停炉操作

（1）有计划停炉2h以上时，停炉前40min停止加生球，补加熟球，排矿速度和燃烧室温度不变，若炉顶温度过高，可适当减少冷却风量、煤气量与助燃风量。

（2）按规定进行放风灭火操作，并通知风机室停助燃风机与冷却风机。

（3）通知煤气加压站停机，切断煤气，并往煤气总管内通蒸汽。

（4）当竖炉需要排料时，可间断排料，直至排空。

（5）停止电除尘及其风机运行。

C 紧急停炉操作（关火放散）

（1）遇突然停电、停水、停煤气、停风机等情况时，应进行紧急停炉操作。

（2）确认汽包平台无人作业后，打开煤气主管放散阀，同时关闭燃烧室烧嘴阀门。

（3）通知风机室将助燃风、冷却风放风。

（4）关闭煤气、助燃风、冷却风蝶阀，往煤气主管通氮气并通知煤气防护站人员。

（5）设备突然停转后，要立即切断其电源，防止突然启动，然后再查明原因。

（6）值班作业长在组织紧急处理的同时，要及时向有关领导请示汇报，对停炉工作做相应安排。

5 尾矿库管理

【本章提要】 本章主要介绍大冶铁矿选矿厂洪山溪尾矿库和白雉山尾矿库建设规模、地理位置特征，使用年限与维护，安全管理现状等内容。

5.1 洪山溪尾矿库

洪山溪尾矿库现已退役，在它服务的 30 多年中，可以说是在"先天不足"的情况下"后天失调"，因此，有过"病史"，也出过"险情"，但就总体而言，还算"有惊无险"。

大冶铁矿洪山溪尾矿库初步设计由苏联列宁格勒给排水与水工构筑物设计院于 1955 年编制，鞍山矿山设计院分别于 1956 年和 1958 年完成技术设计和施工图设计。该库位于选矿厂西南约 2.5km 的洪山溪左岸，一面靠山，三面筑坝。初步设计子坝标高为 63m；初期坝为均质黏土坝，坝顶标高 35m，坝基最低标高为 29m，汇水面积为 0.9 平方千米，设计服务年限 25 年。

洪山溪尾矿库自 1959 年 10 月投入使用后，到 1963 年底已完成三期子坝堆筑，其标高 38.5m，库内正常水位达 36.7m。但由于一、二期子坝未按设计要求施工，边坡很陡，接近 1∶1，且两级子坝间未留出平台，造成边坡不稳，出现了局部滑坡现象；同时发现初期坝和子坝交接带多处渗水，库内干滩也比较短。针对这些问题，1963 年冶金工业部下发了"关于解决大冶铁矿尾矿问题的通知"，通知要求长沙黑色冶金矿山设计院结合现场实际情况，负责提出今后几年内尾矿库安全堆坝及合理放矿的方案，以满足尾矿库安全生产的需要。长沙黑色冶金矿山设计院根据上述文件精神，于 1964 年 2 月编制了"大冶铁矿洪山溪尾矿场补充设计方案"。方案中对排洪能力和初期坝的稳定性进行了验算，并将子坝最终标高调整到 70m，库容为 1087 万立方米（后经实测有效库容为 960 万立方米），按每年处理原矿 290 万吨计，该库可使用到 1984 年。

在以后的使用过程中，补充设计中确定的具有反滤结构的排渗系统、水位观测设施等措施并未得到实施。到 1979 年秋，发现坝坡有三处渗水，较严重的渗水面积近 1200 平方米，并有少量泥砂流出。为此，1980 年 7 月冶金部在大冶铁矿召集了有关单位的代表，对洪山溪尾矿库的上述问题进行了研讨。与会代表建议，对洪山溪尾矿库在下述条件下暂且观察使用：

（1）坝内正常水位控制在坝顶以下 2m，干滩长大于 100m；

（2）建立坝坡动态观测点；

（3）布置水位观测孔；

（4）从标高 57.5m（1980 年 6 月坝顶标高）开始调整外坡，使其达到 1∶4。

会议认为，长沙黑色冶金矿山设计院应对洪山溪尾矿库进行坝体稳定性和安全性验算，并提出加速新辟尾矿库建设的建议。大冶铁矿对上述建议一条条落实，并于 1980 年 12 月 27 日以"冶矿发［1980］号文"向武钢矿山指挥部做了汇报。具体落实情况是：

（1）为使尾矿库能安全度汛，在子坝北头又开了一条临时溢洪道，将库内水位降到 54.9m，低于子坝顶 2m，使干滩长大于 100m。

（2）在标高 57.5m 平台修一条宽 3m 公路并与子坝两端标高为 38m 的老公路连通。

（3）为调整坡比，将标高 57.5m 平台扩宽到 15m（原 2m），计划分两期将坡比由 1:3.3 调整到 1:4。

（4）在渗透较严重的南头坝坡上修建反滤层，采用透水性材料做成具有反滤结构的两条横向沟渠，排渗系统长 200m。

（5）为观测坝体稳定状态，在坝坡上埋设了 21 个固定标桩，在垂直坝轴线方向划 5 条浸润线剖面，每条剖面上设 7 个水位观测孔，共 35 个孔，总孔深为 349.7m。

（6）为取得堆积尾矿的工程地质资料，在垂直坝轴线方向布置 5 条勘探线，打 35 个孔，静压触探 1 侧米，钻探 1 侧米，取验土样 1000 个，已完成 3 条线的 21 个孔。

1981 年 6 月，由武钢矿山指挥部主持在大冶铁矿召开了"武钢大冶铁矿洪山溪尾矿库坝体稳定性问题和加固措施方案"座谈会。会上，长沙黑色冶金矿山设计院介绍了根据武汉冶金勘察公司 1981 年 3 月提交的《武钢大冶铁矿洪山溪尾矿场工程地质勘察报告》所做的坝体稳定性计算结果。结果表明，除第 1 剖面较为稳定外，其余 4 个剖面都是不稳定的。会议认为，这一计算结果与现场实际情况出入较大，根据坝体勘察情况看，矿泥的力学指标以按固结快剪指标参与计算为宜。因此，建议武汉冶金勘察公司补充提出矿泥固结快剪强度，由长沙黑色冶金矿山设计院重新进行坝体稳定计算。

1982 年 2 月，长沙黑色冶金矿山设计院完成了最终堆积标高为 70m 的坝体稳定性计算及加固方案设计。计算结果表明，在不考虑地震的情况下，不论是 2—2 断面或是 4—4 断面，不加固均可满足 $K = 1.25$ 的稳定要求；当考虑地震时，要求 $K \geq 1.05$，但 4—4 断面和 2—2 断面在现有坝高时 K 值分别为 1.033 和 1.0，均不能满足规范所确定的要求，因此，需考虑加固措施。同时，对该库的泄洪能力也进行了验算，其结果是，防洪能力稍有富余。

但是，在 1986 年底和 1987 年初，长沙黑色冶金矿山设计院为洪山溪尾矿库子坝做加高至标高为 75m 和 71.5m 的方案设计过程中发现，1982 年的稳定性计算结果是不对的；而当时的南北溢洪道的泄洪能力也远远满足不了排洪要求。对此，长沙黑色冶金矿山设计院在 1987 年 6 月 10 日给冶金部矿山司的"关于武钢大冶铁矿洪山溪尾坝稳定性验算问题的报告"中提到，在此次设计过程中发现 1982 年所进行的标高 70m 的坝体稳定计算所规定的个别条件不恰当，因而设计中的计算结果及据此得出的"在不考虑地震情况下不加固可以满足稳定要求"的结论不对。正确的结论应是，在不考虑地震情况下，如不采取加固措施，坝体的稳定安全系数不能满足现行规范要求。

时值 1987 年的汛期，大冶铁矿洪山溪尾矿库因上述种种原因构成的隐患，引起了各级领导和有关部门的重视，冶金部责成冶金部尾矿坝安全监督站的同志到大冶铁矿洪山溪尾矿库进行安全检查，将洪山溪尾矿库列为 1987 年全国重点冶金矿山系统的"难以度汛的险坝"之一。到 1988 年汛期时，因加高设计方案中所确定的措施未能全部到位，致使洪山溪尾矿库仍然戴着"险坝"的帽子度过了汛期。

随着标高 71.5m 的加高方案中三项加固措施逐步实施并投入运行，到 1989 年 5 月在冶金部尾矿库防汛工作会上，经专家组审议，洪山溪尾矿库才摘掉了"险坝"的帽子。

从 1959 年 10 月到 1990 年底，洪山溪尾矿库共堆积尾矿砂 1045.83 万立方米，计 1673.32 万吨；子坝标高为 71.5m，库内水位 70.1m。1990 年 10 月，长沙黑色冶金矿山设计院又完成了洪山溪尾矿库闭库及选矿厂废水处理回收工程方案设计。

5.2 洪山溪尾矿坝

尾矿库是矿山选矿厂排废的堆积场，其主要构筑物是尾矿坝，随着选厂排废数量的增加，尾矿坝也不断升高。形成的尾矿砂堆积体——尾矿坝的工程地质特性及在使用过程中对尾矿库实行科学管理的程度，将决定尾矿坝的安全稳定性；而尾矿坝的安全稳定性如何，又关系到选厂能否维持正常生产，同时更关系着尾矿库下游居民、企业的生命、财产的安全。

前苏联原设计的洪山溪尾矿库初期主坝标高 38m，最终标高 63m，库容为 680 万立方米。1964 年，由长沙黑色冶金矿山设计院做补充设计，并将最终标高 63m 改为 70m，库容由 680 万立方米改为 1087 万立方米。因原设计没有考虑泄洪设施（由 1 号和 2 号排水干线承担），故于 1965 年在坝的高端开挖了一条临时溢洪沟。由于一、二级子坝未按设计要求施工，边坡很陡，且两级子坝间未留出台阶，因此边坡不稳定，有局部滑坡现象。同时主坝和子坝交接处有 6~7 处渗水。

1964 年，将原用的人工堆坝方法改为水力沉积法，用矿浆中的尾砂堆坝。

1974 年，2 号排水管因堵塞而报废。1979 年秋，发现坝坡有三处渗水，较严重的渗水面积约 1000m^2，并有泥砂流出。1980 年 7 月，冶金工业部召集有关单位讨论了这一问题。

根据冶金工业部会议纪要，大冶铁矿对洪山溪尾矿坝采取了汛期保坝、坝坡调整、修建坝上公路、修反滤层、设置水位观测孔、埋设位移观测标桩等措施，延长其服务年限。

1985 年底洪山溪尾矿坝，子坝堆积标高已接近 65.5m，外坡已基本达到 1:4。库内堆存尾矿砂已有 858.4 万立方米（经实测当子坝堆至最终标高 70m 时，库内可堆存尾矿砂 960.3 万立方米）。

5.3 白雉山尾矿库

白雉山尾矿库（图 5-1）位于湖北省鄂州市碧石镇卢湾村白雉山脚下，距选矿厂约 8km，西部 0.5km 处为武大公路，南部 8km 处为黄石市区及大冶矿部所在地。尾矿库设在两道山脊之间的沟内，沟长 3km 以上，白雉山水库位于沟下段约 1km 处，山脊最低标高与白雉山水库最高水位之差大于 200m。沟谷两侧山坡陡峭，坡度大，但基本被灌木、野草和森林

图 5-1 白雉山尾矿库

覆盖。白雉山尾矿库于 1984 年完成初步设计，1988 年 10 月建成，设计最终标高 186m，总坝高 113.5m，全库容 1630 万立方米，服务年限 21 年。设计规划远景最终标高 212m，设计总坝高 139.5m，全库容为 2450 万立方米，其等级为二等库。截至 2002 年底，第 18 期子坝标高为 163m，堆存尾矿约 900 万立方米。

1988 年 10 月白雉山尾矿库建成并投入试生产，到 1989 年 12 月正式验收交付生产使用，在此期间，洪山溪尾矿库和白雉山尾矿库处于"新、老"坝的交接阶段；白雉山尾矿库正式生产以后，洪山溪尾矿库只承受处理选矿生产废水，经澄清后做生产用环水回收利用。从 1991 年 9 月借用大井来处理现场生产废水并回收利用时起，尚有少量多余废水送入洪山溪尾矿库经澄清后外排。

5.4   法律法规

尾矿库作为矿山重要的生产设施和环保设施，同时又是重要的危险源，它的建设和管理必须遵守《中华人民共和国矿山安全法》和《中华人民共和国矿山安全法实施条例》。

尾矿库工程建设的主要法规和标准有：《选矿厂尾矿设施设计规范》、《铀水冶厂尾矿库安全设计规定》、《尾矿设施施工及验收规程》、《碾压式土石坝施工技术规范》、《上游法尾矿堆积坝工程地质勘察规程》、《尾矿库闭库安全规程》等。

尾矿库生产管理的主要法规和标准有：《冶金矿山尾矿设施管理规程》、《尾矿库安全管理规定》、《矿山特种作业人员安全操作资格考核规定》、《尾矿库安全技术服务机构资质审查与管理暂行办法》等。

尾矿库安全监督的主要法规和标准有：《尾矿库安全管理规定》、《关于尾矿库闭库安全验收工作的通知》、地方有关规定等。

6 安全生产与环境保护

【本章提要】 本章主要介绍大冶铁矿企业安全管理，逆矿厂与球团厂职工守则，文明生产，废弃物排放与环境保护等内容。

6.1 安全生产权利和义务

（1）生产经营单位与从业人员订立的劳动合同，应当载明有关保障从业人员劳动安全、防止职业危害的事项，以及依法为从业人员办理工伤社会保险的事项。

生产经营单位不得以任何形式与从业人员订立协议，免除或者减轻其对从业人员因生产安全事故伤亡依法应承担的责任。

（2）生产经营单位的从业人员有权了解其作业场所和工作岗位存在的危险因素、防范措施及事故应急措施，有权对本单位的安全生产工作提出建议。

（3）从业人员有权对本单位安全生产工作中存在的问题提出批评、检举、控告；有权拒绝违章指挥和强令冒险作业。

生产经营单位不得因从业人员对本单位安全生产工作提出批评、检举、控告或者拒绝违章指挥、强令冒险作业而降低其工资、福利等待遇或者解除与其订立的劳动合同。

（4）从业人员发现直接危及人身安全的紧急情况时，有权停止作业或者在采取可能的应急措施后撤离作业场所。

生产经营单位不得因从业人员在紧急情况下停止作业或者采取紧急撤离措施而降低其工资、福利等待遇或者解除与其订立的劳动合同。

（5）因生产安全事故受到损害的从业人员，除依法享有工伤社会保险外，依照有关民事法律尚有获得赔偿的权利的，有权向本单位提出赔偿要求。

（6）从业人员在作业过程中，应当严格遵守本单位的安全生产规章制度和操作规程，服从管理，正确佩戴和使用劳动防护用品。

（7）从业人员应当接受安全生产教育和培训，掌握本职工作所需的安全生产知识，提高安全生产技能，增强事故预防和应急处理能力。

（8）从业人员发现事故隐患或者其他不安全因素，应当立即向现场安全生产管理人员或者本单位负责人报告；接到报告的人员应当及时予以处理。

6.2 企业职工安全生产守则

（1）"安全生产，人人有责"。所有职工必须认真贯彻执行"安全第一，预防为主"的方针，严格遵守安全技术操作规程和各项安全生产规章制度。

（2）对不符合安全要求的厂房、生产线、设备、设施等，职工有权向上级报告。遇有直接危及生命安全的情况，职工有权停止操作，并及时报告领导处理。

（3）操作人员未经三级安全教育或考试不合格者，不准参加生产或独立操作。电气、起重、车辆的驾驶、锅炉、压力容器、焊接（割）、爆破等特种作业人员，应经专门的安全作业培训和考试合格，持特种作业许可证操作。

（4）进入作业场所，必须按规定穿戴好防护用品，要把发辫放入帽内；操作旋转机床时，严禁戴手套或敞开衣袖（襟）；不准穿露脚趾及脚跟的凉鞋、拖鞋；不准赤脚赤膊；不准系领带或围巾；尘毒作业人员在现场工作时，必须戴好防护口罩或面具；在能引起爆炸的场所，不准穿能集聚静电的服装。

（5）操作前，应检查设备或工作场地，排除故障和隐患；确保安全防护、信号连锁装置齐全、灵敏、可靠；设备应定人、定岗操作；对本工种以外的设备，须经有关部门批准，并经培训后方可操作。

（6）工作中，应集中精力，坚守岗位，不准擅自把自己的工作交给别人；两人以上共同工作时，必须有主有从，统一指挥；工作场所不准打闹、睡觉和做与本职工作无关的事；严禁酗酒者进入工作岗位。

（7）凡运转的设备，不准跨越、横跨运转部位传递物件，不准触及运转部位；不得用手拉、嘴吹切屑；不准站在旋转工件或可能爆裂飞出物件、碎屑部位的正前方进行操作、调整、检查、清扫设备；装卸、测量工件或需要拆卸防护罩时，要先停电关车；不准无罩或敞开防护罩开车；不准超限使用设备机具；工作完毕或中途停电，应切断电源，才准离岗。

（8）检修机械、电气设备前，必须在电源开关处挂上"有人工作，严禁合闸"的警示牌。必要时设专人监护或采取防止意外接地的技术措施。警示牌必须谁挂谁摘，非工作人员禁止摘牌合闸。一切电源开关在合闸前应细心检查，确认无人检修方准合闸。

（9）一切电气、机械设备及装置的外露可导电部分，除另有规定外，必须有可靠的接零（地）装置并保持其连续性。非电气工作人员不准装、修电气设备和线路。使用Ⅰ类手持电动工具必须绝缘可靠，配用漏电保护器、隔离变压器，并戴好绝缘手套后操作。行灯和机床、钳台局部照明应采用安全电压；容器内和危险潮湿地点不得超过12V。

（10）行人要走指定通道，注意警示标志，严禁贪近道跨越危险区；严禁攀登吊运中的物件，以及在吊物、吊臂下通过或停留；严禁从行驶中的机动车辆爬上、跳下、抛卸物品；车间内不许骑自行车。在厂区路面或车间安全通道上进行土建施工，要设安全遮栏和标记，夜间设红标灯。

（11）高处作业，带电作业，禁火区动火，易燃或承载压力的容器、管道动火施焊，爆破或爆破作业，有中毒或窒息危险的作业，必须向安技部门和有关部门申报和办理危险作业审批手续，并采取可靠的安全防护措施。

（12）安全、防护、监测、信号、照明、警戒标志、防雷接地等设施，不准随意拆除或非法占用，消防器材、灭火器具不准随便挪动，其安放地点周围，不得堆放物品。

（13）对易燃、易爆、有毒、放射和腐蚀等物品，必须分类妥善存放，并设专人管理。易燃易爆等危险场所，严禁吸烟和明火作业。不得在有毒、粉尘作业场所进餐、饮水。

（14）变、配电室，氧气站，煤气站，液化气站，乙炔站，空压站，发电机房，锅炉房，油库，油漆库，危险品库等要害部位，非岗位人员未经批准严禁入内。在封闭厂房（空调、净化间）作业和深夜班、加班作业时，必须安排两人以上一起工作。

（15）生产过程产生有害气体、液体、粉尘、渣滓、放射线、噪声的场所或设备设施，必须使用防尘、防毒装置和采取安全技术措施，并保持可靠有效；操作前应先检查和开启防护装置、设施、运转有效方能进行工作。

（16）搞好生产作业环境的安全卫生；保持厂内、车间、库房的安全通道畅通；现场物料堆放整齐、稳妥、不超高；及时清除工作场地散落的粉尘、废料和工业垃圾。

（17）新安装的设备、新作业场所及经过大修或改造后的设施，需经安全验收后，方准进行生产作业。

（18）严格交接班制度，重大隐患必须记入记录；下班前必须切断电源的、气（汽）源，熄灭火种，检查、清理场地。

（19）发生生产安全事故要及时抢救，保护现场，并立即报告领导和上级主管部门。

（20）各类操作人员除遵守以上内容外，还必须遵守本工种安全操作规程。

6.3 考勤、交接班、请假制度

6.3.1 考勤制度

（1）考勤是职工实际生产（工作）时间，享受劳动权利，履行劳动义务和获得劳动报酬的基本依据，是岗位经济责任制考核的一项重要内容，因此，凡车间职工的出勤、缺勤、假别等情况必须予以书面记载（考勤表），严格执行考勤制度。

（2）考勤表由武汉钢铁（集团）公司统一制作，考勤必须分开，由专人负责，逐日考勤，要求填写真实、规范、整洁，无缺项、漏项，考勤记载必须与各种假期证相符，考勤表必须妥善保管两年以上。

（3）考勤表应于次月3日（含3日）前由班组长核实，作业区签字认可，单位劳动（人事）部门审定并集中或指定分类保管。

（4）职工因违反《中华人民共和国治安管理条例》而被司法机关传讯，收容审查，拘留或因其他违法行为而缺勤的，缺勤期间停发一切工资福利待遇，考勤表用文字说明记载，追究刑事责任的，按有关规定处理，应公安机关的要求对他人违反治安管理或犯罪行为作见证由公安机关出具书面证明，其缺勤时间，视同出勤。

（5）职工请病、事假（包括旷工等缺勤情况），假期中遇工休日的，假期连续计算，但计算扣罚待遇时，其天数不计算在内。遇节假日，时间顺延，遇工休日连续计算，待遇按规定办理。

（6）职工无正当理由不听从生产指挥或不服从工作分配，经教育仍不到规定岗位进行生产（工作）者，视同缺勤，按旷工处理。

（7）考勤员职责：

1）考勤员是所在班组（科室）的兼职劳动纪律管理员。

2）考勤员要认真负责，一丝不苟，大公无私，以身作则，模范遵守劳动纪律。

3）考勤员根据考勤管理制度规定，负责做好本单位的考勤工作，实事求是填写清楚，不得涂改、伪造、虚报考勤表。

4) 考勤发生异议，考勤员应及时向班组、作业区、车间（科室）领导汇报，并做好协调工作。

5) 对未经办理请假手续而不上班者，考勤员应及时向上级领导汇报并查明原因，按权限会同有关领导五日作出假别结论。

6) 考勤员负责审核和保存请假单据，严格执行制度。

7) 病假连续超过三个月以上的职工，未经批准试工、复工、私自回岗上班者，考勤员有权不予考勤。

8) 职工有缺勤的，考勤员必须当班上报作业区，车间（科室），由车间（科室）汇总后，次日内报告单位劳动（人事）部门。

9) 职工调动或临时借用，考勤员应做好考勤记录的转移。

10) 考勤员应认真作好考勤统计（包括调休、补休和加班加点等记录）按月及时公布，如发现弄虚作假、事实不符等情况，应及时有关领导汇报处理。

6.3.2　交接班制度

（1）交接班制度是维护正常的生产（工作）秩序的重要手段，实行连续生产（工作）岗位的职工必须严格执行。

（2）职工交班前必须做好以下交班准备工作：

1) 检查并记载本班生产（工作）基本情况；

2) 检查并记载本班设备运转、维护情况；

3) 检查并记载本班安全防火情况；

4) 作好本班其他各种原始记录；

5) 做好本班的文明卫生工作；

6) 必须交班的其他情况。

（3）职工接班前必须做好接班准备工作：

1) 提前到岗，做好"两穿一戴"及配备必需的劳动用品和各项准备工作；

2) 由班组长组织召开班前会检查职工接班准备情况，布置安排当班工作任务。

（4）交接班程序：

1) 认真核对交班事项；

2) 双方在交接班本上签字确认。

（5）交接班纪律：

1) 交班人未按要求交待清楚，接班人员有权要求重新交班，直至交清为止；

2) 交接班必须按岗位对口进行，不准由他人代理交班或签字；

3) 如遇接班人员未到岗，交班职工必须继续坚守岗位，并立即报告有关领导，直至有人接班后，方能交班离岗，其延长的工作时间可计算加班。

（6）各单位基层领导必须对所辖范围内岗位的交接班情况进行定期或不定期监督检查，发现问题及时纠正处理。

6.3.3　请假制度

（1）职工因故请假，必须事先认真填写请假单，办理好请假手续（按管理权限审批假期），凡有下列情况均按旷工处理：

1）凡未经请假（无正当理由）或请假未批准不上班者；

2）请假期满，续假未批准或假期满无正当理由未归者；

3）假诊断（假病休）证明以及强行索取的病休证明；

4）未经领导批准擅自"补休"职工私自调换、借用或赠送休息日；

5）伪造、涂改假条。

（2）病假：

1）职工因病或非因工负伤需休息治疗时，必须由公司医疗部门或指定的对口医院出具证明，除急病和必须住院治疗以外的病休必须先请假，经批准后方可休息治疗。

2）职工外出途中须就医（只限急病和住院治疗的人员），必须出具当地医疗部门的证明，同时出具病历、诊断书、药费单据等有关凭证，急病治疗（住院外），不得超过三天，超过三天的急症证明和其他病假证明无效。

3）长期病休（三个月以上）职工康复后，申请上班者，须经公司医疗部门进行医务鉴定并出示康复证明，实行三个月的试工期。

（3）事假：

1）职工因事请假，必须先办理请假手续，经领导批准，并交接好工作后，方能离岗，托人带口信或事后请假（无正当理由）无效，视同旷工。

2）事假审批权限，在不影响正常生产（工作）的前提下，职工请假有 4h 以内的，由班组长批准，同一职工当月累计不得超过 8h，请假在 1 天以内的，由作业长批准。当月累计不得超过 3 天，请假在 1 天以上 3 天以内的，由车间主任（科长）批准，当月累计不得超过 5 天，请假在 3 天以上 7 天以内的，由本单位劳动人事部门批准，请假在 7 天以上 30 天以内的，由厂长（经理）批准，一年累计不得超过 45 天，请 30 天或一年内累计 45 天以上的原则上不予批准，特殊情况的，经厂办工会研究，厂长（经理）同意后，经公司劳动（人事）主管部门审批，请假最多不得超过 60 天。

3）职工吸毒，被公安机关强制性戒毒或自行戒毒（必须出具有关证明），初犯戒毒期间作事假处理，重犯作旷工处理。

（4）职工探亲假、婚丧假、年休假、"停薪留职"及女职工产假、哺乳时间和有关劳动保护、休息等，均按国家有关规定执行。

（5）由于生产（工作）需要而加班的，由单位劳动（人事）部门发给同等时间"加班补休票"或支付加班工资，加班补休应尽量在当月安排，最迟三个月内补休完，超过三个月的补休票作废，职工补休，应由领导安排，职工要求补休的，应经领导批准，补休票不能顶替其他假期。

（6）各类假别、休假期内的工资、福利待遇按国家及公司有关规定执行。

6.4 安全管理与文明生产

6.4.1 职工安全准则

（1）进入现场"两必须"：

进入现场，必须"两穿一戴"，即穿工作服、工作鞋和戴安全帽（女职工发辫必须盘入帽内）；

进入两米以上高处作业，必须佩挂安全带。

（2）现场行走"五不准"：

不准跨越皮带、辊道和机电设备；

不准在铁路上行走和停留（横过铁路必须"一停二看三通过"）；

不准在起重吊物下行走和停留；

不准带小孩或闲杂人员到现场；

不准钻越道口栏杆和铁路车辆。

（3）上岗作业"五不准"：

不准未经领导批准私自脱岗、离岗、串岗；

不准在班前班中饮酒及在现场打盹、睡觉、闲谈、打闹及干与工作无关的事；

不准非岗位人员触动或开关机电设备、仪器、仪表和各种阀门；

不准在机电设备运行中进行清扫及隔机传递工具物品；

不准私自带火种进入易燃易爆区域并严禁在该区域抽烟。

（4）操作确认制：一看、二问、三点动、四操作。即：

一看：看机组（设备）各部位及周围环境是否符合开车条件；

二问：问各工种联系点是否准备就绪；

三点动：确认无误，发出开车信号，点动一下；

四操作：确认点动正确后按规程操作。

（5）起重指吊人员确认制：一清、二查、三招呼、四准、五试、六平稳。即：

一清：清楚吊物重量、重心、高度、现场环境、行走线路；

二查：检查绑挂是否牢靠合理，起吊角度是否正确；

三招呼：招呼一下吊车司机和确认现场状况；

四准：发出的口令、手势要准；

五试：起吊上升半米高，确认吊物平稳；

六平稳：行走和放置要平稳。

（6）吊车司机确认制：一看、二准、三严格、四试、五不、六平稳。即：

一看：看车况运行路线和地面环境是否良好；

二准：看准吊具吊件，地形地物和手势，听准口令；

三严格：严格听从一人指挥，严格按规程操作；

四试：点动一下，上升半米高，确认包闸有效；

五不：吊物下边有人、吊物歪斜、无行车信号不走；

六平稳：启动运行要平稳，吊物落地要稳。

6.4.2　文明生产制度化

文明生产是建立现代化企业重要内容之一，也是把球团车间建设成为武钢矿山窗口形象的要求，它将充分一流矿山的精神风貌。

6.4.2.1　生产（工作）现场管理

现场一切设备、设施以及机具、生产物资、加工材料等，须定置管理，存放合理，摆

放整齐规范,不得有碍安全文明生产和施工,不得有损厂容美观:

(1)设备、工器具及管网、灯、扇、暖气片等辅助设施必须保持"三清"、"五不漏",完好无损坏。

(2)报废的设备及时报请主管部门处理,不得长期存放在生产(工作)现场,生产加工后的边角余料、废屑等必须归堆,定期清除。

厂房内外(包括露天厂区)不得晒挂衣物。宣传横幅、橱窗板报、纸质标语公告等,不得陈旧破损,做到定期更换或拆除,保证宣传及美观效果。

办公楼、平房(办公室、班组休息室、工作间、值班室等)室内保持"五无",即无积灰,无水油气污染,无涮头、纸屑、垃圾、痰迹,无废旧杂物,无乱摆、乱放、乱挂、乱贴、乱写、乱画现象:

(1)室内有清扫制度,物品摆放整齐,一切设施保持干净无缺损,废旧报纸资料及其他杂物及时清除。

(2)室内绘有定置图,室外(包括办公室、生产作业班组、仓库、工作间、操作室、值班室、会议室、澡堂、卫生间)门口上方设置有名称标志牌。

(3)坐椅、鞋袜不得摆放柜顶、桌面上,空调、暖气片、窗台、沙发上不得摆放任何物品。

(4)不得往窗外乱扔垃圾杂物。

(5)换下的工作服、工作帽必须定点悬挂,并且保持整齐。

(6)厂房及办公室内禁止停放自行车,摩托车等交通工具,必须存放在车棚内并摆放整齐。

所有材料、设备、备品备件、劳保用品仓库,必须实施定置管理,并保持良好的仓库环境:

(1)仓库内的一切物品,必须定期清擦整理,小件物品上货架,大件物品成方、成垛、成行、成线。

(2)一切露天存放的物资材料、设备,必须有可靠的防护措施,不得有杂草,积水。

(3)废旧物资、材料以及废旧设备、备品、备件不得在仓库内长期存放,应及时报请主管回收处理。

6.4.2.2 厂容管理

全厂每名职工及外来我厂办事、工作人员必须遵守厂容"五不准"及其他厂容管理有关制度,维护我厂的厂容环境:

(1)不准在厂区内乱张贴、乱涂写、乱刻画。已被涂写、张贴、刻画污损的墙面和设施,由所在管辖单位清除。

(2)不准在厂区内随地吐痰、便溺。

(3)不准乱丢烟头、纸屑、瓜果皮核及其他废弃物。

(4)不准向绿化地带、花坛景点、水池、水沟扔弃或倾倒垃圾废渣等。

(5)不准在道路、广场、隙地等露天场所和垃圾容器内焚烧树叶及垃圾杂物等。

6.5 环境保护与治理

大冶铁矿有着悠久历史,从1955年开工重建,1958年7月1日投入生产。1958年9

月15日，毛泽东主席亲自视察大冶铁矿，这也是毛泽东主席生平视察过的唯一铁矿山。经过近50年的发展，大冶铁矿逐步形成年产铁矿石440万吨、年处理原矿430万吨的综合生产能力，是中国十大铁矿生产基地之一，武钢的主要铁矿石基地。到20世纪90年代，大冶铁矿矿石产量逐年下降，年产矿石量保持在100万吨。从1958年以来，累计采出原矿1.1亿吨，生产铁精粉7221万吨和铜34万吨，还有副产品黄金、白银等产品。

大冶铁矿经过多年的开采，尤其是新中国成立以来的大规模的开采，产生了一系列矿山环境问题：一是形成大面积的废石排放场。大冶铁矿自1890年建矿到2004年，共排弃废石3.7亿吨，废石场占地面积398万平方米，所排放的废石多为大理岩、闪长岩等坚硬岩石，矿山环境恢复治理难度大。二是形成露天开采大坑。历经105年的开采，大冶铁矿形成了一个长达2.2km，最宽处达500m，边坡垂直高度达444m的露天采矿坑，成为世界第一高陡边坡采坑。三是引发一系列地质灾害。由于高陡边坡失稳，容易引发滑坡，东露天采坑属于地质灾害多发区域，前后发生滑坡20多起。1996年7月1日，东露天采场北边坡F9区发生滑坡，其规模高240m，宽105m，滑坡土石方量达9万立方米，严重影响了矿区安全生产。尖石林竖井东侧发生冒落，引发塌陷面积已达1万多平方米。从20世纪80年代开始，大冶铁矿积极进行矿山环境恢复治理，矿山以科技为先导，探索在硬岩废石场不覆土条件下种植刺槐树获得成功，到2004年，全矿已经恢复治理了废石场面积达326万平方米，占应治理面积的65%，昔日的乱石场已绿树成荫，成为亚洲最大的坚硬岩石矿山环境治理基地。在生活区建起了公园、广场，在道路两旁植树种草。经过多年的治理，大冶铁矿周边环境得到了很大改善，多次被湖北省授予"花园式工厂"荣誉称号。大冶铁矿创造条件，发挥自己历史采矿和环境恢复的优势，成功成为国家矿山公园。尽管这样，大冶铁矿仍遗留不少矿山环境问题，如露天开采大坑和部分废石场，缺少治理经费，需要下大力气恢复治理。

矿物加工工程实习与实践思考题

1. 什么叫脉石，什么叫围岩，什么叫废石？

矿石中没有使用价值或不能被利用的部分称为脉石；矿体周围的岩石称为围岩；夹在矿体中的岩石称为夹石，矿体围岩和夹石通称为废石。

2. 什么是边界品位和工业品位？

边界品位是储量计算圈定矿体时，对单个矿样中有用组分含量的最低标准，用以区别矿与非矿的界限，有用组分含量低于边界品位的样品所代表的地段一般为围岩或夹石。

工业品位指单个勘探工程所揭露的单个块段中主要有用组分平均含量的最低标准，作为划分品级、区分能利用储量与暂不能利用储量的标准之一。达到工业品位的矿石，技术上可行，经济上合理，称能利用（表内）储量。

3. 什么是远景储量，保有储量，基础储量，地质基础？

远景储量是介于边界品位与工业品位之间的矿石，称暂不能利用（表外）储量。

保有储量是地质采矿学名词，指探明储量减去动用储量所剩余的储量，即探明的矿产储量，到统计上报之日为止，扣除出矿量和损失矿量，矿床还拥有的实际储量。它是矿产储量平衡表中重要的一项储量，可作为矿山企业扩大生产能力、编制采掘设计的依据，也可作为上级机关编制建设规划、总体设计的依据。

基础储量是中国《固体矿产资源/储量分类》中查明矿产资源的一部分。它能满足现行采矿和生产所需的指标要求（包括品位、质量、厚度、开采技术条件等），是经详查、勘探所获控制的、探明的并通过可行性研究、预可行性研究认为属于经济的、边界经济的部分，用未扣除设计、采矿损失的数量表述。

地质储量又称预测储量，是指经过地质勘探手段，查明埋藏地下的资源数量，指根据区域地质测量、矿产分布规律、或根据区域构造单元并结合已知矿产地的成矿规律进行预测的储量。

工业储量是指矿产储量分类中开采储量和设计储量的总和，其计算公式为：工业储量 = A + B + C，其中 A 级储量是经过详细勘探，用钻孔或巷道在 A 级储量所要求的线距内圈定的储量；B 级储量指经过勘探，用钻孔或巷道在 B 级储量所要求的线距内圈子定或者 A 级外推的储量；C 级储量是对矿层用足够的钻孔在 C 级储量所要求的线距内圈子定或者 B 级外推的储量。工业储量一般作为矿山企业设计和基本建设投资的依据。

4. 什么是最低可采厚度？

对有开采价值的单层矿体的最小厚度（真厚）的标准称为最低可采厚度。

5. 什么是夹石剔除厚度？

矿体内等于或大于此厚度而含量低于边界品位者，作为夹石剔出。

6. 什么是矿石品位？

矿石是含有用矿物并有开采价值的岩石。矿石中有用成分（元素或矿物）质量和矿石质量之比称为矿石品位，金、铂等贵金属矿石用 g/t 表示，其他矿石常用百分数表示。

7. 什么是矿石矿物和脉石矿物？

矿石一般由矿石矿物和脉石矿物组成。矿石矿物是指矿石中可被利用的金属或非金属矿物，也称有用矿物。如铬矿石中的铬铁矿，铜矿石中的黄铜矿、斑铜矿、辉铜矿和孔雀石，石棉矿石中的石棉等。脉石矿物是指那些与矿石矿物相伴生的、暂不能利用的矿物，也称无用矿物。如铬矿石中的橄榄石、辉石，铜矿石中的石英、绢云母、绿泥石，石棉矿石中的白云石和方解石等。

8. 矿石矿物按矿物含量的多寡如何分类？

矿石矿物按矿物含量的多寡可以分为：

（1）主要矿物，指在矿石中含量较多、且在某一矿种中起主要作用的矿物。

（2）次要矿物，指矿石中含量较少、对矿石品位不起决定作用的矿物。

（3）微量矿物，指矿石中一般含量很少，对矿石不起大作用的矿物。矿石中某些特征元素矿物，如镍矿中微量铂族元素矿物，虽其含量甚微，但有较高的综合利用价值，这类微量矿物仍有较大的经济意义。

9. 矿石中除主要组分外，还伴生有益组分和有害组分，什么是有益组分和有害组分？

有益组分是可回收的伴生组分或能改善产品性能的组分。如铁矿石中伴生有锰、钒、钴、铌和稀土金属元素等。有害组分对矿石质量有很大影响，如铁矿石中含硫高，会降低金属抗张强度，使钢在高温下变脆；磷多了又会使钢在冷却时变脆等。

10. 大冶铁矿的矿床类型和成因类型是什么？

大冶铁矿是一个大型的接触交代矽卡岩型含铜磁铁矿矿床，常称为大冶式磁铁矿类型，铁矿体分布于闪长岩和大理岩的接触带内。它由闪长岩侵入三叠纪石灰岩接触变质而形成。

大冶铁矿矿床成因类型为接触交代矿床，是由于含石英闪长岩及黑云母透辉石闪长岩与大冶群灰岩接触，含矿气水热液发生复杂的接触渗滤交代作用和接触扩散交代作用而形成接触交代矿床（矽卡岩型矿床）。

11. 大冶铁矿的矿石类型是什么？

根据矿石中矿物共生组合与结构构造特征，大冶铁矿矿石自然类型可分为磁铁矿矿石，磁铁矿—菱铁矿矿石，菱铁矿—赤铁矿矿石（或赤铁矿—菱铁矿矿石），磁铁矿—赤铁矿矿石，磁铁—赤铁—菱铁矿矿石。根据目前矿石技术加工条件，结合矿石技术加工性能及矿石中磁性铁占有率（MFe/TFe）、矿石中全铁（TFe）、铜品位（Cu）将矿石划分为六种工业类型，见下表。

矿石类型与大冶铁矿现用工业技术标准

矿 石 类 型		代 号	MFe/TFe	化学成分/%	
				TFe	Cu
原生矿	高铜磁铁矿	Fe1	≥0.85	≥45	≥0.2
	低铜磁铁矿	Fe2		≥45	<0.2
	贫磁铁矿	Fe3		20～45	
混合矿	高铜混合矿	Fe1 - △	<0.85	≥45	≥0.2
	低铜混合矿	Fe2 - △		≥45	<0.2
	贫铜混合矿	Fe3 - △		20～45	

12. 大冶铁矿矿石的矿物组成与结构构造特点？

矿石中的矿物组成有 30 多种，主要金属矿物为磁铁矿，其次为赤铁矿、菱铁矿，少量褐铁矿。硫化物以黄铁矿、黄铜矿为主，其次为斑铜矿，少量白铁矿、辉铜矿、磁黄铁矿、胶黄铁矿等。脉石矿物以方解石、白云石、透辉石为主，其次为金云母、方柱石、长石、石榴石、绿帘石、阳起石、绿泥石、石英玉髓、高岭土等。

矿石构造是指组成矿石的矿物集合体的形态、大小及空间相互的结合关系等所反映的分布特征。矿石构造既可用肉眼观察，也可用显微镜观察。矿石结构主要在显微镜下观察，个别粗大的颗粒也可用肉眼观察。

矿石结构是指组成矿石的矿物结晶程度、颗粒的形状、大小及其空间上的相互关系，也即一种或多种矿物晶粒之间或单个晶粒与矿物集合体之间的形态特征。

大冶铁矿矿石构造主要为致密块状构造，其次为浸染状、似条带状构造。

大冶铁矿矿石结构以半自形—他形晶粒状结构为主，其次为交代残余结构、交代结构、胶状结构、雏晶结构等。磁铁矿嵌布粒度较细，粒度小于 -0.074mm 的占 46.9%。

13. 大冶铁矿的矿石的化学成分是什么？

矿石中有益组分有铁、铜、钴、镍、金、银，有害组分主要有硫、磷、砷等。

铁的主要工业矿物为磁铁矿，一般粒度为 0.016～0.056mm，并有少量假象赤铁矿（粒度一般小于 0.033mm）和菱铁矿，菱铁矿晶粒通常在 0.01mm。此外，在硅酸盐矿物和硫化物中，铁的占有率分别为 3.49% 和 3.94%。

铜主要以黄铜矿产出，少量存在于斑铜矿中，自由氧化铜和结合氧化铜的总占有率约为 10%。

钴在黄铁矿中主要以类质同象存在，尚未发现钴的独立矿物。

金以自然金和银金矿产出。金的粒度在 0.05～0.01mm 的占 93%，且以裂隙金为主，主要载金矿物为黄铜矿，其次为黄铁矿。

银的赋存状态尚不清楚。根据电子探针探测结果推测，部分银系以银金矿产出。硫主要赋存于黄铁矿、黄铜矿等金属硫化物中，部分以硬石膏出现。

原矿多元素分析详见表2－5。

14. 大冶铁矿矿石的性质及嵌布粒度如何？

大冶铁矿是一个大型含铜磁铁矿矿床，为接触交代矽卡岩型，铁矿体分布于闪长岩和大理岩的接触带内，由闪长岩侵入三叠纪石灰岩后接触变质而成。

矿石的类型：大冶铁矿选矿厂处理矿石分为氧化矿和原生矿，随着露天矿闭坑和坑内采场向下延伸，原有矿石性质有明显变化。其矿石类型除原有的磁铁矿矿石、磁铁矿—赤铁矿矿石外，出现了混合矿石，即磁铁矿—菱铁矿—赤铁矿矿石、磁铁矿—赤铁矿矿石、菱铁矿—赤铁矿矿石、菱铁矿矿石，金属矿物可选性较好。由于逐步转入坑内开采，加上外购矿石，原矿中铜品位较低，铁、硫等元素品位变化不大。

根据矿石中铜、铁、硫和含量及氧化程度（TFe/FeO > 3.5 为氧化矿，TFe/FeO < 3.5 为原生矿）的不同，划分为7个等级，见下表。

（%）

种　类	矿石等级	代　号	含铁量	含铜量	含硫量
原生矿	高铜富矿	Fe1	>45	>0.3	>0.3
	低铜富矿	Fe2	>45	<0.3	>0.3
	贫铁矿	Fe3	45～20		
氧化矿	高硫高铜氧化富矿	Fe5－s	>45	>0.3	>0.3
	高铜低硫氧化富矿	Fe5	>45	>0.3	<0.3
	低铜高硫氧化富矿	Fe6－s	>45	<0.3	>0.3
	低铜低硫氧化富矿	Fe6	>45	<0.3	<0.3

矿石的组成：主要金属矿物有原生磁铁矿、黄铜矿、黄铁矿、磁黄铁矿（含钴）、次生赤铁矿、斑铜矿、铜蓝、含少量金银等，脉石矿物有石榴子石、角闪石、透辉石、绿泥石与方解石等。原生矿主要矿物相对含量见下表。

（%）

矿物名称	磁铁矿	赤铁矿	褐铁矿、针铁矿	黄铜矿	黄铁矿	黑云母	石英	透辉石	方解石	总计
相对含量	68.46	1.25	0.80	1.04	4.30	4.18	2.05	4.37	13.55	100.00

混合矿主要矿物相对含量见下表。

（%）

矿物名称	磁铁矿	赤铁矿	褐铁矿、针铁矿	黄铜矿	黄铁矿	方解石	黑云母	透辉石	黄玉	石英	总计
相对含量	52.94	7.08	4.27	0.91	2.61	27.07	1.52	0.53	0.11	2.96	100.00

矿石的结构及嵌布粒度：磁铁矿结构致密，粒度为 0.1 ~ 0.01mm，黄铜矿粒度为 0.2 ~ 0.001mm。大多数金属矿物与脉石矿物的分离粒度为 0.5 ~ 0.01mm。

矿物的物理性质：磁铁矿普氏硬度系数 $f = 12 ~ 16$，假象赤铁矿普氏硬度系数 $f = 10$，原生矿密度为 $4.0t/m^3$，氧化矿密度为 $3.6t/m^3$。

伴生贵金属的赋存状态：矿石中自然金含量极少。在浮选精矿，镜下所见的自然金表面清洁，形态并不复杂，主要为粒状、尖角粒状，次之长角粒状，少量为板片状、针线状。金的粒度较细，均小于 0.074mm。在浮选的精矿中，自然金呈单体的占57.88%，与黄铁矿连生的占 26.21%，在黄铁矿与黄铜矿粒间的占 3.56%，与黄铜矿连生的占 0.49%，与脉石连生的占 11.86%。

钴的赋存状态：虽然化验分析结果矿石中含有一定量的钴，但在显微镜下观察，均显示发现钴的单矿物。从矿石物质成分研究及钴的状态考查发现，钴均呈分散状赋存于各矿物中。其主要富集在硫化物中，在磁铁矿及铁镁硅酸盐矿物中含钴量很少。在硫化物中，含钴以黄铁矿为最富，磁黄铁矿、黄铜矿次之。黄铁矿中含钴一般为 0.2% ~ 0.7%，平均品位为 0.49%。

15. 原生矿和氧化矿石的划分方法与标准是什么？

氧化度法（磁性率法）氧化度（TFe/FeO）是用来表示磁铁矿被氧化的程度。磁铁矿理论铁含量为 72.4%；其中 FeO 为 31%，则其理论氧化度（TFe/FeO） = 72.4/31 = 2.33（最小值）。当磁铁矿受到不同程度的氧化作用时，FeO 含量减少（小于 31%），则其氧化度将大于 2.33。

由于氧化程度不同，磁性也各异。因此，氧化度是磁选法的一项重要参考指标。

目前根据氧化度的不同，把被氧化的磁铁矿石分为氧化矿石和原生矿石两类。由生产实践得知，划分该两类矿石的氧化度值随不同矿山而不同。有的矿山采用 2.7（小于 2.7 为原生矿石；大于 2.7 为氧化矿石），有的矿山采用 3.5 为划分标准。但这不是唯一标准，有的矿山氧化度值虽然大于 3.5，但磁选指标良好，例如，河北某铁矿矿石氧化度值从 4.17 ~ 4.73，经单一弱磁选处理后，获得品位为 55.87% ~ 63.00% 的精矿和 81.22% ~ 91.81% 的回收率，应划为原生矿。

氧化度法只适用于铁矿石中的铁全部呈磁铁矿和由它氧化成的假象赤铁矿的情况。然而，自然界铁矿石中有一部分铁呈其他矿物或赋存在其他矿物中，因此用氧化度表示铁矿石被氧化的程度和磁性往往是不真实的。只能用于近似反映矿物组成很简单，其中金属矿物主要是磁铁矿及假象赤铁矿，非金属矿物主要是石英及不含铁的硅酸盐类矿物和碳酸盐类矿物组成的矿石氧化程度和磁性。当矿石中含有一定量的菱铁矿、硅酸铁、黄铁矿（磁黄铁矿）时，一般不用氧化度法，其理由如下：

（1）当铁矿石中含有菱铁矿时，由于菱铁矿中的铁呈 Fe^{2+} 存在。如果把这部分 Fe^{2+} 也参与氧化度计算，结果使氧化度值变小。如山西某铁矿，矿石中 TFe = 29.21%，FeO = 20.84%，其氧化度为 TFe/FeO = 29.21/20.84 = 1.4，低于磁铁矿氧化度的理论值 2.33%。可见用氧化度来表示含有菱铁矿和铁矿石磁性和氧化程度是不真实的。

（2）铁矿石中常含有硅酸铁矿物，硅酸铁矿物中的铁多数呈 Fe^{2+}，加之硅酸铁矿物中的铁总有一部分甚至全部是可溶的，当计算氧化度时，也把硅酸铁矿物中的 Fe^{2+} 计算在内，结果就会出现假象。因此铁矿石中含有一定量硅酸铁矿物时，不能用氧化度来表示矿石磁性大小和氧化程度，必须通过其他方法确定。

16. 大冶铁矿选矿厂原生矿有什么主要的有用矿物和脉石矿物？

大冶铁矿选厂进选的原生矿，主要有用矿物有磁铁矿、假象赤铁矿、黄铜矿、含钴黄铁矿、磁黄铁矿等。主要脉石矿物有绿泥石、透辉石、云母、石榴子石、石英、方解石等。

17. 大冶铁矿选矿厂氧化矿中有什么主要的有用矿物和脉石矿物？

大冶铁矿选厂处理的混合矿，主要有用矿物有磁铁矿、赤铁矿、假象赤铁矿、菱铁矿、褐铁矿、黄铜矿、含钴黄铁矿、磁黄矿等。主要脉石矿物有方解石、绿泥石、云母、石榴子石、石英等。

18. 简述大冶铁矿采矿方法。

大冶铁矿采矿区，从西往东有铁门坎、龙洞、尖林山、象鼻山、狮子山、尖山等 6 个矿体，全长 4200m。目前，地下开采分为西部、东部两部分，西部矿区的开采对象是铁门坎、龙洞、尖林山、象鼻山等 4 个矿体，东部矿区的开采对象是狮子山、尖山等 2 个矿体，龙洞采区、尖林山采区、狮子山采区等 3 个采区的生产采用无底柱分段崩落法采矿，铁门坎采区、象鼻山采区、尖山采区等 3 个采区的生产则是采用空场法采矿。

采矿工艺流程是：凿岩爆破—采场装运—中段水平铁路运输—竖井提升—地面运输。矿岩运输在垂直方向上，由上水平至下水平是垂直溜井重力下放，由下水平至上水平是竖井机械提升；在水平方向上，采场装运采用装运机、铲运机，中段运输采用窄轨铁路运输，地面运输采用准轨铁路运输，用架线电机车牵引矿车。

主要采矿设备是采矿凿岩台车 CTC141 配 YGZ - 90 凿岩机，风动装运机 T4G、柴油或电动铲运机 ST - 2D。

19. 什么是选矿？

用物理或化学方法将矿物原料中的有用矿物和无用矿物（通常称脉石）或有害矿物分开，或将多种有用矿物分离开的工艺过程称为选矿，又称矿物加工。产品中，有用成分富集的称精矿；无用成分富集的称尾矿；有用成分的含量介于精矿和尾矿之间，需进一步处理的称中矿。金属矿物精矿主要作为冶炼业提取金属的原料；非金属矿物精矿作为其他工业的原材料；煤的精选产品为精煤。

20. 选矿过程及分选方法是什么？

（1）破碎。破碎是将矿山采出的粒度为 500 ~ 1500mm 的矿块碎裂至粒度为 5 ~ 25mm 的过程。方式有压碎、击碎、劈碎等，一般按粗碎、中碎、细碎三段进行。

（2）磨碎。磨碎以研磨和冲击为主，将破碎产品磨至粒度为 10 ~ 300μm 大小。磨碎的粒度根据有用矿物在矿石中的浸染粒度和采用的选别方法确定。常用的磨矿设备有棒磨机、球磨机、自磨机和半自磨机等。磨碎作业能耗高，通常约占选矿总能耗的一半。20

世纪 80 年代以来应用各种新型衬板及其他措施，磨碎效率有所提高，能耗有所下降。

（3）筛分和分级。按筛面筛孔的大小将物料分为不同的粒度级别称为筛分，常用于处理粒度较粗的物料。按颗粒在介质（通常为水）中沉降速度的不同，将物料分为不同的等降级别，称为分级，用于粒度较小的物料。筛分和分级是在粉碎过程中分出合适粒度的物料，或把物料分成不同粒度级别分别入选。

（4）洗矿。为避免含泥矿物原料中的泥质物堵塞粉碎、筛分设备，需进行洗矿。原料如含有可溶性有用或有害成分，也要进行洗矿。洗矿可在擦洗机中进行，也可在筛分和分级设备中进行。

（5）选别作业。矿物原料经粉碎作业后进入选别作业，使有用矿物和脉石分离，或使各种有用矿物彼此分离，这是选矿的主体部分。选别作业有重选、浮选、磁选、电选、拣选和化学选等。

（6）重选。在介质（主要是水）流中利用矿物原料颗粒比重的不同进行选别称为重选，种类有跳汰选、摇床选、溜槽选等。重选是选别黑钨矿、锡石、砂金、粗粒铁和锰矿石的主要选矿方法，也普遍应用于选别稀有金属砂矿。重选适用的粒度范围宽，从几百毫米到一毫米以下，选矿成本低，对环境污染少。凡是矿物粒度在上述范围内并且组分间比重差别较大，用重选最合适。有时，可用重选（主要是重介质选、跳汰选等）预选除去部分废石，再用其他方法处理，以降低选矿费用。随着贫矿、细矿物原料的增多，重选设备趋向大型化、多层化，并利用复合运动设备，如离心选矿机、摇动翻床、振摆溜槽等，以提高细粒物料的重选效率。目前重选已能较有效地选别 20μm 的物料。重选又是最主要的选煤方法。

（7）浮选。利用各种矿物原料颗粒表面对水的润湿性（疏水性或亲水性）的差异进行选别，称为浮选，通常指泡沫浮选。天然疏水性矿物较少，常向矿浆中添加捕收剂，以增强欲浮出矿物的疏水性；加入各种调整剂，以提高选择性；加入起泡剂并充气，产生气泡，使疏水性矿物颗粒附于气泡，上浮分离。浮选通常能处理小于 0.2 ~ 0.3mm 的物料，原则上能选别各种矿物原料，是一种用途最广泛的方法。浮选也可用于选别冶炼中间产品、溶液中的离子和处理废水等。近年来，浮选除采用大型浮选机外，还出现回收微细物料（小于 5 ~ 10m）的一些新方法，例如选择性絮凝—浮选，用絮凝剂有选择地使某种微细粒物料形成尺寸较大的絮团，然后用浮选（或脱泥）方法分离；剪切絮凝—浮选，加捕收剂等后高强度搅拌，使微细粒矿物形成絮团再浮选，及载体浮选、油团聚浮选等。

（8）磁选。磁选是利用矿物颗粒磁性的不同，在不均匀磁场中进行选别。强磁性矿物（磁铁矿和磁黄铁矿等）用弱磁场磁选机选别；弱磁性矿物（赤铁矿、菱铁矿、钛铁矿、黑钨矿等）用强磁场磁选机选别。弱磁场磁选机主要为开路磁系，多由永久磁铁构成，强磁场磁选机为闭路磁系，多用电磁磁系。弱磁性铁矿物也可通过磁化焙烧变成强磁性矿物，再用弱磁场磁选机选别。磁选机的构造有筒式、带式、转环式、盘式、感应辊式等。磁滑轮用于预选块状强磁性矿石。磁选的主要发展趋向是解决细粒弱磁性矿物的回收问题。20 世纪 60 年代发明的带齿板聚磁介质的琼斯湿式强磁场磁选机，促进了弱磁性矿物的选收，70 年代发明以钢毛或钢网为聚磁介质的具有高磁场梯度和强度的高梯度磁选机以及用低温超导体代替常温导体的超导磁选机，为回收细粒弱磁性矿物提供了良好的前景。

（9）电选。利用矿物颗粒电性的差别，在高压电场中进行选别称为电选，主要用于分选导体、半导体和非导体矿物。电选机按电场可分为静电选矿机、电晕选矿机和复合电场电选机；按矿粒带电方法可分为接触带电电选机、电晕带电电选机和摩擦带电电选机。电选机处理粒度范围较窄，处理能力低，原料需经干燥，因此应用受到限制；但成本不高，分选效果好，污染少；主要用于粗精矿的精选，如选别白钨矿、锡石、锆英石、金红石、钛铁矿、钽铌矿、独居石等。电选也用于矿物原料的分级和除尘。电选的发展趋向是研制处理量大、选别细粒物料效率高的设备。

（10）拣选。拣选包括手选和机械拣选，主要用于预选丢除废石。手选是根据矿物的外部特征，用人工挑选。这种古老的选矿方法，某些矿山迄今仍在应用。机械拣选有：1）光拣选，利用矿物光学特性的差异选别；2）X 射线拣选，利用在 X 射线照射下发出荧光的特性选别；3）放射线拣选，利用铀、钍等矿物的天然放射性选别。20 世纪 70 年代开始出现了利用矿物导电性或磁性的电性拣选和磁性拣选。

（11）化学选矿。化学选矿是利用矿物化学性质的不同，采用化学方法或化学与物理相结合的方法分离和回收有用成分，得到化学精矿。这种方法比通常的物理选矿法适应性强，分离效果好，但成本较高，常用于处理用物理选矿方法难于处理或无法处理的矿物原料、中间产品或尾矿。随着成分复杂的、难选的和细粒的矿物原料日益增多，物理和化学选矿联合流程的应用越来越受到重视。化学选矿成功应用的实例有氰化法提金、酸浸—沉淀—浮选、离析—浮选处理氧化铜矿等。离子交换和细菌浸取等技术的应用，进一步促进了化学选矿的发展。它的发展趋向是研制更有效的浸取剂和萃取剂，发展生物化学方法，降低能耗和成本，防止环境污染。

此外，还有矿物原料在斜面运动或碰撞时利用其摩擦系数、碰撞恢复系数的差异进行选别的摩擦与弹跳选等。

21. 选后产品处理方法是什么？

选后产品处理作业包括精矿、中间产品、尾矿的脱水，尾矿堆置和废水处理。选矿主要在水中进行，选后产品需要处理，方法有重力泄水、浓缩、过滤和干燥。块状和粗粒物料可用脱水筛、螺旋分级机和脱水仓等进行重力泄水。细粒物料用浓缩机或水力旋流器和磁力脱水槽等浓缩，再经真空过滤机过滤。20 世纪 70 年代研制出连续自动压滤机，可以进一步降低水分。也可加入絮凝剂和助滤剂，以加速细粒物料的浓缩和过滤效率。必要时滤饼还要经过干燥机干燥。近年出现的流态化干燥法和喷雾干燥法可以提高干燥效率。尾矿通常送尾矿库堆存，有时先经浓缩后再进行堆存。尾矿水可回收再利用。不符合排放标准的废水须经净化处理。旧尾矿场地要进行植被、复田。

22. 选矿过程由哪些基本工序组成？

选矿过程由下列作业组成的：
（1）准备作业，包括矿石的破碎与筛分、磨矿与分级；
（2）选别作业，如重选、浮选、磁选、电选等；
（3）脱水作业，包括浓缩、过滤、干燥等。

23. 什么叫原矿，什么叫精矿，什么叫尾矿？

从矿山开采出来的矿石叫原矿。矿石经选别后有用成分得到解决富集的产物叫精矿。尾矿为选矿分选作业的产品之一，其有用成分低于在当时技术经济条件下不宜进行分选的矿石。

24. 什么叫中矿？

在选别过程中得到的中间产物称为中矿。中矿的有用成分含量一般介于精矿和尾矿之间。

25. 什么叫粗选？

在选别循环中，原矿进入的第一个选别作业叫粗选。

26. 什么叫精选作业？

将粗精矿进行再选以得到合格的精矿这一作业称为精选作业。

27. 什么叫扫选作业？

粗选尾矿还不能作为最终尾矿废弃，需要进一步选别。将粗选尾矿再选的作业就叫扫选作业。

28. 大冶铁矿选矿生产能力、主要矿产品及其质量指标是什么？

大冶铁矿经过不断完善与改扩建，处理能力一度达到430万吨/年，经过40年的生产，原露天矿闭坑，转入地下开采，供矿能力目前选矿维持在260万吨/年（含外购部分矿石）。主要有球团矿、铜精矿、铁精矿、硫钴精矿四种产品。其产品质量如下：

球团矿：铁品位不小于62%，抗压强度不小于2500N/个；

铜精矿：铜品位不小于20%；

铁精矿：铁品位不小于67%；

硫钴精矿：$S \geqslant 38\%$；$Co \geqslant 0.2\%$。

29. 简述粉碎工艺与设备。

粉碎是大块物料在机械力作用下粒度变小的过程。粉碎是矿物加工过程的重要环节。粉碎可分为四个阶段：破碎、磨矿、超细粉碎、超微粉碎。粉碎过程是高能耗的作业，粉碎过程的基本原则是"多碎少磨"。

破碎流程可分为：

（1）一段破碎流程。一段破碎流程一般用来为自磨机提供合适的给料，常与自磨机构成系统。该工艺流程简单，设备少，厂房占地面积小。

（2）两段破碎流程。该流程多为小型厂采用。

（3）三段破碎流程。该流程的基本形式有三段开路和三段一闭路两种。

（4）带洗矿作业的破碎流程。当给料含泥（-3mm）量超过5%～10%和含水大于

5% ~8%时，应在破碎流程中增加洗矿作业。

30. 简述磨矿分级工艺流程。

（1）球磨、棒磨流程：

对选矿而言，采用一段或两段磨矿，便可经济地把矿石磨至选矿所需要的任何粒度。两段以上的磨矿，通常是由进行阶段选别的要求决定的。

一段和两段流程相比较，一段磨矿流程的主要优点是设备少，投资低，操作简单，不会因一个磨矿段停机影响到另一磨矿段的工作，停工损失少。但磨机的给矿粒度范围宽，合理装球困难，不易得到较细的最终产物，磨矿效益低。当要求最终产物最大粒度为0.2 ~0.15mm（即60% ~79% −200 目），一般都采用一段磨矿流程。小型工厂，为简化流程和设备配置，当磨矿细度要求80% −200 目时，也可用一段磨矿流程。

两段磨矿的突出优点是能够得到较细的产品，能在不同磨矿段进行粗磨和细磨，特别适用于阶段处理。在大、中型工厂，当要求磨矿细度小于0.15mm（即80% −200 目），采用两段磨矿较经济，且产品粒度组成均匀，过粉碎现象少。根据第一段磨机与分级机连接方式不同，两段磨矿流程可分为三种类型：第一段开路；第二段全闭路；第一段局部闭路，第二段总是闭路工作的磨矿流程。

（2）自磨流程：

自磨工艺有干磨和湿磨两种。选矿厂多采用湿磨。为了解决自磨中的难磨粒子问题，提高磨矿效率，在自磨机中加入少量钢球，这时称为半自磨。

自磨常与细碎、球磨、砾磨等破磨设备联合工作，根据其联结方式可组成很多种工艺流程。

31. 破碎筛分设备有哪些？

现在工业中应用的破碎设备种类繁多，其分类方法也有多种。破碎设备可按工作原理和结构特征划分为：颚式破碎机、圆锥破碎机、辊式破碎机、冲击式破碎机和磨碎机等。

（1）颚式破碎机：

颚式破碎机破碎工作是靠动颚板周期地压向固定颚板，将夹在两颚板之间的物料压碎。

按照动颚运动的轨迹，可分为简单摆颚式破碎机与复杂摆动颚式破碎机。颚式破碎机俗称"老虎口"，是历史悠久的破碎机之一，至今仍是破碎硬物料最有效的设备。

（2）圆锥破碎机：

圆锥破碎机是借助于旋摆运动的圆锥面，周期地靠近固定锥面，使夹于两个锥面产品物料受到挤压和弯曲而破碎。它可以分为用于粗碎的旋回破碎机和用于中细碎的圆锥破碎机。

（3）辊式破碎机：

辊式破碎机的工作部分是两个相对回转的辊子。辊子表面可以带齿牙，称为齿辊式破碎机。它以劈裂破碎为主，兼有挤压的断破碎。按齿辊数目又可分为单齿辊、双齿辊与多齿辊破获碎机。

（4）冲击式破碎机：

锤式破碎机和反击式破碎机都是冲击式破碎机。这种破碎机，有一个高速旋转的转子，上面装有冲击锤，当物料进入破碎机后，被高速旋转的锤子击碎或从高速旋转的转子获得能量，高速抛向破碎机壁或特设的硬板而被击碎。

（5）磨碎机：

磨碎机是一个两端带有中空轴颈的空心圆柱筒，物料从圆筒一端进入，产物从另一端排出。筒内装有磨碎介质（钢球、钢棒或砾石），根据磨碎介质的不同，磨碎机分为球磨机、棒磨机或砾磨机。筒体转动时将介质带到一定高度而下落，对物料产生冲击与磨剥作用，使物料粉碎。

将颗粒大小不同的混合物料，通过单层或多层筛子而分成若干个不同粒度级别的过程称为筛分。筛分设备有固定筛、惯性振动筛、自定中心振动筛、重型振动筛、共振筛、直线振动筛。

（1）固定筛：

固定筛是由平行排列的钢条或钢棒组成，钢条和钢棒称为格条，格条借横杆连接在一起，格条间的缝隙大小即为筛孔尺寸。固定筛分为格筛和条筛两种。

（2）惯性振动筛：

振动筛是工业中普遍采用的一种筛子，应用范围广，适用于中、细碎的预先和检查筛分。根据筛框运动轨迹特点，可分为圆周运动振动筛和直线振动运动筛两类。前者包括单轴惯性振动筛、自定中心振动筛和重型振动筛；后者包括双轴惯性振动筛和共振筛，按筛网层数还可以分为单层筛和双层筛两类。

（3）自定中心振动筛：

自定中心振动筛适用于大、中型厂的中、细粒物料筛分。国产自定中心筛的型号为SZZ，根据筛层数不同分为SZZ1（单层）和SZZ2（双层）。一般为吊式筛，但也有座式筛。

（4）重型振动筛：

重型振动筛的原理与自定中心振动筛相似，但振动器的主轴完全不偏心，而以皮带轮的轴孔偏心来达到运转时自定中心的目的。重型振动筛结构比较坚固，能承受较大的冲击负荷，适用于筛分大块度、相对密度大的物料，最大给料可达350mm。主要用于中碎前作预先筛分，此外，对含水、含泥量高的物料，可在中碎前进行预先筛分及洗矿，筛上物入中碎机，筛下物进入洗矿脱泥系统。

（5）共振筛：

共振筛也称弹性连杆式振动筛，振幅大，筛分效率高，处理能力大，电耗小，结构紧凑。但制造工艺复杂，机器质量大，振幅难稳定，调整比较复杂，橡胶弹簧容易老化。

（6）直线振动筛：

直线振动筛的振动力大，振幅大，振动强烈，筛分效率高，生产率大，可筛分粗块物料。由于水平安装，安装高度小，直线往返运动，对脱水、脱泥和重介质选矿脱介质有利。但结构比较复杂，两根轴的旋转速度高，故制造和润滑要求高，振动不易调整。

32. 磨矿分级设备有哪些？

选矿厂中广泛使用的磨矿设备是球磨机和棒磨机。在球磨机中，目前只有格子型及溢流型被采用。锥型球磨机因其生产率低，现已不制造，但个别旧选矿厂仍沿用着。球磨机和棒磨机的规格以筒体内径 D 和筒体长度 L 表示。

（1）格子型球磨机：

各种规格子型球磨机的构造基本相同，球磨机的筒体用厚约 18~36mm 的钢板卷制焊成，它的两端焊有铸钢制的法兰盘，筒体内装有衬板，用锰钢、铬钢、耐磨铸铁或橡胶等材料制成，其中高锰钢应用较广，使用橡胶尚处于试制阶段。衬板厚约 50~130mm，与筒壳之间有 10~14mm 的间隙，用胶合板、石棉垫、塑料板或橡皮铺在其中，用来减缓钢球对筒体的冲击。

（2）溢流型球磨机：

溢流型球磨机因其排矿是靠矿浆本身高过中空轴的下边缘而自流溢出，无需另外装设沉重的格子板。此外，为防止球磨机内小球和粗粒矿块同矿浆一起排出，故在中空轴颈衬套的内表面镶有反螺旋叶片。

（3）棒磨机：

目前选矿厂使用的棒磨机，只有溢流型和开口型两种，前者用得较普遍，后者现已停止制造。棒磨机的构造与溢流型球磨机大致相同。所用磨矿介质为长圆棒。

（4）离心磨：

离心磨是一种新型的高效率超细密设备，它分为竖式和卧式两种。根据管的数目，前者又可分为单管和三管（行星式）离心磨。

（5）振动磨矿机：

振动磨是在高频下工作，而高频振动易使物料生成裂缝，且能在裂缝中产生相当高的应力集中，故它能有效地进行超细磨。但此种机械的弹簧易于疲劳而破坏，衬板消耗也较大，所用的振幅较小，给矿不宜过粗，而且要求均匀加入，故通常适用于将 1~2mm 的物料磨至 85~5μm（干磨）或 5~0.1μm（湿磨）。

（6）喷射磨矿机：

喷射磨是一种把物料的细磨与分级、干燥等作业相综合的新型干磨设备。主要用在化工和建筑材料工业，但最近有用于磨矿的趋势。喷射磨的工作条件是：用高温压缩空气，或过热蒸汽，或其他预热气体作介质。用含铁石英岩的喷射磨产品经磁选后的选别指标，和球磨机的及砾磨机的相比较，精矿品位约高 2%~3%，铁的回收率约高 2%~15%。

（7）螺旋分级机：

螺旋分级机是与湿法球磨机配套的设备与球磨机共同完成磨碎与分级。其规格用直径表示，根据螺旋个数可分为单螺旋分级机和双螺旋分级机。按液面的高低，其又可分为高堰式、浸入式和低堰式。

（8）水力旋流器：

水力旋流器的上部呈圆柱形，下部呈圆锥形，圆柱体的中央插入一根溢流管，上部外侧有一与其相切的进浆管。水力旋流器在我国选矿厂已有多年的应用实践，主要用于细粒级的分级、矿浆浓缩、脱泥脱水等。

33. 简述重选工艺与设备。

重选不受颗粒粗度的限制，假定矿物间充分解离，尾矿就能在尽可能粗的情况下排除，从而减少了磨矿能的需要。另外，重选不需要药剂。由于尾矿的排放和废物的净化被简化，不仅降低了主成本，而且降低了环境成本。

重选工艺：

矿石的重选流程是由一系列连续的作业组成。作业的性质可分成准备作业、选别作业、产品处理作业三个部分。

（1）准备作业，包括为使有用矿物单体解离而进行的破碎与磨矿；多胶性的或含黏土多的矿石进行洗矿和脱泥；采用筛分或水力分级方法对入选矿石按粒度分级。矿石分级后分别入选，有利于选择操作条件，提高分选效率。

（2）选别作业，是矿石的分选的主体环节。选别流程有简有繁，简单的由单元作业组成，如重介质分选。

（3）产品处理作业，主要指精矿脱水、尾矿输送和堆存。

重选设备：

处理现代矿物，所需的设备必须要具备以下几个特点：（1）处理量大，现代的矿物处理客观上要求以规模效应来创造效益；（2）对微细粒级效果显著，特别是对 -0.1037mm 粒级要效果明显，原有设备基本上能保证 +0.1037mm 粒级的回收；（3）富集比较高，选别指标好；（4）功耗低；（5）结构简单，便于维护。重选设备有水力分级的云锡式分级箱、分泥斗，重介质分选的圆锥形重介质分选机、重介质振动溜槽、重介质旋流器、斜轮重介质分选机，跳汰机，溜槽分选机，摇床，涡流分选机，光电分选机等。

34. 简述磁电选工艺与设备。

磁选是基于矿物间磁性差异，在不均匀磁场中实现矿物之间分离的一种选矿方法。目前，国内外使用的磁选机种类很多，分类方法不一：

（1）按磁选机的磁源可分为永磁磁选机与电磁磁选机；

（2）根据磁场强弱可分为弱磁场磁选机、中磁场磁选机、强磁场磁选机；

（3）按选别过程的介质可分为干式磁选机与湿式磁选机；

（4）按磁场类型可分为恒定磁场、脉动磁场和交变磁场磁选机；

（5）按机体外形结构分为带式磁选机、筒式磁选机、辊式磁选机、盘式磁选机、环式磁选机、笼式磁选机和滑轮式磁选机。

磁选工艺应用：黑色金属矿选矿—铁矿石磁选；有色和稀有金属矿精选—钨锡分离、铜钼分离、铜铅分离；重介质选矿中磁性重介质的磁选回收；非金属矿物原料选矿中除去含铁杂质—高岭土除铁；废水处理。具体来说：

（1）磁铁矿的弱磁选。我国鞍山钢铁公司大孤山铁矿所处理的矿石为鞍山式贫磁铁矿，原矿含铁量30% ~40%，SiO_2含量42% ~46%。采用的原则流程为阶段磨矿阶段选别流程，选别设备是永磁式磁力脱泥槽和永磁筒式磁选机。

（2）赤铁矿、镜铁矿、菱铁矿的还原焙烧—弱磁选，强磁选用于锰铁矿，黑钨粗精矿和锆英石粗精矿，钛铁矿，高领土和煤等。

磁选设备：

（1）湿式弱磁场永磁筒式磁选机。这种磁选机主要用于分选强磁性物料。

（2）电磁磁滑轮。设备由沿物料运行方向极性交变或极性单一的多极磁系组成。电磁磁滑轮的磁感应强度可达 0.1 ~ 0.15T，给矿粒度 10 ~ 100mm。滑轮的尺寸为 $\phi \times L$ (600 ~ 1000)mm × (1700 ~ 2400)mm。它在选矿厂中的作用和永磁磁滑轮相同。

（3）永磁筒式磁选机。它的主要部分由滚筒和磁系构成。磁系和磁场特性是，磁系为锶铁氧体。其应用于细粒强磁性矿物粒的干选，磁性材料的提纯，粉状物料中排除磁性杂质。

（4）湿式弱磁磁选机。设备由圆筒、磁系、槽体等三个主要部分组成。

（5）超导高梯度磁选机。周期式的超导高梯度磁选机是一台设超导磁滤器。主要部分是超导线圈、制冷机构、分选机构、给矿机构等。该超导磁滤器可作为：

1）磁分离过程基础研究的实验室装置；

2）模拟大型装置操作条件的中间试验之用；

3）小规模生产用。

35. 简述电选工艺与设备。

电选是以带不同电荷的矿物和物料在外电场作用下发生分离为理论基础的。电选法应用物料固有的不同摩擦带电性质、电导率和介电性质。因为静电力与颗粒表面电荷大小和电场强度成正比，所以静电力对细的、片状的轻颗粒影响大些。因此，颗粒可以得到有效的分离。

电选过程的工业应用可细分为几类：

（1）矿物和煤的分选（选矿和选煤部门）；

（2）食物提纯（食品业）；

（3）废料处理（废料管理）；

（4）静电分级（根据粒度和形状将固体分类）；

（5）静电沉积（从固体中除去粒状污染物质或从气体中除去液体）。

电选设备是以施加到临时带电颗粒上的静电力为基础的。电选机的设计是以矿物带电机理为依据的。根据带电机理，电选机可分为以下 3 类：

（1）自由落体静电电选机（接触带电和摩擦带电）。

（2）高压电选机（电晕带电）。

（3）接触电选机（感应带电）：

1）接触或摩擦带电电选机（自由落体电选机）。在这种电选机中，颗粒之间或与第三种材料（如容器、给料器、溜槽或喷嘴的壁）接触或摩擦而获得电荷。这些颗粒然后进入电场中，根据它们的极化和所带电荷多少而发生分离。

2）传导感应带电电选机。当颗粒与传导电极接触时，在电场中可将导体与非导体分离开，这就是传导电选机的依据。当有高压电场存在时，不同颗粒与接地导体接触，可以发生传导感应带电。通常通过传导，导体颗粒迅速带电，而绝缘颗粒带电的速度要慢得多，从而使导体颗粒与绝缘颗粒分开。

36. 简述浮选工艺与设备。

浮选即泡沫浮选，是根据矿物表面物理化学性质的不同来分选矿物的选矿方法。

在浮选过程中，矿物的沉浮几乎与矿物密度无关。比如黄铜矿与石英，前者密度为

$4.2 \times 10^3 \text{kg/m}^3$，后者为 $2.68 \times 10^3 \text{kg/m}^3$，可是重矿物的黄铜矿很容易上浮，石英反而沉在底部。经研究发现矿物的可浮性与其对水的亲和力大小有关，凡是与水亲和力大，容易被水润湿的矿物，难于附着在气泡上难浮。而与水亲和力小，不易被水润湿的矿物，容易上浮。因此可以说，浮选是以矿物被水润湿性不同为基础的选矿方法。一般把矿物易浮与难浮的性质称为矿物的可浮性。浮选就是利用矿物的可浮性的差异来分选矿物的。在现代浮选过程中，浮选药剂的应用尤其重要，因为经浮选药剂处理后，可以改变矿物的可浮性，使要浮的矿物能选择性地附着于气泡，从而达到选矿的目的。

浮选与其他选矿方法一样，要做好选别前的物料准备工作，即矿石要经过磨矿分级，达到适宜于浮选的浓度细度。此外，浮选还有以下几个基本作业：

（1）矿浆的调整与浮选药剂的加入。其目的是要造成矿物表面性质的差别，即改变矿物表面的润湿性，调节矿物表面的选择性，使有的矿物粒子能附着于气泡，而有的则不能附着于气泡。

（2）搅拌并造成大量气泡。借助于浮选机的充气搅拌作用，导致矿浆中空气弥散而形成大量气泡，或促使溶于矿浆中的空气形成微泡析出。

（3）气泡的矿化。矿粒向气泡选择性地附着，这是浮选过程中最基本的行为。

（4）矿化泡沫层的形成与刮出。矿化气泡由浮选槽下部上升到矿浆面形成矿化泡沫层，有用矿物富集到泡沫中，将其刮出而成为精矿（中矿）产品。而非目的矿物则留在浮选槽内，从而达到分选的目的。通常浮选作业浮起的矿物是有用矿物，这样的浮选过程称之为正浮选，反之，浮起的矿物为脉石，则称之为反浮选（或称逆浮选）。

浮选工艺是一个较复杂的矿石处理过程，其影响因素可分为不可调节因素（原矿性质和生产用水的水质）和可调节因素（浮选流程、磨矿细度、矿浆浓度、矿浆酸碱度、浮选药剂制度）。

为了实现矿粒之间的分离，矿物表面必须具有不同的润湿性，又有数量和质量满足需要的泡沫，还应有合适的机械设备，使它们分成性质和质量各不相同的产品，这些设备就是浮选机。浮选机是实现浮选过程的重要设备。浮选效果的好坏，除药剂、工艺流程的影响外，浮选机性能的优劣有着相当大的关系。为此，各国在改进和发展浮选机方面都做了相当多的工作。

浮选机类型：机械搅拌式浮选机、充气式浮选机、混合式浮选机或充气搅拌式浮选机、气体析出式浮选机。

（1）机械搅拌式浮选机。机械搅拌式浮选机的特点：矿浆的充气和搅拌都是由机械搅拌器来实现的，属于外气自吸式浮选机，充气搅拌器具有类似泵的抽吸特性，既自吸空气又自吸矿浆。

XJK 浮选机（俗称 A 型）其特点是：

1）盖板上安装了 18~20 个导向叶片。

2）叶轮、盖板、垂直轴、进气管、轴承、皮带轮等装配成一个整体部件。

3）槽子周围装设了一圈直立的翅板，阻止矿浆产生涡流。

（2）充气搅拌式式浮选机。其特点是：1）充气量易于单独调节；2）机械搅拌器磨损小；3）选别指标较好；4）功率消耗低。

丹佛型浮选机的特点是：1）有效充气量大；2）槽内形成一个矿浆上升流。

（3）充气式浮选机。充气式浮选机的结构特点：无机械搅拌器无传动部件；其充气特点：充气器充气，气泡大小由充气器结构调整；气泡与矿浆混合特点：逆流混合。其用途为：处理组成简单、品位较高、易选矿石的粗、扫选。

浮选柱的特点是：结构简单、占地面积小、维修方便、操作容易、节省动力。

（4）气体析出式浮选机。气体析出式浮选机主要用于细粒矿物浮选和含油废水的脱油浮选。

37. 简述选矿流程。

选矿流程的英文是 mineral processing flowsheet，是指选矿工艺的作业组配和作业程序。根据入选矿石的性质和矿物组成的不同，选矿厂进行选矿作业的组配也不同；不同矿石采用不同的选矿流程；不同产地的同类矿石的选矿流程也有差异。适宜的选矿流程须根据选矿试验来确定，并绘制成选矿流程图。

选矿流程主要包括破碎、筛分流程，磨矿、分级流程，分选流程和脱水流程等。破碎、筛分流程在选矿厂，破碎和筛分作业是磨矿前的准备作业，在碎石厂和冶金辅助原料破碎厂则是主要作业。

破碎作业和筛分作业组成破碎段，所有破碎段（有时还包括洗矿等作业）的总和构成破碎、筛分流程。常用的破碎、筛分流程有两段开路流程，两段闭路流程，三段开路流程和三段闭路流程。当矿石较硬，要求破碎比大时，采用三段破碎流程。与自磨工艺配套时常采用一段破碎。在破碎流程中有时引入预选作业。

磨矿、分级流程磨矿作业与分级作业组成磨矿段，根据分选作业的要求，磨矿、分级流程按磨矿段数分为一段、两段和多段闭路流程。

分选流程由各种分选方法，如浮选、重选、破选、重选—浮选、磁选—浮选等构成，它包括分选段（由一个磨矿作业及其随后的分选作业组成一个分选段）、分选循环（分选出一个或者几个产品的分选作业组）以及各分选段的精选、扫选及中矿处理等。在处理一些难选物料如难选中矿、有色金属氧化矿和金银矿石等时，还采用选—冶联合流程。脱水流程大多数选矿过程均使用大量的水，必须脱去产品矿浆中的水分，而得到最终精矿。选矿产品脱水的方法有浓缩、过滤和干燥。重选法和磁选法产出的一部分粗粒产品可采用沉淀池、脱水筛、脱水仓等进行浓缩或过滤的一段脱水流程。浮选法产出的细粒产品，常采用浓缩—过滤或浓缩—过滤—干燥等两段或多段脱水流程。在选矿的不同阶段，有时为后续作业准备给矿，也进行局部脱水。尾矿的脱水一般采用浓缩一段脱水流程，回水返回选矿厂使用。

选矿流程图按选矿作业顺序，用符号、图形、数字和文字表示选矿过程以及各作业间相互联系的示意图。选矿流程图按国家或行业有关制图标准或习惯进行绘制，可以是线流程图、方框流程图或形象流程图等。

线流程图在中国使用最广泛。图中常以圆圈代表破碎、磨矿作业，作业名称标注在圆圈一侧；以双横线表示筛分、分级、分选及其他作业，作业名称及有关参数标注在横线上方及下方，有时还标上使用设备的名称、规格及选矿药剂添加点和用量。用罗马数字及阿拉伯数字分别标注作业和产物的顺序。

方框流程图在欧美国家使用较多，图中以方框表示作业，方框中注明作业名称或设备名称。所有产物用阿拉伯数字顺序编号。

形象流程图是用简明的选矿设备图形表示各个不同的作业，作业产物用阿拉伯数字顺序编号。

在选矿流程图中，将分选指标（品位、产率、回收率、产量和浓度等）标在相关产物和作业处，按图中的标注内容又可分选矿原则流程图、数量流程图、质量流程图、数质量流程图和矿浆流程图；还有以矿物含量及回收率表达的工艺矿物质—数量流程图，是进行选矿流程结构分析的有用工具。

38. 简述大冶铁矿原设计和现行破碎流程。

选矿厂原设计为三段开路破碎流程，采场原矿石经重型板式给料机给入 2100mm × 1500mm 的简摆式颚式破碎机，粗碎后由皮带输送机（含金属探测器、手选检铁）经过棒条筛，+75mm 的矿石进入 φ2100mm 标准型圆锥破碎机进行中碎，中碎后皮带上进行干式抛废，抛出 10% 左右的混岩，中碎后矿石进入 1800mm × 3600mm 的重型振动筛，筛上物进入 φ2100mm 短头型圆锥破碎机细破，筛下物和细碎产品进入磨矿粉矿仓。具体流程如图 2 - 4 所示。

39. 简述大冶铁矿现行磨矿分级流程。

磨矿分级采用二段全闭路磨矿流程，由 8 个系统组成。细碎产品由皮带输送机至 MQG 3200mm × 3100mm 球磨机粗磨后送入 2FLG - 2000 螺旋分级机第一次分级，返砂返回球磨机再磨；第一次分级溢流 （-0.074mm 占 50% ~ 55%） 给入 2FLG - 2000 螺旋分级机第二次分级，返砂给入第二段的球磨机细磨，细磨产品再给入第二次分级机，二次分级溢流 （-0.074mm 占 75%） 进入下步浮选作业。磨矿流程如下图所示。

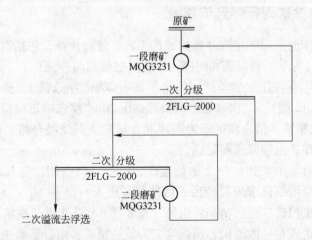

40. 简述大冶铁矿现行磁选流程。

磁选选别流程为粗浮选尾矿先由 16 台 φ1050mm × 2400mm 圆筒式永磁机第一段选铁，其精矿进入 11 台 φ750mm × 1800mm 圆筒式永磁机第二段选铁，二段磁精再进入 11 台 φ750mm × 1800mm 圆筒式永磁机第三段选铁，即得到弱磁选铁精矿。由砂泵扬送到 4 号浓缩机。原生矿一段磁尾直接进 1 号、2 号浓缩机。而氧化矿一段磁尾则送至 5 号浓缩机浓缩后，经过隔渣筛、由 2 台 $\phi1050mm \times 2400mm$ 中磁机预选后，再进入 3 台 SHP – 2000 强磁机进行强磁，得到的强磁选铁精矿送入 9 号浓缩机。具体流程如图 2 – 9 所示。

41. 简述大冶铁矿选矿产品浓缩过滤流程。

弱磁精矿由 6 台 ZPG – 72 盘式过滤机直接过滤，滤饼由皮带送至精矿库。过滤机溢流返回 4 号浓缩机。原强磁精矿经 4 号浓缩机浓缩后送 12 台 $25m^2$ 内滤式圆筒过滤机过滤，滤饼由皮带送至精矿库。过滤机溢流返回 4 号浓缩机。铜精矿经 6 号浓缩机浓缩后，由 4 台 $34m^2$ 盘式过滤机过滤，滤饼由皮带送至铜精矿库。过滤机溢流返回 6 号浓缩机。硫钴精矿经 7 号浓缩机浓缩后，由 4 台 $34m^2$ 盘式过滤机过滤，滤饼直接进硫精矿库。过滤机溢流返回 6 号浓缩机。尾矿进入 1 号、2 号浓缩机浓缩后，由砂泵扬送至白雉山尾矿坝。各个浓缩机溢流全部进入 3 号浓缩机，其底流进入 1 号、2 号浓缩机，其溢流作为现场循环水使用。

1999 年，大冶铁矿球团厂一系统开始生产，要求降低精矿水分至 10.5% 以下，9 号浓缩机建成后，弱磁精矿进入 4 号浓缩机浓缩，并且逐步将 ZPG – 72 盘式过滤机取代了原设计的 $25m^2$ 内滤式圆筒过滤机。2001 年 4 月后球团 2 系列投入生产，铁精矿水分要求小于 10%。2004 年 4 月份，大冶铁矿在脱水过滤间一系列安装了一台安徽铜都特种环保设备股份有限公司生产的 TT – 16 特种陶瓷过滤机，做工业试验。2005 年安装了 3 台 TT – 45 特种陶瓷过滤机。

2007 年将在 2 台尾矿浓缩机进行高效化改造，提高底流浓度，降低溢流固体含量；在铁精矿过滤新购 3 台 $60m^2$ 的陶瓷过滤机，铜精矿和硫钴精矿过滤也采用 $10m^2$ 的陶瓷过滤机。

42. 简述大冶铁矿现行浮选流程。

大冶铁矿选别作业采用的是先浮选后磁选工艺。浮选作业又包括混合浮选和分离浮选 2 个作业。磁选又分为单一弱磁选和弱磁—中磁—强磁选两种流程。

铜硫混合浮选作业共分 4 个系列，每个系列有 $20m^3$ 浮选机 12 槽，6A 浮选机 10 槽（四系列 6A 浮选机 12 槽）。二次球磨分级溢流选由 $20m^3$ 浮选机进行粗选，粗选精矿再由 6A 浮选机进行两次精选，精选精矿即为铜硫混合精矿。铜硫混合精矿由砂泵送 8 号浓缩机浓缩脱药，粗选尾矿由砂浆送弱磁选选铁。

铜硫分离浮选有 2 个系列，一个系列生产，一个系列备用。有 6A 浮选机 4 排共 48 槽。铜硫混精经 8 号浓缩机浓缩脱药后，由砂浆泵送入一排 14 槽（18 槽）6A 浮选机粗选、一次扫选和二次扫选，粗选精矿再由另一排 8 槽 6A 浮选机两次精选，精选精矿即为铜精矿，由砂浆泵送入 6 号浓缩机，扫选尾矿为硫钴精矿，由砂浆泵送入 7 号浓缩机。浮选作业具体流程如图 2 – 6 所示。

43. 大冶铁矿选矿铜硫浮选药剂制度是什么，硫化钠的作用是什么？

大冶铁矿选矿铜硫浮选药剂见表 2 – 16。

大冶铁矿原矿铜矿物分析结果见下表。

（%）

相　别	硫化矿的铜	自由氧化矿的铜	结合氧化矿的铜	全　铜
含　量	0.181	0.032	0.112	0.325
占有率	55.69	9.85	34.46	100.00

大冶铁矿矿石中的游离氧化铜和结合氧化铜共占 44.31%，如果直接浮选，大部分氧化铜很难被回收，不能取得较好的效果。氧化铜矿物由于其分子结构所决定，亲水性很强，在矿浆中与水的偶极子相吸引而使水偶极子在矿物表面形成定向排列的水化膜，因而捕收剂很难吸附到矿物表面。经硫化处理以后，氧化铜矿物表面形成一层硫化铜薄膜，使氧化铜矿物表面具有硫化铜矿物表面的性质，再经捕收剂的作用进行浮选，效果较好。

44. 大冶铁矿选矿厂浮选的目的矿物是什么？

大冶铁矿选厂浮选回收的矿物有黄铜矿、黄铁矿和伴生金、银。

45. 大冶铁矿选矿厂浮选作业的原矿来源，精矿、尾矿的去向如何？

大冶铁矿选厂处理的矿石，目前主要来自东露天采场、尖林山井下和龙洞井下两个采场，及少量收购的人工矿。浮选处理的是二段分级溢流，经混合浮选和铜硫分离，得铜精矿和硫钴精矿，分别经 6 号、7 号大井浓缩过滤后入库，浮选尾矿送磁选选铁，磁选尾矿经浓缩后用水隔离泵送尾矿坝。

46. 大冶铁矿选矿厂的浮选机规格型号是什么？

大冶铁矿选厂浮选机型号：混合浮选粗扫选为 JJF20 - 28，分离浮选为 XJK - 2.8。

47. 大冶铁矿选矿厂搅拌桶及浮选机的叶轮尺寸是多少？

大冶铁矿选厂浮选机转速，JJF - 20 为 180r/min，XJK - 2.8 为 280r/min，叶轮直径 JJF - 20 为 700mm，XJK - 2.8 为 600mm。

48. 浮选机的开车顺序是怎样的？

浮选机的开车顺序很重要，一般开车时应先开精选、扫选，然后再开粗选、搅拌槽，每排浮选机应从最后一个槽开始启动，启动前必须盘车。停车的顺序正好相反。

49. 为什么开车时必须从尾部向前开车而停车时必须从头部开始停？

开车时必须从尾部向前开，如果从头部开始则前面槽子的矿浆就压向后面槽子，因而使后面槽子启动负荷增大。停车时如果先停尾部则前面各矿槽矿浆均继续向尾部输送，矿浆沉淀在槽尾，不能畅通地排出浮选机，至使下次开车时负荷增加或由于尾部矿砂沉积过多，叶轮被压启动不了，容易烧电机。

50. 为什么浮选机开车前要逐台盘车？

为了防止槽底有杂物卡碰叶轮或因停车过久，叶轮轴有锈蚀或叶轮被砂浆压沉而使开车时浮选负荷过大，引起电机烧毁，故开车前必须逐台盘车。

51. 大冶铁矿选矿厂捕收剂、起泡剂、抑制剂、活化剂、介质调整剂的名称是什么？

大冶铁矿选厂使用的捕收剂有乙基黄药、Z‒200 和硫氮 9 号，起泡剂有松醇油、11 号油，活化剂是硫化钠，抑制剂为石灰。

52. 为什么要定时测定药剂用量？

因为药剂用量适当才能获得较好的经济指标，如果原矿性质不变的话，药剂用量也应稳定添加，为了防止因给药机故障或给药管堵塞引起断药或药量减少至使浮选指标下降的现象发生，为了保证浮选指标的稳定，必须定时测定药剂有量。

53. 大冶铁矿选矿厂捕收剂的配制浓度是多少？

大冶铁矿捕收剂配制浓度为乙黄药 7%，硫氮 9 号 3%，Z‒200 添加原液。

54. 大冶铁矿选矿厂起泡剂的配制浓度是多少？

大冶铁矿选厂使用的起泡剂为松醇油和 11 号油，均为原液。

55. 大冶铁矿选矿厂几种药剂的加药顺序如何？

大冶铁矿选厂药剂添加顺序为：混合浮选活化剂、捕收剂、起泡剂同时添加，铜硫分离先加抑制剂，后加捕收剂。

56. 浮选药剂用量如何测定？

测定药剂用量的工具是秒表及量筒，测定的方法是：用量筒接取药液的同时按动秒表，当接取一定量药液时同时按动秒表（停止），看多少时间及接取多少药液，然后用药液量除以时间（秒或分），则测得单位时间内的给药量（体积量），如果换算成单位时间内每吨原矿的耗药量则可应用下列公式换算：

$$\text{每吨原矿的耗药量（g/t）} = \frac{V\delta c}{tQ}$$

式中　V——接取药量体积单位，mL；

δ——药液比重，g/mL；

c——药液浓度，%；

t——接收药液的时间，s 或 min；

Q——单位时间内原矿处理量，t/s 或 t/min。

57. 浮选机液面的高低对浮选指标有何影响？

浮选机液面过高时，刮出精矿带矿浆使精矿品位下降。液面过低时，刮板刮不到泡沫或刮出少量泡沫，虽然精矿品位高，但由于精矿不能及时刮出使回收率受影响（下降）。

58. 矿泥对浮选指标有何影响?

矿泥由于质量小、比表面大、表面键力不饱和等原因,使泡沫发黏,抑制粗粒矿物的上浮,药剂消耗量增大,从而造成浮选精矿品位降低,回收率低及药剂消耗量增加的恶果。

59. 大冶铁矿选矿厂浮选作业适宜的磨矿的细度是多少?

大冶铁矿浮选的入选粒度,经多次粒度分析证实,最适宜的粒度为 -200 目占 80% ~ 85%,其中 -0.1 +0.01mm 粒级回收率较高,为易选粒级。

60. 浮选各作业适宜的矿浆浓度是多少?

最适宜的矿浆深度与矿石性质及浮选条件有关,一般规律是:

(1) 浮选比重大的矿物时,采用较浓的矿浆,对比重较小的矿物则用较稀的矿浆;

(2) 浮选粗粒物采用较浓的矿浆,而浮选细粒或泥状物料则用较稀的矿浆;

(3) 粗选和扫选采用较浓的矿浆,而精选作业及难分离的混合精选的分离作业则应用较稀的矿浆;

(4) 含泥少的宜浓度高些,含泥量大的宜稀些,常见的金属矿物浮选的矿浆浓度为:粗选 25% ~45%,精选 10% ~20%,扫选 20% ~40%。

61. 泡沫层厚薄对精矿品位有何影响?

泡沫层厚二次富集作用强,精矿品位高;泡沫层薄刮出及时,回收率高,但精矿品位低,因此精选要求较厚的泡沫层以获得较高精矿品位。而粗选保持较高液面以便将浮选出的矿物及时刮出以提高回收率。

62. 浮选机掉槽的原因有哪些,如何解决?

浮选机掉槽的原因有:

(1) 2 号油用量减少;

(2) 液面过低;

(3) 给矿量减少。

解决方法:如是 2 号油用量减少引起的,则要适当加大 2 号油用量;如是液面过低引起的,则要调整中矿闸门使矿浆液面达到正常;如是给矿量减少引起的,则适当调整给矿闸门大小,加大给矿量或是调整尾矿闸门减少尾矿排出量以提高液面。

63. 浮选机传动皮带的松紧程度对浮选指标有何影响?

浮选机传动皮带过松叶轮转速过慢,产生负压低吸入空气量少,液面提不起来,泡沫刮出量少使金属回收率下降;皮带过紧,皮带与皮带轮摩擦力大,产生热量大,使皮带易提坏。故浮选机传动皮带应保持一定的松紧程度。

64. 浮选机的叶轮有何作用?

浮选机叶轮的作用是:

(1) 与盖板组成类似泵的真空造成负压区,使矿浆自流,空气自吸并使槽内矿浆作循环运动;

(2) 叶轮的旋转将空气碎散成气泡并使其均匀的分散于矿浆中,叶轮的搅拌又使矿粒悬浮并充分和气泡接触;

(3) 使药剂充分溶解和分散。

65. 浮选机的盖板有何作用?

浮选机盖板的作用是:

(1) 与叶轮组成真空室,产生充气作用;

(2) 导向叶片对甩出的矿浆起导流作用,减少涡流;

(3) 保证停车时叶轮不被矿砂埋住,从而防止开车时电机过载。

66. 浮选机中的调整闸门的作用是什么?

浮选机的调整闸门是用来调节矿浆液面的高低,保证适当的液面及泡沫层厚度,以及合适的矿浆流速,以获得较好的浮选指标。

67. 浮选机砂孔闸门有什么作用?

浮选机砂孔闸门是使沉到槽底的粗粒和大比重的矿物直接排入下面吸入槽从而减少叶轮下的粗粒沉积量。

68. 浮选机矿浆循环孔有何作用?

浮选机矿浆循环孔是供矿浆循环之用,矿浆循环量的大小影响到充气量的大小,循环量越大充气量越大。因此保持一定数量的循环孔对稳定浮选机指标有保证作用。

69. 浮选机稳流板有什么作用?

浮选机稳流板的作用是为了防止矿浆在浮选机内产生涡流,保持矿浆液面的稳定,以保证浮选的正常进行。

70. 搅拌槽的作用是什么?

搅拌槽的作用是利用机械搅拌的作用使浮选药剂与矿物很好地接触,使药剂更快地附着在矿物表面,充分发挥药剂的效能。

71. 抑制剂、活化剂为什么要加在捕收剂之前?

因为抑制剂和活化剂的作用是改变矿物表面的可浮性,它的作用是使矿物表面难于或易于与捕收剂作用,因此需要在捕收剂之前添加。

72. 浮选机有哪几种?

目前国内外的浮选机多达几十种,但按其充气和搅拌矿浆的方式一般分为三类:

(1) 机械搅拌式浮选机,这种浮选机是由叶轮或回转子的旋转而使矿浆进行充气和搅拌;

(2) 压气式浮选机,这种浮选机是由外部用鼓风机送入压缩空气使矿浆完成充气和搅拌;

(3) 混合式浮选机,这种浮选机除由叶轮或回转子的旋转而使矿浆进行充气和搅拌之外,还从外部用鼓风机送入压缩空气。

73. 浮选机的构造及工作原理是什么?

浮选机的构造十分简单,它的外形是一个柱体,断面的形状有圆形、方形或上方下圆等,底部为圆锥形,在锥体与柱体连接处装有泡沫发生器,上部有给矿器、泡沫槽及尾矿管,浮选柱高度一般为 4~9m,直径 1~2.5m。

浮选柱的工作原理是:经药剂处理后的矿浆从柱体上部的给矿器给入,矿粒在重力作用下缓缓沉降,空气由压缩机经浮选柱下部的环形风包和充气导管,再经充气器不断压入,由充气器出来的细小气泡,穿过向下流动的矿浆徐徐上升。在矿浆与气泡的对流运动中,矿粒和气泡发生相互接触和碰撞,从而实现了气泡的矿化,矿化气泡升浮至矿浆液面后形成泡沫层,溢出或用刮板刮到精矿槽中,非泡沫产品由柱子底部的尾矿管排出。

74. 浮选柱的特点是什么?

浮选柱的特点是:结构简单、制造安装方便、生产维护容易、节省动力、占地面积少基建费用低及处理量大。

75. 如何消除矿泥的影响?

为了减少矿泥以浮选指标的影响,可以采取下列措施:

(1) 减少和防止矿泥的生成,可采用多段磨矿阶段选别的流程来减少矿泥的生成和细泥的危害;

(2) 当矿浆中已有细泥存在时可添加水玻璃、苏打、苛性钠等药剂,以减少其影响,也可在较稀的矿浆中进行浮选;

(3) 为了减少细泥对药剂的吸附,可采用分段加药的方法;

(4) 可选加少量起泡剂和捕收剂浮出一些细泥,然后正式浮选;

(5) 含泥量较大时应采用泥、砂分选工艺。

76. 浮选工艺对磨矿细度有哪些要求?

浮选工艺对磨矿细度有以下三方面的要求:

(1) 要求有用矿物与脉石矿物达到充分解离,满足进一步有效分选的最大粒度;

(2) 要求获得的细度是浮选最适宜的粒度范围;

(3) 避免过粉碎或产生泥化现象。

77. 浮选机局部翻花是什么原因造成的，如何解决？

浮选机局部翻花的原因和解决方法是：

（1）叶轮与盖板安装不平，引起轴向间隙一边过大，一边过小，间隙大的一边翻花。解决方法：调整好叶轮—盖板的间隙。

（2）盖板局部被叶轮撞击脱落。解决方法：更换盖板。

（3）稳流板残缺。解决方法：补上稳流板。

（4）进浆管接头松脱。解决方法：坚固接头。

78. 浮选机充气不足是什么原因，如何解决？

浮选机充气不足的原因和解决方法是：

（1）叶轮与盖板磨损严重，间隙过大。解决方法：更换叶轮与盖板。

（2）电机转速不够，搅拌和抽吸力太弱。解决方法：更换电机。

（3）浮选机传动皮带过松，叶轮转速下降。解决方法：紧皮带或更换过松皮带。

（4）充气管堵塞或充气阀门被关闭。解决方法：清理充气管、打开充气闸门。

（5）矿浆循环量过小。解决方法：打开矿浆循环孔。

（6）矿浆深度过大。解决方法：调整给矿浓度，使浓度变小。

79. 精矿品位低是什么原因造成的，如何调整？

精矿品位低的原因有：

（1）矿浆含泥量大。采取措施有：

1）降低矿浆浓度；

2）采取脱泥措施；

3）适当的起泡剂用量。

（2）矿浆浓度大。采取措施：降低浓度。

（3）充气过分。采取措施：减少充气量。

（4）药剂过量。采取措施：减少药剂用量。

（5）精矿刮出量大。采取措施：减少精矿刮出量。

80. 矿物回收率低的原因有哪些，如何解决？

矿物回收率低的原因和解决方法是：

（1）矿物难选，可浮性差。解决方法：改变药剂制度及操作。

（2）磨矿粒度粗。解决方法：适当提高磨矿细度。

（3）给矿量太大，浮选时间不足。解决方法：减少给矿量。

（4）药剂用量不当。解决方法：调整药剂用量。

（5）粗选浮选液面低，粗精刮出量太少。解决方法：调整中矿闸门提高矿浆液面加大粗精刮出量。

81. 泡沫刮出量应如何决定？

泡沫刮出量是浮选操作中一项重要因素，在实际操作中，浮选工艺指标最终是靠刮出的金属量来决定的，在浮选作业中，应该保证粗、扫选、精选泡沫刮出量的平衡和稳定，这样才能保证刮出的泡沫中含有较多的金属量，粗选刮出量应根据原矿品位的高低来决定，尽量把形成的矿化泡沫层刮出，但不能刮出矿浆，精选应根据所要求的精矿品位决定精矿泡沫的刮出量，在保证精矿品位的前提下，尽量增大精矿泡沫的刮出量，这样即获得合格的精矿，并及时充分回收金属。

82. 浮选机在操作过程中应检查哪些部位？

操作浮选机过程中应检查下列各部位：（1）电动机和主轴承温度，一般轴承温度不得超过85℃，电机最高温升不得超过60℃；（2）检查传动皮带的松紧情况，如发现有严重磨损时应更换型号一致的皮带；（3）检查各润滑点是否有足够的润滑油，如缺油应立即添加；（4）注意检查轴承体中的润滑脂有否漏到矿浆中。

83. 维修浮选机应注意哪些方面？

维修浮选机时应注意下列事项：（1）更换叶轮和盖板时，应调整好叶轮和盖板的间隙，使间隙保持在6~8mm；（2）若发现轴承体下盖油封漏油，应及时更换新油封并注意不要压得太紧；（3）在安装叶轮之前应检查保护主轴用的胶管是否磨损，如有磨损应更换新管；（4）检查浮选机稳流器是否完好或移位，如有损坏应补上归位；（5）检查进气筒是否有破损，气筒是否畅通。

84. 硫化钠的抑制作用过程是怎样的？

大量的硫化钠对许多硫化矿都有抑制作用，其抑制作用过程是由于它在矿浆中水解生成大量亲水的 HS^- 和 S^{2-} 吸附在硫化矿表面，使其可浮性减弱而受抑制。使用硫化钠作抑制剂时往往要配合其他药剂使用，如将硫化钠与硫酸锌配用以抑制锌、铁的硫化矿，将硫化钠与重铬酸盐配用以抑制方铅矿等。

85. 氧化铜矿石浮选方法有几种，各种方法常用的药剂有哪些？

处理氧化铜矿的方法有浮选法及化学选矿法。氧化铜矿的浮选法又可分为硫化浮选和直接浮选两类。硫化浮选就是用硫化钠、硫化氢钠等可溶性硫化物将氧化矿物预先硫化，然后用浮选硫化矿的捕收剂进行浮选。使用硫化法一般都是使用硫化钠作硫化剂，添加硫酸铵和硫酸铝有助于矿物的硫化，也可用硫化钙来代替硫化钠。直接浮选就是在矿物不经过预先硫化的情况下，用脂肪及皂类、高级黄药、硫醇或其他捕收剂直接进行浮选。

86. 脱水操作应该注意哪些事项？

（1）操作过滤机应保持均匀给矿，分矿箱和管路应畅通。

（2）通往周边传动式浓缩机中心盘的走桥和上下走梯，应设置栏杆。

（3）浓缩机的溢流槽外沿，应高出地面0.4m。

（4）浓缩机停机之前，应停止给矿，并继续输出矿浆一定时间；恢复正常运行之前，应防止浓缩机超负荷运行；超粒径、超比重的矿物、各种工业垃圾等，不应进入矿浆浓缩池。

（5）须浓缩而未经浓缩的尾矿浆，除非事故处理需要，不得任意送往泵站和尾矿库。

（6）发现溢流跑浑，请示有关岗位采取有效措施降低浓度。所有浓缩机达到极限浓度时，应立即报告车间调度，由调度确定和下达应急措施。

87. 捕收剂与矿物表面的作用机理是什么？

捕收剂的作用就是使矿物表面疏水，提高矿物的可浮性。捕收剂本身的分子结构中，除了含有疏水的烃基结构之外，还有一个能与矿物表面作用的活性基（即极性基），而这个活性基有一定的选择性，就是说它只能与欲浮矿物表面发生作用，而不能和不想浮选的矿物发生作用。当捕收剂与矿物接触时，活性基吸附在矿物表面（该吸附包括化学吸附及物理吸附，也包括化学反应），而非极性基（即烃基）朝外，使矿物形成疏水的表面，当与气泡接触时就附着于气泡之上形成矿化泡沫被带到精矿区，刮到精矿槽中。

88. 起泡剂的作用机理是什么？

起泡剂的作用机理有下列几点：

（1）防止气泡的兼并作用机理。起泡剂本身是一种异极式分解性表面活性物质，它能显著降低水的表面张力，能大量吸附在气—液界面，并降低其表面张力，当液体表面张力降低后，压出气泡生成的界面所需的压力小，生成气泡也容易。另一方面起泡剂分子的一端是非极性的烃基，另一端是极性基。在气水界面上起泡剂的极性基在水中，非极性基插入空气中，由于极性基的水化作用，吸引了水分子在气泡的周围形成较厚的水化膜，这种水化膜对水流有一定的阻力，因此当吸附有起泡剂的气泡互相接近时，在表面水化膜及极性基相同电荷斥力作用下，气泡不易兼并或破裂，同时也增加了气泡适应变形的能力（即弹性）。

（2）提高了泡沫的稳定性作用。由于起泡剂能使气泡表面具有弹性，它增强了气泡对外力的抵抗，不因矿浆瞬时冲击而破裂，因而能延长气泡的寿命。

89. 抑制剂的作用机理是什么？

抑制剂通过以下几种方法使矿物达到抑制：

（1）从溶液中消除活化离子。例如，石英在 Ca^{2+}、Mg^{2+} 离子活化下才能被脂肪酸类捕收剂浮选。在浮选前加入苏打使 Ca^{2+}、Mg^{2+} 成不溶性盐沉淀，消除了 Ca^{2+}、Mg^{2+} 的活化作用，从而使石英失去可浮性。

（2）消除矿物表面的活化薄膜。例如，闪锌矿表面生成了硫化铜薄膜就可用黄药浮选。当硫化铜薄膜用氰化物溶解以后闪锌矿就失去可浮性，达到闪锌矿的抑制。

（3）在矿物表面形成亲水的薄膜，提高矿物表面的水化性，削弱对捕收剂的吸附活性。

90. 活化剂的作用机理是什么？

活化剂的作用机理是：

（1）通过活化剂的化学作用使难被某种药剂捕收的矿物表面生成一层难溶性的活化薄膜以后能成功地实现浮选。

（2）活化离子在矿物表面的吸附。如纯的石英不能被脂肪酸捕收剂浮选，而石英吸附 Ca^{2+}、Mg^{2+} 离子后，就实现了浮选。

（3）清洗掉矿物表面的抑制性亲水薄膜。如黄铁矿在强碱性介质中由于表面生成了亲水的 $Fe(OH)_3$ 薄膜便不能被黄药浮选。用硫酸使黄铁矿表面亲水薄膜消失以后便能用黄药浮选。

（4）消除矿浆中有害离子的影响。

91. 大冶铁矿选矿所用药剂的分子式是什么？

大冶铁矿选厂使用的药剂分子式如下：

（1）乙基黄药：$C_2H_5OCSSNa$

（2）松醇油：$C_{10}H_{17}OH$

（3）硫氮 9 号：$(C_2H_5)_2NCSSNa \cdot 3H_2O$

（4）Z–200：$(CH_3)_2CHOC(S)NHC_2H_5$

（5）硫化钠：Na_2S

（6）石灰：CaO

92. 起泡剂过量会出现什么现象，对浮选指标有什么影响？

起泡剂过量会使气泡过分稳定而发生"跑槽"现象，使大量精矿外溢造成金属流失。当精矿进入浓缩池时，由于起泡剂过量而使浓缩池表面积聚厚厚一层精矿不易沉降而从溢流中跑掉，使回收率大大地降低。另一方面起泡剂过量，易使脉石矿物和矿泥黏附在气泡上进入精矿槽，而使精矿品位下降。

93. 矿浆浓度对浮选指标有什么影响？

浮选的矿浆浓度对于药剂、水电的消耗，对精矿品位、回收率、浮选时间、浮选机生产率等都有影响，它是检查和调节工艺过程的重要因素。它的影响主要有：

（1）影响回收率。当矿浆浓度小时回收率较低。矿浆浓度增加，则回收率也增加，但超过限度回收率则又会降低。主要原因是由于浓度过高，破坏了浮选机充气条件所致。

（2）影响精矿质量。当矿浆浓度较稀时，精矿质量较高，而在较浓矿浆中浮选时，精矿质量就会降低。

（3）影响药剂消耗。当矿浆较浓时，处理每吨矿石的药剂量较少，矿浆浓度较稀时，则处理每吨矿石的用药量就增加了。

（4）影响浮选机的生产能力。随着矿浆浓度的增大，按处理量计算的浮选机生产能力也增加。

（5）影响水电消耗。矿浆越浓处理每吨矿石的水电消耗越小。

（6）影响浮选时间。在浮选矿浆较浓时，浮选时间略有增加。

94. 粗选、精选作业适宜的浮选浓度是多少？

适宜的矿浆浓度与矿物的比重，矿粒尺寸及作业种类有关，在粗选作业浮选比重大、粒度粗的矿物时往往采用较浓的矿浆以增加生产率和回收率；而在精选作业以及浮选比重小、粒度细的矿物则应用较稀的矿浆，以利于分选及提高精矿品位，一般适宜的矿浆浓度为：粗选作业 25% ~ 40%，精选作业 10% ~ 25%。

95. 磨矿细度对浮选有什么影响？

磨矿细度对浮选有较大的影响。磨矿粒度粗时，矿物不能单体分离，颗粒粗、质量大，使气泡难以带起，同时在不断搅拌下易从气泡脱落，使回收率提不高；粒度过细，虽然达到单体分离，但由于经过粉碎，形成"矿泥"多。由于矿泥体积小、质量轻、单位体积小、表面积大以及表面活性强等特点，它会吸附大量药剂或毫无选择地吸附在粗粒矿物表面，而恶化浮选过程，以致造成精矿品位低、回收率下降、增加药剂消耗及磨矿费用等，因此矿石粒度过粗或过细对浮选均产生不利影响。

96. 浮选时间的定义是什么？

浮选时间是指达到一定回收率和精矿品位，矿物所需要的加工或流程的时间。

97. 浮选时间与浮选指标有什么关系？

一般随着浮选时间的延长，有用矿物的回收率提高但精矿品位下降。在浮选初期浮选速度很快（即回收率提高幅度较大），随着时间延长浮选速度逐渐降低。

98. 浮选时间的长短决定于什么？

浮选时间的长短决定于矿石的性质，一般是矿石可浮性好，原矿品位低，单体解离度高，药剂作用快的所需的浮选时间可短些，反之则要长些；含泥量高的矿石比含泥量低的矿石所需要的浮选时间长些。

99. 浮选时间与回收率有什么关系？

浮选时间过短会使回收率下降，如浮选时间增加回收率也有所提高，但精矿品位却会下降。对每一种矿物的浮选时间的确定是通过浮选试验确定的。

100. 充气量大小对浮选指标有什么影响？

气泡是疏水性矿物的一种运载工具，充气量越大，气泡弥散越好，气泡分布越均匀，则矿粒与气泡碰撞的机会就越多，矿物附在气泡上的机会就越大，矿物回收的数量就越多，回收率就高，反之充气量不足，没有足够的气泡作运载工具，则矿物也无法上浮，回收率就下降。

101. 搅拌强度与浮选指标有什么关系？

浮选机的搅拌可以促进矿粒的悬浮及在槽内均匀分散，同时促进空气很好地弥散，使其在槽内均匀分布；可以促进空气在槽内高压地区加速溶解；而在低压地区加强析出，以造成大量的活性微泡，从而促进矿物颗粒与气泡的碰撞机会，有利于矿化气泡的形成。此外搅拌还可促进难溶药剂的溶解和分散，使药剂充分发挥作用。但过强的搅拌强度会促使气泡的兼并，增加电能的消耗及设备的磨损；过分的搅拌还能使附着在气泡上的矿粒脱落，使矿物回收率下降。

102. 气泡大小对浮选效果有什么影响？

气泡大小对浮选的影响是：气泡小则空气弥散得越好，也就增加了气泡表面积及其与矿粒接触的机会，因而对浮选有利，可以改善浮选指标；但是气泡过小，升浮速度及负载矿粒的能力小，对浮选指标有影响。因此气泡也不能过大或过小。

103. 决定泡沫层厚度的因素有哪些？

决定泡沫层厚度的因素有：
（1）原矿品位；
（2）油药用量；
（3）矿浆浓度；
（4）液面的高低；
（5）充气量大小。

104. 水质对浮选有什么影响？

在浮选用水中，如含有影响到与矿物作用的和引起矿物活化或抑制的可溶性盐类（如碳酸盐、硫酸盐、磷酸盐、钙、镁、钠、氯化物及硅的化合物等），则会消耗大量药剂，破坏了正常的浮选过程。如果在水中含有大量有机物质（如腐殖土和微生物）时，消耗了水中的氧，因而降低了硫化矿的浮选速度。

105. 铜、钴、黄铁矿铁矿优先浮选方法如何？

铜、钴、黄铁矿的优先浮选一般是用石灰抑制钴、铁硫化物，在介质 pH 值在 10 左右时浮铜，捕收剂和起泡剂采用饥饿方法添加。钴矿物的活化用硫化钠并在酸性式强酸性介质中浮钴，被抑制的钴黄铁矿也可用硫酸铜活化。

106. 铜、硫铁矿的浮选及分离方法如何？

铜、硫铁矿有致密状和浸染状两种。致密块状含铜黄铁矿中，金属矿物主要为黄铁矿，占 90% 以上，铜矿物为黄铜矿、铜蓝。矿石中的铜矿物与黄铁矿紧密共生，由于矿石中绝大部分矿物有回收价值，所以采用优先浮选（浮铜抑硫）选出黄铜矿石，尾矿即为硫精矿；浸染状含铜黄铁矿中，因脉石含量多，常先采用铜硫混合浮选，然后再将铜硫精矿进行分离的流程。铜硫分离的药方主要是石灰，当 pH 值大于 11 就可抑制黄铁矿，有时也配以少量的氰化物共同使用，在铜硫混合浮选时，pH 值一般在 8~9.5。

107. 浮选氧化铜矿有哪些方法？

浮选氧化铜矿的方法有：
（1）硫化浮选法。当矿石中氧化铜矿主要为孔雀石和铜蓝矿时可采用硫化浮选法。采用的硫化剂是硫化钠，由于硫化生成的薄膜不稳固，经强烈搅拌容易脱落，另外硫化钠本身易于氧化，所以使用时应分批加入，不需预先搅拌。捕收剂一般采用丁基黄药或丁基黄药与黑药混合使用。

（2）浸出—沉淀—浮选法。此法将矿石磨细后，先用 0.5% ~3% 硫酸稀溶液浸出，铜的氧化矿物便溶解生成硫酸铜，然后用铁屑置换，铜离子便还原为金属铜而沉淀析出，最后将金属铜及不溶解于硫酸的硫化铜矿物一起浮选得到铜精矿。浮选氧化铜还有浮选—水冶法、离析—浮选法等。

108. 浮选矿浆不起泡是什么原因，如何解决?

浮选矿浆不起泡的原因和解决方法如下：
（1）药剂用量不适。解决方法：调整药剂用量。
（2）原矿性质产生变化。解决方法：调整药剂制度及操作。
（3）进气筒完全堵塞。解决方法：疏通进气筒。
（4）矿浆浓度太大。解决方法：降低矿浆浓度。

109. 泡沫发黏是什么原因，如何解决?

泡沫发黏的原因和解决方法如下：
（1）矿浆中矿泥增加。解决方法：降低矿浆浓度，调整药剂用量。
（2）矿浆 pH 值增高。解决方法：减少调整药剂用量。
（3）起泡剂过量。解决方法：减少起泡剂用量。
（4）浮选浓度大。解决方法：补加水降低矿浆浓度。
（5）矿浆中混入润滑油。解决方法：少加或停加起泡剂。

110. 当矿量突然增大引起矿浆外溢时应该如何调整?

当矿量突然增大引起矿浆外溢时，一方面与磨矿分级作联系，减少给矿量（或与浮选原矿浓缩池砂泵岗位联系）；另一方面从浮选机头槽开始调整闸，以降低矿浆液面，保证浮选正常进行。

111. 当矿浆浓度突然增大引起液面下降时如何解决?

当矿浆浓度突然增大引起液面下降时，应及时与磨矿分级或浮选原矿浓缩池底流砂泵岗位联系，减少给矿量；另一个办法是岗位在浮选机给矿口补加清水，减少矿浆浓度，以提高浮选液面。

112. 对粗选和精选泡沫层厚度有什么不同的要求?

泡沫层是浮选产品聚集的地方，它的厚薄对回收率及精矿品位有直接影响，粗选及扫选区为了提高回收率，减少矿物在泡沫层中的停留时间，经常保持较高的矿浆面，较薄的泡沫层，以便使被浮起的矿物立即刮出，而精选区为了提高精矿品位，经常控制较低的矿浆面以造成较厚的泡沫层。但这也有特殊的情况，如粗精品位较高，精选槽泡沫层较薄也能达到精矿品位要求时可适当提高精选槽液面，以利于浮起矿物及时刮出，而避免矿中金属量过高，反复循环，影响回收率的提高。

113. 泡沫发脆、水泡多易破是什么原因？

泡沫发脆、水泡多而易破的原因有：
（1）原矿品位低或磨矿粒度粗；
（2）矿浆浓度过小；
（3）起泡剂用量过少；
（4）捕收剂用量过少。

114. 浮选工艺操作的原则是什么？

浮选工艺操作的一般原则是：
（1）根据产品数量和质量的要求进行操作的原则。对于浮选来说我们要求的是在保证质量的基础上尽量多收，使回收率达到最好。
（2）根据原矿性质的变化进行操作的原则。矿石的可浮性的好坏决定了浮选操作控制的难易程度，可浮性好的矿物对各种工艺因素有较强的适当性，易于达到预期的数、质量指标，而可浮性差的矿物适当性就差，就比较难于达到预期的数、质量指标，在现场操作中只有及时发现和掌握原矿性质的变化采取措施，调整有关因素，尽量减少精矿的数、质量指标的波动。
（3）保持工艺过程相对稳定的原则。由于影响浮选过程的工艺因素很多，有的可以调节，有的不能调节。一般在矿石性质较为稳定或变化很少、各种操作条件适宜、工艺指标较为满意的情况下，应尽量保持稳定。

115. 浮选工应该掌握哪些浮选操作方法？

在实际生产中，许多有经验的浮选工人总结出一套较好的操作方法，它的主要内容是：三勤、四准、四好、两及时、一不动。
三勤是：勤观察泡沫变化、勤测浓度，根据矿石性质变化勤测药剂用量。四准是：油药添加得准、品位变化看得准、发生变化的原因找得准、泡沫刮出量掌握得准。四好是：浮选与药台联系得好、浮选和磨矿（或浮原输送泵岗位）联系得好、混合浮选与优先浮选联系得好、交接班条件创造得好。两及时是：现出问题研究得及时、解决处理问题及时。一不动是：不乱动浮选机闸门。

116. 如何根据泡沫颜色、亮度判断精矿品位及回收率？

泡沫的颜色是由泡沫黏附矿物的颜色所决定的。精矿泡沫中金属颜色鲜明，说明质量高，反之则低。如扫选尾矿泡沫呈现有用矿物的颜色，那就说明尾矿中金属矿物的损失增多、回收率就低。

117. 浮选操作的重点有哪些，泡沫刮出量应如何决定？

浮选操作的重点之一是泡沫层厚度及泡沫刮出量的控制，其操作方法如下：
（1）及时发现和查明泡沫厚度和刮出量产生变化的原因并加以消除。
（2）应重点观察和掌握精矿产出槽及粗选前几槽的泡沫层厚度和刮出量，因为这些槽子集中了大量的有用矿物，它们的浮选现象及泡沫矿化情况对工艺因素变化的反应都比较明显，所以掌握好这些槽子的操作是获得整个浮选工艺高指标的关键。

（3）调整矿浆闸门时一般应从尾部开始逐一调节到前部，这样可以保持矿浆液面的相对稳定。

（4）精选作业应保持较厚的泡沫层，刮出量应为精矿质量要求相适应，粗、扫选作业应防止矿浆的刮出。

浮选操作重点之二是观察泡沫并根据泡沫矿化的情况进而判断浮选效果的好坏。观察泡沫应包括：

（1）观察泡沫的矿化程度；

（2）观察泡沫的大小；

（3）观察泡沫的颜色。

观察泡沫矿化程度应抓住几个有明显特征的明槽，主要有最终精矿产出槽、作业前的前几槽、各加药槽以及扫选尾部槽。

118. 浮选柱开车、停车应注意些什么？

浮选柱开车时应先向充气器送风，看有没有破损的充气器，确认无问题后向柱内加清水，待清水盖住充气器后，打开尾矿管闸门见到尾矿管有清水流出即可给矿，同时停止给水，随着矿浆液面的升高，调整尾矿闸门，当溢流槽有精矿泡沫产出时，调整尾矿闸门使尾矿排出量与进矿量相平衡，以保证液面稳定。浮选柱停车时要先停止给矿，补加清水，适当关闭尾矿管使矿化泡沫完全刮出后停止给药和注水，将尾矿闸门全部打开，放光矿浆用清水冲净，然后停风。

119. 氧化矿的浮选常用药剂有哪些？

氧化矿常用的捕收剂有：羧酸类、胺和醚胺、甲苯砷酸、苯乙烯磷酸、中性油类。抑制剂有：淀粉、纤维素、腐殖酸、硅酸钠、3 号絮凝剂、氟硅酸钠、水玻璃等。活化剂有：硫化物。介质调整剂有：碳酸钠、氢氧化钠、硫酸、石灰等。

120. 硫化矿的浮选常用药剂有哪些？

硫化矿常用的捕收剂有：黄药类、黑药类、硫氮酸类。抑制剂有：氰化物、硫化锌、亚硫酸、重铬酸盐和铬酸盐、硫化钠等；活化剂有：硫酸铜。介质调整剂有：石灰、苏打、二氧化碳、苛性钠、硫酸等。起泡剂有：松油、松醇油、樟油、三乙氧基丁烷。

121. 各种药剂添加的顺序的原则是什么？

各种药剂一般加药顺序的原则是：

浮选原矿时加药顺序为：调整剂—抑制剂—捕收剂—起泡剂；如浮选被抑制过的矿物，加药顺序为：活化剂—捕收剂—起泡剂。

122. 决定浮选药剂添加地点的依据是什么？

决定浮选药剂添加地点的依据是：

（1）药剂溶解度的大小。难溶的药剂一般加在球磨机中。

（2）药剂发挥作用的快慢，发挥作用快的药剂可以直接加到浮选机的给矿口处。

（3）矿浆中某些有害离子引起失效的时间。例如有的试验证明，氰化物加在黄药之前可以有效地抑制黄铁矿，然而有的厂处理氧化比较严重的铜矿石时，将氰化物加在铜精矿集中精选的搅拌桶中不如直接加入精选槽中效果好，这是因为在集中精选循环的粗选区，辉铜矿不断解离出铜离子使加入搅拌槽中的氰化物离子与铜离子反应失效的缘故。

123. 确定浮选流程的依据是什么？

确定浮选流程的依据是矿石中有用矿物的种类、含量、浸染粒度、矿物之间可浮性的差异，及对精矿质量的要求、矿产储量等因素。

124. 什么叫优等浮选，其适用范围是什么？

优先浮选流程是将矿浆中有用矿物，逐个地从矿浆中分出成单独的精矿，最后才得出最终尾矿，这种流程广泛应用于多金属矿石，如铜—黄铁矿矿石，铜—锌矿石等。

125. 什么叫混合浮选，其适用范围是什么？

混合浮选流程是将待回收的成分同时选入一种最终混合精矿中，并得出最终尾矿。而选出混合精矿不需要将精矿中各种成分分开或下一步用浮选法分离混合精矿中的各种成分的情况。其适用范围是：待收矿物能较好地吸附药剂而脉石矿物则难以吸附的矿石。

126. 什么叫先混合后分离浮选，其适用范围是什么？

先混合后分离浮选的流程是将全部待回收的有用矿物同时浮选出来，得出混合精矿，并同时得出最终尾矿。然后用优先浮选分离混合精矿，然后将其每一种有用的矿物分成单独的精矿。这种流程适用处理有矿物致密共生的贫矿石，要分离这些矿物需要细磨。但是这些有用矿物的混合体在脉石中浸染粒度较粗，在粗磨时就可与其脉石分离，所以在用这种流程处理这类矿石时，可在在粗选条件下分出大量废弃尾矿，并得出混合精矿。然后再将这数量很少的集合精矿细磨并用优先浮选分成各个单独的精矿。

127. 浮选流程选择与矿石性质有什么关系？

浮选流程的选择与矿石性质及对精矿质量的要求有关，其中矿石性质很重要，如：

（1）矿石中有用矿物的浸染粒度和共生特性，矿石中有用矿物呈细粒或集合嵌布的多金属矿石宜采用混合浮选流程，而对于有用矿物呈粗粒嵌布的多金属矿石，宜采用优先浮选流程。

（2）矿石在磨矿中的泥化情况，如泥化程度较高就考虑是否需要采取脱泥浮选或泥砂分选的流程。

（3）矿物的可浮性，如矿物可浮性好，一次粗选便可得到合格的尾矿品位而不需要扫选作业。

（4）矿物的组成，如矿物是单一金属就可采用比较简单的浮选流程，随着有用矿物的种类增多选别的循环数也要增多等。

128. 处理何种矿石性质的矿石时采用一段或二段浮选流程？

一般处理有用矿物呈均匀浸染的矿石适合于一段浮选流程，一般在处理有用矿物浸染较复杂的矿石采取二段浮选流程。

129. 阶段浮选流程有几种形式，分别适合处理什么性质的矿物？

阶段浮选流程有以下三种形式：

（1）第一段的尾矿再磨，适合处理有用矿物呈不均匀浸染的矿石，矿石经第一段磨矿后部分呈粗粒浸染的有用矿物可以达到解离而在第一段浮出成为合格精矿。尾矿经再磨后，使其中连生体呈细粒浸染的部分达到分离，然后经过第二段浮选得出精矿和废弃尾矿。

（2）第一段的低品位精矿再磨流程，它适合处理有用矿物呈集合浸染的矿石。

（3）第一段的中矿再磨流程，它适合处理有用矿物呈细粒浸染的矿石。

130. 混合精矿的脱药方法有哪些？

混合精矿在进行分离之前，为了提高分离效果，往往预先进行脱药以除去矿物表面的药剂薄膜以及矿浆中过剩的药剂。混合精矿脱药的方法有如下几种：

（1）机械脱药。通过多次精选，再磨，浓缩，擦洗，过滤，洗涤等方法。

（2）解吸法。利用硫化钠在矿物表面吸附力强的特点，解吸矿粒表面的药剂，利用活性炭吸附矿浆中的药剂等。

（3）加温及焙烧法。例如将铜钼混合精矿在石灰介质中通过蒸汽加热，以破坏矿物表面捕收剂薄膜，然后再加水稀释进行分离，或将铜钼混合精矿进行焙烧。

131. 铜硫矿浮选方法如何，常用的药剂有哪些？

浮选铜硫矿矿石除了回收硫化铜外，还要回收其中的硫化铁作为硫精矿。它的浮选流程有优先浮选流程和混合浮选流程，但不管是哪种流程，均存在硫铜分离的问题，分离的原则一般是浮铜抑硫。抑硫一般采用石灰，浮选铜采用的是乙基黄药，起泡剂是松油。黄铁矿的活化可用硫酸、硫酸铜或碳酸钠、二氧化碳等。

132. 泡沫的脆性与黏性对浮选指标有何影响？

泡沫的脆性与黏性都会在不同程度上影响指标。泡沫脆性太大，稳定性差，容易破裂，有时刮不出来，或由于气泡太脆，破裂后矿物从气泡中重新落到矿浆中影响矿物的回收，使金属回收率下降；泡沫黏性大，泡沫过于稳定，会使浮选机"跑槽"，使金属量损失。另外泡沫黏性过大，黏附的矿泥多，使泡沫精矿品位下降。

133. 矿浆温度对浮选的影响如何？

提高浮选矿浆温度，可以提高浮选速度并能获得较高的浮选指标；当温度升高时，活化剂和抑制剂的作用加强、加快，而在温度降低时则作用较弱较慢，并使浮选指标降低。

134. 简述磁场筛选机工作原理。

区别于传统弱磁选机靠磁系直接吸引磁性矿物颗粒的原理，磁场筛选机利用特设的低弱磁场将矿浆内的磁性矿物颗粒磁化成链状体，增大了磁铁矿与脉石连生体的沉降速度差、尺寸差，同时利用安装在磁场中的"专用筛"有效地将脉石及连生体分离，使解离的磁铁矿及早进入精矿，因此解决了传统弱磁选机易夹杂脉石，更难分离开连生体的缺陷，从而实现了磁铁矿的高效分选。因此，从严格意义上讲，磁场筛选机不是单纯的磁选技术设备，而是借助磁场媒介特性进行磁力重力联合分选的技术设备。它的工作主要包括给矿、分选、分离、排矿四个过程。

135. 简述大冶铁矿选矿厂工作制度与生产能力。

选矿厂全年330天工作，碎矿车间3班/天，5小时/班；磨选车间3班/天，8小时/班；脱水车间3班/天，8小时/班。各车间生产能力见表2-22。

136. 选矿过程中的自动检测有哪些项目？

选矿过程的自动检测一般有下列项目：

(1) 矿量的自动检测。一般采用皮带秤（块状矿石）电磁流量计（测矿浆量）。

(2) 矿浆浓度的自动检测。常用的有差压法，γ射线法。

(3) 矿浆体积流量的测量。一般采用电磁流量计。

(4) 分级机返砂量的自动控制。目前采用测量分级机传动电机功率的办法间接测量返砂量。

(5) 料位的自动检测。矿石一般常用γ射线式料位计，电阻式料位计和超声波料位计；矿浆液位常用浮子式液位计，电容液位计等。

(6) 矿浆酸碱度自动检测。

(7) 矿浆粒度自动检测。

(8) 磨机的声响控制。

(9) 矿石品位的自动检测等。

137. 什么叫数质量流程图，怎样计算数质量流程图？

数质量流程就是标有数量和质量指标的选别流程。计算数质量流程首先要测得原矿及各作业产物的重量及有用矿物的金属品位，根据流程金属平衡原理，列出产率（即重量）及金属的平衡方程式，然后解联立方程计算出各产物的产率及金属回收率，然后按一定格式把金属品位，产率、回收率标在流程图上就成了数质量流程图。

138. 什么是球团？

球团是粉矿造块的重要方法之一。先将粉矿加适量的水分和黏结剂制成黏度均匀、具有足够强度的生球，经干燥、预热后在氧化气氛中焙烧，使生球结团，制成球团矿。这种方法特别适宜于处理精矿细粉。球团矿具有较好的冷态强度、还原性和粒度组成。在钢铁工业中球团矿与烧结矿同样成为重要的高炉炉料，可一起构成较好的炉料结构，也应用于有色金属冶炼。

球团法是一种新型造块方法，自投入使用以来发展迅速。其产品不仅用于高炉，而且用于转炉、平炉或电炉。球团矿与压团团块相比，具有以下几点优越性：

(1) 适于大规模生产；

(2) 粒度均匀，能保证高炉炉料的良好透气性；

(3) 空隙率高，还原性好；

(4) 冷态强度高，便于运输和储存，不易破碎等。

139. 目前主要有哪几种球团焙烧方法？

目前国内外焙烧球团矿的方法有 3 种：竖炉焙烧，带式焙烧，链箅机—回转窑焙烧。

竖炉是最早采用的球团矿焙烧设备。现代竖炉在顶部设有烘干床，焙烧室中央设有导风墙。燃烧室内产生的高温气体从两侧喷入焙烧室向顶部运动，生球从上部均匀地铺在烘干床上，被上升热气体干燥、预热，然后沿烘干床斜坡滑入焙烧室内焙烧固结，在出焙烧室后与从底部鼓进的冷空气相遇，得到冷却。最后用排矿机排出竖炉。

竖炉的结构简单，对材质无特殊要求；缺点是单炉产量低，只适用于磁精粉球团焙烧，由于竖炉内气体流难于控制，焙烧不均匀，造成球团矿质量也不均匀。

带式焙烧机是目前使用最广的焙烧方法。带式焙烧的特点是：(1) 采用铺底料和铺边料以提高焙烧质量，同时保护台车延长台车寿命；(2) 采用鼓风和抽风干燥相结合以改善干燥过程，提高球团矿的质量；(3) 鼓风冷却球团矿，直接利用冷却带所得热空气助燃焙烧带燃料燃烧，以及干燥带使用，只将温度低含水分高的废气排入烟囱；(4) 适用于各种不同原料（赤铁矿浮选精粉、磁铁矿磁选精粉或混合粉）球团矿的焙烧。

140. 国产球团与进口球团相比有何差距？

(1) 国产球团矿比进口矿品位低 3% ~5%，SiO_2 含量高 3% ~4%。

(2) 我国球团矿的精矿粉粒度小于 0.074mm（ -200 目）的只有 60% ~80%，比表面积小，大部分在 1000cm^2/g 左右，造球困难，靠多加膨润土来弥补，大部分厂家添加量在 5% 以上，而每多配加 1% 膨润土，就使球团矿的品位降低 0.6%。国外造球用精矿粉的比表面积达到 1500 ~1700cm^2/g，膨润土添加量在 0.5% 左右。

(3) 球团矿焙烧不均匀，尤其是用竖炉焙烧的球团矿。

(4) 部分竖炉生产的球团矿的强度差，FeO 含量高，冶金性能差。

141. 什么是球团竖炉？

球团竖炉是一种用于焙烧冶金球团的竖炉，属于冶金设备的技术领域，它包括由炉墙组成的炉膛，设于炉膛下端的锁风卸料装置，炉膛上部的球团料进口和设于炉膛内中部的破碎辊，炉墙下部设有供风喷口，炉膛内设有与炉膛内外相通的燃料管道，燃料管道炉膛内部分设有燃料喷嘴。它结构简单，燃料直接在炉内燃烧，炉宽方向温度均匀，热效率高，焙烧带供热足，球团产量高，质量均匀。

142. 简述大冶铁矿竖炉球团工艺。

竖炉工艺可大致可分为布料、干燥和预热、焙烧、均热及冷却这样几个过程。布入竖炉内的生球料，以某一速度下降，燃烧室内的高热气体从火口喷入炉内，自下而上进行热交换。生球首先在竖炉上经过干燥脱水；预热氧化（指磁铁矿球团）；然后进入焙烧带，在高温下发生固结；经过均热带，完成全部固结过程；固结好的球团与下部鼓入炉内后上升的冷却风进行热交换而得到冷却；冷却后的成品球团从炉底排出。在外部设有冷却器的竖炉，球团矿连续排到冷却器内，完成最终的全部冷却。具体工艺步骤如下：

（1）布料：

布料的目的，一是将生球顺利送入竖炉干燥带，二是尽量使不同粒径大小的生球均匀分布而使炉料具有良好的透气性，以有利于炉内温度和气流分布。

根据炉型及竖炉特点，目前竖炉的布料方式主要有"之"字布料与直线布料两种。国外竖炉一般采用"之"字形布料，我国竖炉由于有独特的干燥床结构，一般采用直线布料。

（2）干燥和预热：

生球在竖炉内自上往下运动，与预热带上升的热废气发生热交换进行干燥。对于无干燥床的竖炉，生球下降到离料面 120 ~ 150mm 深度处时，大约在炉内停留了 4 ~ 6min，湿球已基本干燥并且磁铁矿已开始氧化。干球继续下行进入预热阶段，当炉料下降到 500mm 左右时，料温已基本达到焙烧温度。

我国竖炉有独特的"人"字形烘干床结构，一般烘干床上料厚 150 ~ 200mm。湿球在干燥床上一般停留 5 ~ 6min，此时生球已基本干燥并已开始预热（磁铁矿球团已开始氧化）。炉料下降到 1500mm 左右，料温达到最佳焙烧温度。

干燥介质的温度与流速决定于生球的热稳定性，在不影响生产的前提下，为提高生产率一般总希望干燥介质的温度与流速较高。竖炉球团生产干燥介质的温度一般在 450℃ 左右，干燥介质的流速一般在 1.8m/s 左右。

（3）焙烧：

生球通过竖炉预热带，被加热到 1000℃ 左右，接着便进入了焙烧带。球团在竖炉焙烧带发生的变化，主要有两方面：一方面被继续加热；另一方面是发生固结，强度提高。因此，焙烧阶段是影响竖炉球团质量的关键阶段。

整个竖炉断面上温度分布的均匀性是获得高质量球团矿的先决条件，而温度分布均匀与否则直接受气流分布状况的影响。炉内气流的分布与料柱高度、宽度，料层的透气性，助燃风量与风压、冷却风量与风压等因素有关。对于有导风墙的竖炉，炉内气流的分布还与导风墙的入风口到燃烧室的火道口的距离有关。

由于料柱对气流的阻力作用，燃烧气流从炉墙往料柱中心的穿透深度受到限制。较大的燃烧气流有助于对料柱的穿透，但燃烧气流流速过大会造成炉料喷出或者引起料层表面流态化，一般认为燃烧气流流速以 3.7 ~ 4.0m/s 为宜。

气流分布状况是限制竖炉大型化的重要原因。目前，竖炉断面最大宽度在 2.5m，进一步扩宽竖炉会恶化气流分布。为使各种工艺气流在燃烧室火道口附近充分混合，火道口到料柱表面应有足够的距离，国外一般为 2.5 ~ 3.0m，我国竖炉因有导风墙结构，火道口到料柱的距离一般为 2.0m。

国外竖炉球团最佳焙烧温度保持在 1300~1350℃。我国竖炉球团最佳焙烧温度保持在 1250℃左右。最佳焙烧温度与球团矿的原料性质如亚铁、二氧化硅含量等有关，一般最佳焙烧温度与时间可通过试验确定。

（4）冷却：

竖炉炉膛有一大部分是用于对焙烧好的高温球团的冷却。竖炉下部有一组摆动齿辊支撑着整个料柱。冷却风一般在齿辊附近鼓入，冷却风起着冷却高温球团并回收热量的作用，另外，冷却风的风压与风量影响着炉内气流分布与焙烧气氛。

理论计算得出，1t 成品球团矿从 1000℃冷却到 150℃，需要消耗冷却风 1000m³。但在实际操作中，一般只能达到 600~800m³/t（因此排矿温度较高），一般竖炉产量在 45t/h 时，冷却风应控制在 25500~34000m³/h。

排出竖炉的球团矿如果温度过高，可以再次采用"带式"或"环式"冷却机进行进一步的冷却。

143. 简要介绍大冶铁矿竖炉球团热工指标。

大冶铁矿竖炉球团热工指标详见表 3-6。

144. 简述大冶铁矿竖炉球团焙烧操作方法。

焙烧竖炉点火，应该按照下列程序进行：
（1）开动抽风机 10~15min；
（2）打开本炉的加热煤气末端放散 5min；
（3）进行煤气爆发试验合格后，用火把点燃加热烧嘴；
（4）开始加热时应少给煤气，待正常后再逐个加大煤气量。
焙烧竖炉应在负压状态下工作，不应漏风。

进入焙烧炉检修，应先将加热、还原煤气管堵上盲板。检修煤气管道时，应事先用蒸汽或氮气把煤气排净方可进行。

挠火眼完毕，应用磁块将火眼堵上，防止煤气泄漏。

在炉前、炉顶平台、燃烧室平台、搬出机平台，无关人员不应逗留。

145. 设备检修空间、通道应该注意哪些规定？

设备的检修空间、通道应符合下列规定：
（1）根据检修部件的各种装卸方向、部件的大小和位置确定合理的检修空间，在检修空间范围内不应设置其他设备和构筑物。
（2）起重机吊运最大部件时，部件与固定设备、设施最大轮廓之间的净空尺寸，应不小于 400mm。
（3）用起重机吊装、检修的设备及部件，应布置在起重机吊钩能垂直起吊的空间范围内。
（4）检修用起重机的提升高度，应满足设备检修工作的需要。
（5）起重机提升设备及部件需要通过平台或墙壁的，平台或墙壁应设置吊运通道口，

通道口周边与设备或部件的间隙不小于300mm;

（6）设备吊装孔应设活动盖板或保护栏杆，且每层吊装孔设备进出的一边应做成活动栏杆。

（7）建筑物第二层及其以上的墙壁设有吊装拉门的，应在拉门处设高1.05m的隔墙或装设可拆卸的保护栏杆，起重梁伸出墙外应不大于2m。

146. 简述大冶铁矿白雉山尾矿库筑坝技术及特点。

白雉山尾矿库位于湖北省鄂州市碧石镇卢湾村白雉山脚下，距选矿厂约8km，西部0.5km处为武大公路，南部8km处为黄石市区及大冶矿部所在地。尾矿库设在两道山脊之间的沟内，沟长3km以上，白雉山水库位于沟下段约1km处，山脊最低标高与白雉山水库最高水位之差大于200m。沟谷两侧山坡陡峭，坡度大，但基本被灌木、野草和森林覆盖。白雉山尾矿库于1984年完成初步设计，1988年10月建成，设计最终标高186m，总坝高113.5m，全库容1630万立方米，服务年限21年。设计规划远景最终标高212m，设计总坝高139.5m，全库容为2450万立方米，其等级为二等库。截止至2002年底，第18期子坝标高为163m，堆存尾矿约900万立方米。

由于白雉山尾矿库下游是白雉山水库，相距0.5km处为武汉—大冶公路，不允许出现边坡尾矿流失的现象，故只能采用上游法筑坝。用人工配合推土机筑坝，既降低了筑坝的劳动强度，也减少了筑坝时间，增加了分散放矿时间。在初期坝使用过程中，出现了漏矿现象，特别是当沉积滩顶上升到90m以上后，漏矿现象更加严重。分析其原因有二：其一，施工过程中排水管和导水管与管垫间的充填不好；其二，初期坝在标高95~97m这一段无反滤层。后经多方研究，决定改变筑坝方式，采用ϕ500mm的水力旋流器放矿筑坝，一直应用到2000年至第15期子坝为止。在此期间，大冶铁矿与长沙冶金设计研究总院分析，认为水力旋流器放矿筑坝带来如下一些问题：

（1）由于水力旋流器沉砂用于堆坝，溢流在滩面流放，且粒度较细，含泥量高，相当大滩面的尾矿全部为粉质黏土层。特别是在20世纪90年代后期，尾矿粒度变细，水力旋流器中－0.074mm含量接近100%，中值粒径为0.015mm左右，滩面基本上为矿泥。

（2）水力旋流器放矿堆坝形成单薄的支承体，导致坝坡稳定安全系数降低。

（3）水力旋流器堆坝不利于尾矿的渗流固结，尾矿坝的浸润线比一般均质坝高。

（4）水力旋流堆坝不利于尾矿的固结。

目前，对于上游法的子坝以人工、推土机、挖掘机配合推土机和单面拦挡筑坝法能形成较大体积的支承棱体，且溢流条件较好；而其他方法都是将粗尾矿集中在子坝内，难以形成大体积的支承棱体，溢流条件也差。综合各种因素，单面拦挡排矿筑坝法具有以下较大的优越性：

（1）将堆坝分散在整个放矿过程中，改变以往每年1次或几次堆筑子坝的被动局面。

（2）便于长期连续进行滩顶分散放矿，有利于尾矿坝形成大体积的支承棱体；分散放矿形成的坝体较均匀，不会出现厚的细粒夹层，有利于尾矿的渗流固结。

白雉山尾矿库改用单面拦挡筑坝法与人工、推土机相结合进行筑坝，所形成的尾矿坝据长沙冶金设计研究总院评价，坝坡稳定安全系数及静、动力条件均满足规范要求，坝坡目前是稳定的。同时，对新的筑坝方法进行评估验收认为：（1）尾矿库沉积滩面上升均匀，有明显滩面，并出现了 150m 长的干滩，比原来采用旋流器放矿的情况大有好转；（2）沉积滩纵坡坡度由原来的 0.6% ~0.7% 增大至 1%，符合设计沉积滩的坡比，说明尾矿库转为正常运行；（3）库水位至沉积滩顶的高差并由原来的 2.5m 增大至 3.0m，有利于防洪和确保外排水的水质。

147. 简述大冶铁矿尾矿综合利用与环境保护情况。

大冶铁矿洪山溪尾矿库尾矿的综合利用研究始于 20 世纪 70 年代中期，1980 年为给坝体稳定性验算提供参数，武汉冶金勘查公司对洪山溪尾矿库进行了工程地质勘察，钻探进尺 600 余米。其样品 1985 年由武钢矿山研究所做过尾矿再选试验。

1997 年对生产现场的磁选尾矿进行了再选，设备为盘式尾矿再选机，但由于精矿磁团聚造成冲洗困难，精矿量少且输送管道长，该系统作废。2000 年利用 BJW - Ⅱ 型磁铁尾矿再选机对部分最终尾矿进行了再选。

尾矿生产期间影响环境的主要因素是废水排放，尾矿扬尘及水土流失。尾矿库是堆存固体废渣的场地，在精心管理的条件下不会再有固体废渣流失的条件。本尾矿库的废水基本回收循环作用，只在大暴雨时有少量废水外排。但外排水无毒无害，为防止发生坝坡的水土流失现象，采取了坝坡排水及植草皮护坡等水土措施。对沉积滩部分的干燥滩面，及时调整入矿位置，使干燥滩面保持湿润，以避免或减轻扬尘。

148. 常用的灭火器有哪几种？

目前常用的灭火器有手提式干粉灭火器、二氧化碳灭火器、手提式 1211 灭火器、手提式化学泡沫灭火器、手提式酸碱灭火器等。

149. 怎样使用干粉灭火器？

发现火警时，弄清楚用什么干粉灭火器灭火，将需要的干粉灭火器迅速提至现场，撕去器头上铅封、拔去保险销，一只手握住胶管，将喷嘴对准火焰的根部，另一只手按下压把或提起拉环，干粉即可喷出灭火。喷粉要由近而远，向前平推左右横扫，不使火焰窜回。灭油火时，喷粉不要冲击油面以防飞溅和造成灭火困难。

附录

矿物加工工程专业认识实习指导书

一、认识实习目的及要求

认识实习是矿物加工专业本科生的必修专业实践课程，也是矿物加工工程专业学生进行专业学习之前，对本专业的特点和学科性质形成初步印象的重要实践课。通过认识实习，使学生对矿物加工工程专业在生产实践中的作用、选矿工艺方法、工艺设备产生基本感性认识，形成对选矿厂的整体概念认识。

此次实习的任务是初步认识选矿厂的工艺过程、主要设备和辅助设备的结构、性能和工作原理；了解这些设备的使用及操作情况。

具体要求有如下几项：

(1) 结合《选矿概论》教学，增强对矿物加工工程专业及其生产过程的感性认识。

(2) 通过专题报告、生产现场参观，了解矿山生产组织管理体系。

(3) 了解选矿工艺流程结构、工艺设备、选矿药剂的种类和使用。

(4) 了解矿山技术经济指标、产品质量要求等，形成对矿山建设和选矿厂配制的总体认识。

(5) 进行现场安全教育，培养安全意识。

(6) 编写认识实习报告。

二、认识实习内容

（一）选矿厂概况

(1) 选矿厂的地理位置、交通状况。

(2) 矿山发展沿革，当前生产规模，企业职工人数、职工组成、管理模式。

(3) 了解矿山的地质水文资料、气象条件、矿石类型、矿产的化学组成及矿物组成、嵌布特性、原矿物理性质（粒度、湿度、真密度、堆密度、硬度、安息角等）。

(4) 选矿厂选别工艺革新历史，重点了解目前选场原则流程、回收金属种类、主要技术经济指标。

(5) 精矿用户、用户对精矿质量的要求。

(6) 选矿尾矿处理方式，环保问题。

以上内容采用请现场技术人员做技术报告的形式进行。

（二）入厂实习

1. 破碎筛分

(1) 了解粗碎、中碎、细碎各破碎段的主要设备的规格和型号、主要操作参数，初步了解各段破碎设备的结构特点和工作原理。

(2) 了解各主要破碎设备之间的连接方式，筛分设备的规格和型号、主要操作参数。

（3）了解选厂破碎筛分工艺流程特点，并绘制破碎筛分工艺流程图。

2. 磨矿工段

（1）了解球磨机、分级机的型号、操作参数以及相互之间的配置关系。

（2）了解现场磨矿工艺条件，包括磨矿浓度、分级浓度、磨机处理能力、磨矿细度。

（3）了解选厂磨矿流程特点，绘制磨矿工艺流程图。

3. 选别工段

（1）结合现场，对选矿厂基本选别方法、选别工艺流程初步形成感性认识。

（2）了解选别主要设备的规格、用途、工作原理以及主要操作参数。

（3）对浮选厂，了解使用的药剂种类、名称、药剂制度、各药剂的用途和添加系统。

（4）绘制磨矿选别工艺流程图。

4. 产品处理

（1）了解精矿脱水系统及工艺流程。

（2）了解浓缩机、过滤机、真空泵、空压机、砂泵的数量、规格和型号，浓缩机及过滤机单位面积生产能力，以及各设备的工作原理。

（3）了解精矿的储存和运输方式。

（4）了解滤布及其他零件的使用期限，脱水车间的控制及自动排液装置。

（5）了解选矿生产组织和生产控制系统，生产技术指标检测的手段和设备，检测目的和意义。

三、认识实习安全注意事项

学生在认识实习过程中应听从实习教师的指导，严格遵守实习单位的一切规章制度，特别要遵守实习单位的安全生产操作规程。实习过程中时刻坚持安全第一的思想。具体要求为：

（1）进生产车间实习应穿工作服，戴安全帽，穿胶鞋或运动鞋。不能穿拖鞋、高跟鞋。女同学应将头发放在安全帽里面。

（2）学生跟班实习时应勤看、多问，严禁私自动手操作设备开关、按钮等。

（3）尽量不要靠近高速运转的设备部件，不要站在该部件运转的同一平面内。

（4）严禁在危险场所停留。

（5）严禁高空抛落物体。

（6）严禁跨越皮带运输机。

（7）车间内实习时，注意力一定要集中，严禁嬉戏打闹。

（8）实习期间应以组为单位分组实习，不允许单独进入生产现场。

（9）遇有突发事故，坚持自救的原则，并在第一时间通知教师处理。

（10）实习期间不得擅自离开实习单位外出，如有特殊情况，严格履行请假销假制度。

四、认识实习报告编写及实习成绩评定

学生在实习期间应每天记实习日记，按时完成实习报告及教师布置的个人作业，实习过程遇到疑难问题，及时向教师反映寻求解决。

实习报告应包括以下几方面的内容：

（1）前言：实习的目的、意义、任务和要求。

（2）概况：对实习单位的简单介绍。

（3）工艺系统（重点）：分系统论述，包括工艺过程介绍（附工艺流程图），工艺流程特点及合理性评述；系统设备组成，主要相关设备及辅助设备的结构、性能、工作原理；主要设备的生产使用及操作情况（附操作规程）。

（4）合理化建议：深入分析，发现问题，解决问题，对生产单位的生产、经营和管理提出一项或几项合理化建议。

（5）结束语：实习收获、感想，对今后学习专业课的指导意义。

根据现场考查、实习日记和实习报告情况按"优、良、中、及格、不及格"五级分制综合评定认识实习成绩。成绩不及格者自行联系补实习，否则不能毕业。

五、认识实习时间安排

认识实习时间为 2 周，共 14 天，具体安排如下：

序　号	内　容	时　间
1	《选矿概论》讲课	5 天
2	选矿相关工厂参观	2 天
3	入厂教育及选矿厂介绍	0.5 天
4	破碎筛分车间	1 天
5	磨矿选别车间	1 天
6	采厂及尾矿坝参观	1 天
7	产品处理	0.5 天
8	认识实习报告编写	1 天
9	旅途	2 天
合　计		14 天

六、几点说明

认识实习时间为 2 周，《选矿概论》课堂讲述和参观 1 周，选矿厂实习 1 周。

实习地点，以选择厂型较大、老工人较多、操作经验丰富的现代化选矿厂为宜。

实习期间将组织参观一些与选矿有关的工厂，如球团厂、冶炼厂等，具体安排酌情而定。

矿物加工工程专业生产实习指导书

一、生产实习目的及要求

《矿物加工学》是矿物加工工程专业的主干核心课程，通过《矿物加工学》的学习，使学生掌握各种矿物加工方法的基本理论，基本工艺及相应的机械设备的工作原理。生产实习是本课程的延续，在学完主干课程后进行生产实习，其目的是把理论与实践结合起来，巩固所学理论知识，培养学生在实际生产过程中善于发现问题和分析问题、解决问题的能力。提高学生的综合素质，同时为后续专业课程积累感性认识。生产实习时间较长，为学生提供了接触社会、了解社会的机会。

此次实习的任务是更深入地认识和理解选煤（矿）厂的工艺过程、主要设备和辅助设备的结构、性能和工作原理；了解这些设备的使用及操作情况。具体要求如下：

（1）通过实习对学生进行与专业有关的生产劳动训练，学习生产实践知识，增强学生的劳动观点，培养进行生产实践的技能。

（2）在生产劳动、生产技术教育和查询阅读现场资料中，使学生理论联系实际，深入了解生产现场的工艺流程、技术指标、生产设备及技术操作条件、产品质量、生产成本、劳动生产率等有关管理生产和技术的情况。发现存在问题，提出自己见解，以培养和提高学生的独立分析、解决问题的能力。

（3）通过专题报告、现场参观、了解矿山的生产组织系统，达到对全矿山和选矿厂全面了解。

（4）进行安全教育，了解选厂各种生产措施及规章制度，保证实习安全，获得生产安全技术知识，培养安全生产观点。

（5）编写实习报告，进行实习考核，使学生受到编写工程技术报告和进行生产实践的全面训练。

二、生产实习内容

生产实习安排在有关矿山及选矿厂。

（一）了解矿区及选厂概况

（1）地理位置、交通状况，矿区气象：温差、平均温度，雨量、气候、冰冻期、洪水情况，土壤允许负荷、冻结程度、地下水位、基岩情况、地震情况。

（2）矿床、原矿性质，矿床成因和工业类型、围岩特性、矿石类型：原矿矿物组成、有用矿物嵌布特性、化学组成、多元素分析、物相分析、光谱分析及试金分析、粒度、真比重、假比重、硬度、水分含量、含泥量、安息角和摩擦角、可溶性盐类。

（3）选厂供矿情况：采矿方法、开采时期原矿品位变化情况，服务年限、供矿制度、运输方法、每日供矿时间和供矿量。

（4）选厂工艺流程演变情况及其原因和效果，现有工艺流程及技术指标，主要生产设备，技术操作条件，选厂改建扩建情况。

（5）选厂尾砂处理：排放、运输、堆放方法、尾砂水中有毒物质的含量及处理方法。

（6）选矿供水水源、水质和供电情况。

（7）选厂产品种类、质量、数量、成本，用户对产品质量（品位杂质、水分、粒度）的要求，产品销售价格。

（二）碎矿车间

（1）工作制度和劳动组织。

（2）碎矿流程及技术指标：碎矿、筛分设备，破碎机型号及技术规格，润滑系统；给排矿口宽度；给矿粒度和排矿粒度；实际生产能力，给矿及破碎产品粒度分析；闭路破碎的循环负荷。

（3）筛分机：筛子的形式、技术规格、安装坡度及使用情况、实际生产能力和筛分效率。

（4）破碎设备的连锁控制和保险设施。

（5）破碎筛分作业的防尘设施。

（6）碎矿工段存在的主要问题，解决的可能途径；改善破碎流程和作业指标，操作条件和设备配制的合理化建议。

（三）磨矿工段

（1）工作制度及劳动组织。

（2）磨矿流程及技术指标。

（3）磨矿分级设备：磨机形式、润滑系统、衬板质量及其消耗量（每磨 1t 矿石衬板耗量），球介质、装入量、充填系数，装球尺寸及补加制度；装球设施；给矿粒度和磨矿最终产品细（粒）度；磨矿浓度，给矿重量计算；按新生成 -0.074mm 粒级重量计算的磨矿效率，第一段闭路磨矿和第二段磨矿的循环负荷。

（4）分级机：机型、技术规格、安装坡度、溢流浓度、细度、生产能力、分级效率。

（5）水力旋流器的规格，结构参数对分级的影响，工艺参数（压力、浓度、给矿量）对分级的影响，稳定给矿压力措施，生产能力及分级效率。

（6）磨矿工段供水、供电情况，磨 1t 合格产品的电耗，磨矿工段存在的主要问题，解决的途径，改善磨矿流程及技术指标，设备技术操作条件的途径。

（四）浮选工段

（1）流程——数量流程及矿浆流程。

（2）主要设备：调浆槽、浮选机形式、技术规格。

（3）浮选浓度：pH 值，各浮选作业泡沫浓度，每日处理每吨矿物所需浮选机容积（$\text{m}^3/(\text{d}\cdot\text{t})$）的计算及浮选时间，最终精、尾矿浓度，化学分析及粒度分析。

（4）浮选中矿性质及其处理。

（5）浮选药剂和加药设施：药剂种类、配制、加药点及方式，用药量，加药机型号规格。

（6）浮选工段供水供电。

（7）本工段存在主要问题和解决途径。改善流程、技术指标、浮选设备及操作条件的途径。

（8）浮选车间的产品分类及工艺特点，本作业采用的新工艺。

（五）重选作业

（1）原重选工段任务、生产流程、机械联系图，变故原因以及应如何使之运转。

（2）所使用的各种重选机械的型号、规格、操作参数。

（3）摇床在重选中起的作用，使用经验及存在问题，改进措施，本厂有否可能使用跳汰机、圆锥选矿机、溜槽等。

（4）离心选矿机的结构原理，操作参数及使用情况。

（5）分级机使用情况：水力分级机、旋流器、筛分机等，在重选中起的作用在本厂使用情况，存在问题及设备未使用的原因及改进措施。

（六）磁选作业

（1）本厂所使用的磁选设备的规格型号及操作技术参数。

（2）各种磁选设备在本厂的使用情况：用于什么作业，采取的技术参数，处理量，进、排矿浆浓度，操作经验和存在问题的改进措施。

（3）作业中入选矿物，磁性产物及非磁性产物的品位检测方法，本厂有哪些磁性产品及产品质量。

（4）本厂的磁选工艺作业应采用那种磁选设备为好，原因何在。

（5）磁选工艺在本厂的地位和作用，应如何重视如此工艺。

（6）磁选的粒度，浓度及冲洗水量的调节，设备的检测及维护。

（七）精矿处理

（1）精矿的品种，精矿车间的工作制度和劳动组织。

（2）精矿的脱水流程。

（3）浓缩机、过滤机、干燥机、真空泵、压风机、滤液桶（气水分离器）、除尘器的规格型号及操作参数。

（4）浓缩机的给矿浓度和给矿的沉降试验情况，浓缩机的排矿浓度、溢流中的固体含量，单位面积的处理能力。溢流的化学分析，是否加絮凝剂，有无消泡的问题。

（5）过滤机工作时间的真宽度、风压、滤饼的水分，过滤机的单位面积生产能力。

（6）精矿的储存和装运设备，用户对产品的要求。

（7）精矿车间的供水、供电情况。

（8）本工段存在主要问题，改善设备及技术操作的建议。

（八）选厂生产过程的取样、检查、控制、统计和金属平衡

（1）取样。检查和控制的项目及目的，全厂取样点的布置。

（2）取样设备、取样时间、样品加工处理方法、化验对样品的要求，检验项目：品

位、粒度、水分、比重、矿物分析、安息角、摩擦角及沉降试验。

（3）生产统计资料：年处理量（t/a），产品质量，电耗（kW·h/t 原矿）、水耗（m³/t）、各种药耗（g/t）、碎矿衬板耗量（kg/t）、磨机衬板耗量（kg/t）、球耗（kg/t）、机械损耗、滤布耗量（m²/t）、润滑油耗量（kg/t），磨机利用系数，劳动生产率。

（4）金属平衡：选矿金属平衡和商品平衡的编制，找不出不平衡的原因，工艺平衡与商品平衡不符合的原因，解决办法。

三、专题报告及实习参观

（一）选矿技术报告

矿床地质概况，原矿性质，选矿工艺流程，选矿工艺设备，配置技术操作情况，选厂管理技术监控及检测，浮选药剂制度，选厂新工艺，生产控制技术经验，产品情况，用户要求，选矿全部工艺指标。

（二）矿山建设及经营管理报告

矿史，厂史，矿山地理位置。交通气象水文资料，矿产资料，储量，矿物性质，开采情况，存在问题，发展前景，矿山、选矿的经营管理，资产情况，预计建成后的水平。产值及赢利情况，生产管理人员配置，组织系统，经营销售情况。

（三）安全教育报告

学生在实习过程中应听从实习教师的指导，严格遵守实习单位的一切规章制度，特别要遵守实习单位的安全生产操作规程。实习过程中时刻坚持安全第一的思想。具体要求为：

（1）进生产车间实习应穿工作服，戴安全帽，穿胶鞋或运动鞋。不能穿拖鞋、高跟鞋。女同学应将头发放在安全帽里面。

（2）学生跟班实习时应勤看、多问，严禁私自动手操作设备开关、按钮等。

（3）尽量不要靠近高速运转的设备部件，尤其不要站在该部件运转的同一平面内。

（4）严禁在危险场所停留。

（5）严禁高空抛落物体。

（6）严禁跨越皮带运输机。

（7）车间内实习时，注意力一定要集中，严禁嬉戏打闹。

（8）实习期间应以组为单位分组实习，不允许单独进入生产现场。

（9）遇有突发事故，坚持自救的原则，并在第一时间通知教师处理。

（10）实习期间不得擅自离开实习单位外出，如有特殊情况，严格履行请假销假制度。

（四）实习参观

参观附件选厂，矿山企业；参观尾矿设施，参观采场，顺路参观冶炼及用矿（选厂产品）单位。

四、生产实习报告编写及实习成绩评定

实习报告：实习报告是成绩考核的主要部分，学生必须按大纲和指导教师提出的要求认真编写实习报告；做到收集资料全面，编写要发挥独立思考和分析、解决问题的能力，忌资料堆砌或抄写应付，图表要符合规范，字迹工整，书写清楚整洁，实习结束前完成。

实习报告应包括以下几方面的内容：

（1）前言：实习的目的、意义、任务和要求。

（2）概况：对实习单位的简单介绍。

（3）工艺系统（重点）：分系统论述，包括工艺过程介绍（附工艺流程图），工艺流程特点及合理性评述；系统设备组成，主要相关设备及辅助设备的结构、性能、工作原理；主要设备的生产使用及操作情况（附操作规程）。

（4）选煤（矿）厂技术检查与分选效果评价（重点）。

（5）工业生产安全：通过实习对生产单位安全生产的认识。

（6）合理化建议：深入分析，发现问题，解决问题，对生产单位的生产、经营和管理提出一项或几项合理化建议。

（7）结束语：实习收获、感想，对今后学习专业课的指导意义。

平时考核：遵守劳动纪律情况，注意安全，遵守操作规章制度，不迟到早退，认真记实习日记，认真回答老师平时对学生的实习提问。

实习答辩：实习结束前举行实习答辩，由教师命题，学生抽签回答。

根据现场考查、实习日记、实习答辩和实习报告情况按"优、良、中、及格、不及格"五级分制综合评定生产实习成绩。成绩不及格者自行联系补实习，否则不能毕业。

五、生产实习时间安排

生产实习时间为4周，共28天，具体安排如下：

序　号	内　　容	学　时
1	实习动员及旅途	4天
2	入厂教育、安全教育及全厂参观	1天
3	工艺、技术、经济管理及矿山建设报告	1天
4	跟班岗位操作实习劳动	10天
5	实习参观	2天
6	生产实习报告编写	2天
7	实习答辩及总结	1天
8	双休日	6天
合　计		28天

矿物加工工程专业毕业实习指导书

一、毕业实习目的及要求

（1）在选矿厂对学生进行生产劳动训练和生产实践，以增强学生的劳动观点和实践观点。

（2）通过生产劳动、生产技术教育、资料阅读和实际研究生产问题的方法，使学生理论联系实际、深入研究所在选矿厂的工艺流程及其他技术指标和工艺设备及其技术操作条件，进而研究改善工艺流程、工艺设备、技术指标、技术操作条件、生产管理、产品质量、降低产品成本和提高劳动生产率的各种可能途径，以巩固、充实、提高学生所学知识和培养学生独立分析问题和解决问题的能力。

（3）通过专题报告，生产参观和了解矿山的生产组织系统，以达到对全矿山和选矿厂有较全面的了解。

（4）通过安全教育和研究选矿厂的各种安全技术措施，以获取安全技术知识和培养安全生产的观点。

（5）收集毕业设计的材料。

二、毕业实习内容

（一）建厂地区和选矿厂的概况

（1）矿山和选矿厂的地理位置、交通状况。

（2）矿区气象资料、最高温度、最低温度、年平均温度、雨季和雨量、冰冻期，洪水水位。

（3）厂区工程地质资料：土壤允许负荷和冻结深度、地下水水位、基岩情况、地震情况。

（4）矿床和原矿性质：

1）矿床的成因和工业类型、矿石的工业类型、围岩特性。

2）原矿性质：

①矿物组成和有用矿物的嵌布特性；

②化学组成：化学多元素分析、物相分析、光谱分析、试金分析；

③物理特性：粒度、真比重和假比重、硬度、水分含量、含泥量、安息角和摩擦角；

④可溶性盐类。

（5）选矿厂供矿情况：

1）采矿方法：开采时期原矿品位的变化情况、服务年限。

2）供矿制度、运输方法、每日供矿时间和供矿量。

（6）选矿工艺流程演变的原因和效果，现有的工艺流程技术指标，选矿工艺设备及其技术操作条件改革的情况。

（7）选矿厂的改建和扩建情况，选矿厂新建、改建和扩建的设计说明书和图纸。

（8）选矿厂尾砂处理、尾矿排放、运输和推荐方法，尾矿水中有毒物的含量和处理办法。

（9）选矿厂的供水和供电情况：供水水源、水质、最大水量、最小水量和平均水量、供电电源、电压和电量。

（10）产品的销售情况，产品种类和质量、数量、产品成本和销售价格、产品用户和地址，用户对产品质量的要求（品位、杂质、水分、粒度）。

（二）破碎车间

（1）破碎车间的工作制度和劳动组织。

（2）破碎流程及技术指标，破碎流程考察报告。

（3）破碎筛分设备：

1）破碎机：

①形式和技术规格；

②润滑系统；

③排矿口宽度、给矿粒度、排矿粒度、实际生产能力；

④破碎机给矿和破碎产品的筛分分析；

⑤闭路破碎的循环负荷；

⑥破碎机给矿的水分含量和含泥量。

2）筛分机：

①筛分机形式和技术规格、安装强度及其使用情况；

②筛分机的实际生产能力和筛分效率。

3）给矿机的形式和技术规格及其使用情况。

4）各条皮带运输机的形式和技术规格，拉紧装置和制动装置、安装坡度、运送物料的粒度、水分、含泥量和安息角。

5）金属探测器和除铁器的形式和技术规格及其使用情况。

（4）破碎车间检修起重机的形式和技术规格及其使用情况。

（5）破碎车间设备的连锁控制。

（6）破碎车间的建筑物和构筑物：

1）破碎厂房的结构、高度、跨度和长度、地形坡度、检修场地尺寸（面积）、检修台、检修孔的结构和尺寸、门、窗的位置和尺寸。

2）筛分运转站的结构、形式和主要尺寸。

3）不同地点操作平台的结构和尺寸（面积），提升孔位置、用途和尺寸。

4）原矿仓的形式、结构、尺寸、几何容积和有效容积，各面仓壁的倾角和两面仓壁交线的倾角。

（7）破碎车间的保安、防火和工业卫生技术措施：

1）通道、孔道、栈桥、梯子、栏杆和设备护罩的设置，主要尺寸及其使用情况。

2）破碎车间的通风设施，人工通风设施的形式和技术规格，自然通风措施。

3）破碎车间的照明设施，人工照明的灯型、排列形式如距离、自然照明、壁窗、天窗的位置、形式和尺寸。

4）破碎车间的排水、排污设施、污水、污砂池的位置和尺寸（容积），污水、污砂泵的形式和技术规格，污水、污砂沟的位置、尺寸和坡度。

5）破碎车间经常发生的或重大的生产事故、设备事故、人身事故或其他事故产生的原因和处理办法。

（8）破碎车间的供水、供电概况：

1）供水点、水压和供水管网。

2）供电电压，破碎1t矿石的单位耗电量。

（9）破碎车间设备配置的特点：粗、中、细碎是集中配置在一个厂房内，或是分散配置在不同的厂房内，是重叠式配置或是阶梯式、混合式配置，返矿皮带运输机是垂直于高等线配置或是平行于高等线配置。粗、中、细破碎和筛分机是直线式配置或曲尺式配置等。

（10）破碎车间存在的主要问题和解决这些问题的可能途径。改善破碎流程及其技术指标，改善破碎设备及其技术操作条件和改善破碎车间设备配置的可能途径。

（三）磨选车间（主厂房）

1. 磨选车间的工作制度和劳动组织

2. 磨矿工段

（1）磨矿流程及其技术指标，磨矿流程考察报告。

（2）磨矿分级设备：

1）磨矿机：

①形式和技术规格；

②润滑系统；

③衬板的质量，每磨1t矿石衬板的消耗量；

④球的质量、装入量、充填系数、装球尺寸和比例，球的补加制度、装球设施，每磨1t矿石球的耗量；

⑤排矿溜槽的坡度；

⑥给矿粒度的磨矿最终产品粒度（细度），磨矿浓度、磨矿机按给矿重量计算和按新生成 -0.074 mm粒级重量计算单位容积生产能力，磨矿机按给矿重量计算和按新生成 -0.074 mm粒级重量计算的磨矿效率，第一段闭路磨矿容积分配关系和单位容积生产能力分配关系，第一段闭路磨矿循环和第二段闭路磨矿循环的循环负荷。

2）分级机：

①形式和技术规格；

②安装坡度和返砂槽坡度；

③分级机的溢流浓度和溢流细度，分级机按溢流中固体重量计算的生产能力和按返砂中固体重量计算的生产能力，分级效率。

3）水力旋流器：

①水力旋流器的规格；

②水力旋流器的结构参数（圆柱体的直径和高度，溢流管的直径和插入深度，给矿口和排砂管的直径、锥角），对分级的影响；

③水力旋流器的工艺参数（给矿压力、给矿浓度和给矿量等）对分级的影响，稳定给矿压力的措施；

④溢流中最大粒度、溢流中的分离粒度、溢流中 - 0.074mm 粒级含量三者之间的关系；

⑤水力旋流器生产能力和分级效率。

（3）磨矿工段各条皮带运输机的形式、规格、安装坡度、运送物料的粒度水分、含泥量和安息角。

（4）自动计量皮带秤或电子秤的形式、规格及其使用情况。

（5）磨矿工段检修起重机的形式、技术规格及其使用情况。

（6）磨矿工段的建筑物和构筑物：

1）磨矿厂房的结构、高度、跨度、长度、地形坡度，检修场地尺寸（面积），检修台的结构和尺寸，门和窗的位置及尺寸。

2）磨矿分级操作平台的结构和尺寸（面积）。

3）细矿仓的形式、尺寸、结构、几何容积和有效容积，储存矿量，各面仓壁的倾角和两面仓壁交线的倾角。

4）事故放矿和检修放矿用砂池的位置、尺寸（容积）。

（7）磨矿工段供水、供电概况：供水点，水压和供水管网，供电电压、配电板的位置和开关型号、磨碎 1t 矿石（得合格产品）的单位耗电量。

（8）磨矿工段设备配置的特点、球磨分级机组是垂直于等高线配置，或是平行于等高线配置，第一段磨矿机和第二段磨矿机是集中配置在一个台阶上，或是分散配置在不同的台阶上等。

（9）磨矿工段存在的主要问题和解决这些问题的可能途径，改善磨矿流程及其技术指标，改善磨矿设备及其技术操作条件和改善磨矿工段配置的可能途径。

3. 浮选工段

（1）浮选流程的特点、数质量流程和矿浆流程，浮选流程考察报告。

（2）一个浮选系统的主要设备：搅拌槽、浮选机和砂泵的形式和技术规格。

（3）各浮选作业的浮选时间、浓度、pH 值、浮选时间的计算，各浮选作业泡沫精矿的浓度，浮选机容积定额（即每日每吨矿石所需得浮选机容积 $(m^3/(d \cdot t))$）的计算，浮选最终精矿和最终尾矿的浓度、化学分析、筛分分析。

（4）浮选中矿的性质：品位、粒度、浓度、酸碱度，中矿中有用矿物的单体解离情况和连生体的连生情况，中矿量、中矿处理、单独处理，或顺序返回，或集中返回地点。

（5）浮选药剂和加药设施、浮选药剂的种类、配制、加药地点、加药方式、加药量、加药设备的形式和技术规格。

（6）浮选工段检修起重机的形式和技术规格及其使用情况。

（7）浮选工段的建筑物和构筑物：

1）浮选工段和选别工段（包括浮选和磁选等），厂房的结构、高度、跨度、长度、地形坡度、检修场地尺寸（面积），门和窗的位置及尺寸，药剂室的位置、结构、高度、宽度和长度。

2）浮选操作平台和药剂室操作平台的结构和尺寸。

3）浮选工段的砂泵间或砂泵池的位置及尺寸、事故放砂池和检修放砂池的位置和尺寸（容积）。

（8）浮选工段的供水和供电概况，供水点、水压、供电管网，泡沫冲洗水消耗量。

（9）浮选工段设备配置的特点：浮选机组是垂直于等高线配置，或是平行于等高线配置，阶段浮选的浮选作业是集中配置或是分散配置等。

（10）浮选工段存在的主要问题和解决这些问题的可能途径，改善浮选流程及其技术指标，改善浮选设备及其技术操作条件和改善设备配置的可能途径。

4. 磁选工段

（1）磁选流程及其技术指标、磁选流程的考察报告。

（2）磁选机和磁力脱水槽的形式和技术规格。

（3）磁选机的磁场强度、磁选机的生产能力。

（4）预磁和脱磁设备的型号和规格及其使用情况。

（5）磁选给矿的粒度、浓度和冲洗水量的调节。

（6）磁选的精矿品位，精矿水分、浮选药剂对磁选的影响和脱药措施。

（7）磁选工段的检修设施。

（8）磁选工段的设备配置。

（9）磁选工段存在的主要问题和解决这些问题的可能途径，改善磁选流程及其技术指标，改善磁选设备及其技术操作条件和改善设备配置的可能途径。

（四）精矿处理车间

（1）精矿处理车间的工作制度和劳动组织。

（2）精矿脱水流程和脱水流程考查。

（3）浓缩机、过滤机、干燥机、真空泵、压风机、滤液桶（气水分离器）、除尘器。

（4）浓缩机的给矿浓度和给矿的沉降试验，浓缩机的排矿浓度，浓缩机溢流中的固体含量，溢流的化学分析和水析，凝聚剂对浓缩沉淀的影响，浓缩机单位面积的生产能力。

（5）过滤机工作时的真空度和风压、滤饼和水分、过滤机单位面积的生产能力。

（6）干燥炉的形式及主要尺寸，干燥温度和燃料单位消耗量，干燥产品运输设备的形式和规格，干燥产品的水分。

（7）最终精矿的储存和装运工具（汽车、火车、矿斗车）。

（8）精矿过滤工段、干燥工段和储运工段的检修起重机或装载起重机的形式和技术规格。

（9）精矿处理车间的建筑物和构筑物：

1）过滤工段、干燥工段、储运工段的厂房结构、高度、跨度或宽度、长度、地坪坡度，检修场地尺寸（面积）、门窗的位置和尺寸、操作平台的结构和尺寸（面积）。

2）精矿仓的形式、尺寸、结构、几何容积和有效容积，各面仓壁的倾角和两面仓壁交线的倾角。

3）浓缩机的溢流沉淀池，事故放矿和检修放矿砂池，污砂池的位置、结构和尺寸（容积），溢流澄清水池（回水池）的位置、结构和尺寸（容积）。

4）过滤机的溢流池和滤液池，事故放矿和检修放矿砂池，污砂池的位置、结构和尺寸（容积），干燥工段和储运工段污砂池的位置、结构和尺寸（容积）。

（10）处理车间各工段的供水、供电概况。

（11）精矿处理车间各工段的设备配置。

（12）精矿处理车间存在的只要问题和解决这些问题的可能途径，改善精矿处理流程及其技术指标，改善精矿设备及其技术操作条件和改善精矿处理各工段设备配置的可能途径。

（五）选矿厂生产过程的取样、检查、控制、统计和金属平衡

（1）选矿厂取样、检查和控制的项目及目的，全厂取样点的布置、取样设备，取样时间间隔，样品加工处理过程和方法，送试验室的各种样品要求（筛分、分析、矿物分析、水分、真比重和假比重、安息角和摩擦角测定等），送化验室的样品要求（重量、粒度、水分）。

（2）选矿厂生产统计的主要资料：

1）各年处理矿量（t/a）。

2）各年各种精矿产品的品位。

3）各年每处理一吨原矿的年平均单位耗电量（$kW \cdot h/t$），耗水量（m^3/t），各种药剂的耗药量（g/t），破碎衬板耗量（kg/t），磨矿衬板耗量（kg/t），球耗量（kg/t），浮选叶轮耗量（kg/t），滤布耗量（m^2/t），润滑油脂耗量（kg/t）。

4）各年球磨机的利用系数（按新生成 $-0.074mm$ 粒级重量计算或按给矿重量计算，$t/(m^3 \cdot h)$）。

5）各年选矿厂的全员劳动生产率和按生产工人计算的劳动生产率。

（3）选矿厂金属平衡：

1）选矿厂工艺金属平衡和商品平衡编制的目的和方法。

2）选矿厂工艺金属量不平衡的原因，商品金属量不平衡的原因，工艺平衡和商品平衡不符合的原因，解决的方法。

三、专题报告和生产参观

（1）实习期间根据具体情况，可聘请厂矿有关人员作下列报告：

1）各种教育报告：矿史、厂史。

2）选矿厂保安和保密报告。

3）选矿实验报告，选矿厂矿床地质概况和原矿性质、选矿工艺流程的演变，选矿工艺设备、设备配置和技术操作条件方面重大的改革，合理化建议，选矿试验研究工作简介。

4）采矿报告，在参观采矿时进行。

5）矿山和地质勘探报告，在参观地质勘探时进行。

6）邀请工人、技术人员、其他有关人员进行专题座谈，以解决专门问题。

（2）实习期间根据具体情况，可组织学生进行下列参观：

1）熟悉和研究矿山企业总平面图和选矿厂总平面图，以了解矿山企业内部各部分之

间的关系和选矿厂内部各部分之间的关系。

2）尾矿工段，了解尾矿处理措施（尾矿坝、尾矿沉淀池、水井和排水涵道、排洪沟、输送管道、排卸方式、加压泵站、事故放矿池及其设施、尾矿中有毒物含量和处理方法、尾矿水回收泵站、尾矿设施的看管和维修）。

3）采矿：主要了解供矿情况和供给矿石性质。

4）地质勘探：主要了解矿床的成因、工业类型、围岩特性和矿石的工业类型及矿石性质。

5）冶炼厂：了解选冶关系和用户对产品的质量要求和其他要求。

6）发电站、变电站、配电所、了解供电情况。

7）水泵站：了解供水情况及设备。

8）机修间、机修厂、电修间：了解机修和电修能力设备和修、造质量。

四、毕业实习报告编写及实习成绩评定

学生在结业实习期间应记好日记，根据所收集的资料在现场写好实习报告，实习报告应着重阐述选矿工艺流程及其技术指标、选矿工艺设备及其技术操作条件、设备配置和生产管理等方面的合理性，并指出在这些方面存在的主要问题和解决这些问题的可能途径。

报告的文字力求简明，书写和图表要整齐工整，报告以25页左右为宜。报告编写完毕后，交给实习队指导教师，由教师和矿山有关人员组成"毕业实习成绩考查小组"对实习报告进行评审，并对学生进行"毕业实习质疑"。

根据现场考查、实习日记、实习报告及质疑情况按"优、良、中、及格、不及格"五级分制综合评定生产实习成绩。成绩不及格者自行联系补实习，否则不能毕业。

五、毕业实习时间安排

毕业实习时间为3周，共21天，具体安排如下：

序　号	内　　容	学　时
1	学习动员及旅途	4天
2	实习工厂的厂况介绍、安全教育	1天
3	破碎车间实习	2天
4	磨选车间实习	2天
5	浮选工段实习	2天
6	磁选工段实习	2天
7	精矿处理车间实习	2天
8	专题报告	1天
9	相关生产现场或工厂参观	1天
10	双休日	4天
	合　计	21天

参 考 文 献

[1] 李云祖. 武钢生产概论 [M]. 北京：北京科学技术出版社，1994.

[2] 戴惠新. 选矿技术问答 [M]. 北京：化学工业出版社，2008.

[3] 王运敏，田嘉印，王化军，等. 中国黑色金属矿选矿实践（上，下）[M]. 北京：科学出版社，2008.

[4] 《现代铁矿石选矿》编委会. 现代铁矿石选矿（上，下）[M]. 合肥：中国科学技术大学出版社，2009.

[5] 傅菊英，朱德庆. 铁矿氧化球团基本原理、工艺及设备 [M]. 长沙：中南大学出版社，2005.

冶金工业出版社部分图书推荐

书　　名	定价(元)
矿物加工实验方法	33.00
矿物加工实验理论与方法	45.00
矿物加工技术（第 7 版）	65.00
矿物加工过程的检测与控制	36.00
采矿学（第 2 版）	58.00
采矿概论（第 2 版）	32.00
采矿知识 500 问	49.00
露天采矿技术	36.00
地下采矿技术	36.00
地下矿山安全知识问答	35.00
现代采矿环境保护	32.00
选矿学实验教程	32.00
新编选矿概论	26.00
选矿概论	20.00
选矿原理与工艺	28.00
选矿知识 600 问	38.00
选矿知识问答（第 2 版）	22.00
铁矿石选矿技术	45.00
铁矿选矿新技术与新设备	36.00
选矿厂设计	36.00
化学选矿（第 2 版）	89.00
化学选矿技术	29.00
碎矿与磨矿技术问答	29.00
磁电选矿（第 2 版）	39.00
磁电选矿技术	29.00
浮游选矿技术	30.00
重力选矿技术	40.00